Tumu Jianzhulei Gongcheng Zhitu Shiti Jingxuan ji Jieda

土木建筑类工程制图试题精选及解答

昂雪野　丁建梅　主编

人民交通出版社

内 容 提 要

本书分试题和题解两部分。主要内容包括：点、线、面投影及投影变换，立体的截切与相贯，轴测投影，组合体视图，剖面图与断面图，标高投影，建筑图，透视与阴影。

本书可作为高等学校土木建筑类工程制图课程考试选题组卷参考用书，也可供普通高等学校、成人教育、职业教育、函授教育等相关专业学生及工程技术人员学习选用。

书　　名：土木建筑类工程制图试题精选及解答
著 作 者：昂雪野　丁建梅
责任编辑：韩亚楠　黎小东
出版发行：人民交通出版社
地　　址：（100011）北京市朝阳区安定门外外馆斜街3号
网　　址：http：//www.ccpress.com.cn
销售电话：（010）59757969，59757973
总 经 销：人民交通出版社发行部
经　　销：各地新华书店
印　　刷：北京交通印务实业公司
开　　本：787×1092　1/16
印　　张：11
版　　次：2012年11月　第1版
印　　次：2012年11月　第1次印刷
书　　号：ISBN 978-7-114-08793-6
定　　价：22.00元
（有印刷、装订质量问题的图书由本社负责调换）

图书在版编目（CIP）数据

土木建筑类工程制图试题精选及解答/昂雪野，丁建梅主编．—北京：人民交通出版社，2012.11

ISBN 978-7-114-08793-6

Ⅰ.①土…　Ⅱ.①昂…②丁…　Ⅲ.①土木工程—建筑制图—习题　Ⅳ.①TU204-44

中国版本图书馆 CIP 数据核字（2010）第 238399 号

前　言

本书包含试题和题解两部分。主要内容有：点、线、面投影及投影变换，立体的截切与相贯，轴测投影，组合体视图，剖面图与断面图，标高投影，建筑图，透视与阴影。本书有如下特点：全面贯彻了《房屋建筑制图统一标准》（GB/T 50001—2010）、《建筑制图标准》（GB/T 50104—2010）等最新国家标准；并较好地涵盖了土木建筑类工程制图课程的基本内容。本书试题量大，难易梯度较大。各类试题总数为431题，这就使本书比同类书扩大了选题组卷的空间，各校可根据学生的学历层次，按题目的难易程度选题组卷。部分试题题解除给出解答外，还给出了相关的轴测图，为学生自学、自测和教师组卷提供了方便。

本书由大连民族学院昂雪野、哈尔滨工业大学丁建梅主编。编写分工为：第一章，昂雪野、丁建梅；第二章、第三章，管丽娜；第四章、五章、六章，昂雪野；第七章，丁建梅、王振；第八章，丁建梅。

由于编者的水平和经验有限，书中难免会有疏漏和差错，敬请广大读者批评指正。

编　者

2012年8月

目　　录

第一部分　试　　题

第二部分　题　　解

第一部分　试　　题

第一章　点、线、面投影及投影变换

(1)求直线 *MN* 与平面 *ABC* 的交点，并判别直线的可见性。

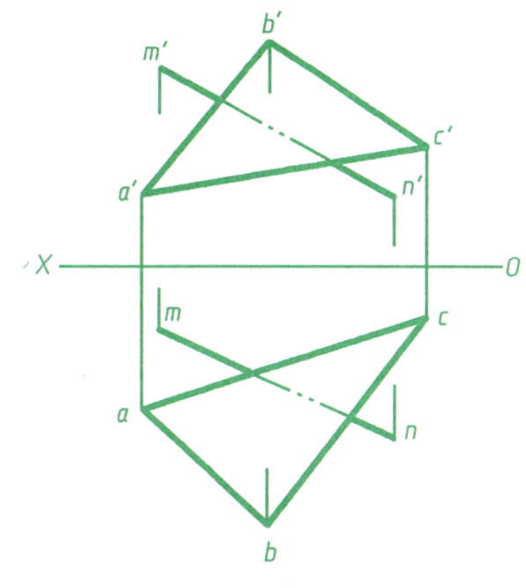

(2)求两平面的交线，并判别可见性。

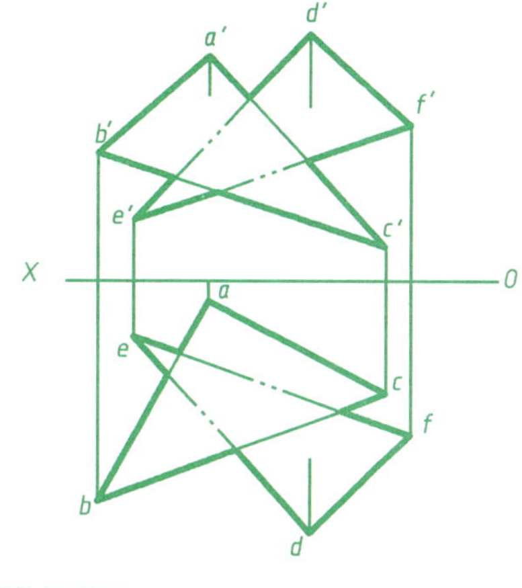

(3)已知平面四边形 *ABCD* 的 *BC* 边平行于 *V* 面，完成四边形的水平投影。

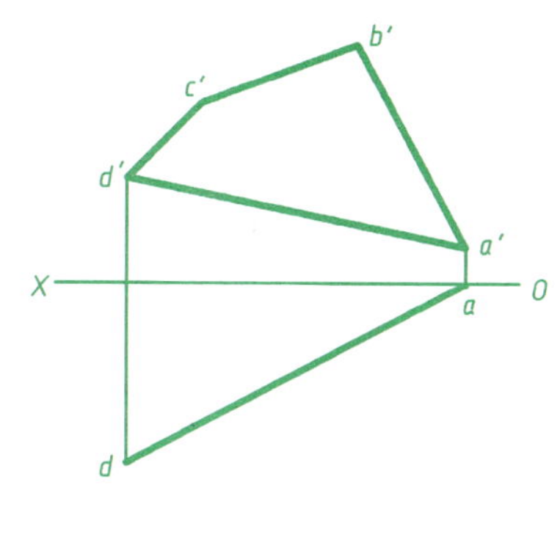

(4)已知等腰△*ABC* 的底边 *AB*，其高 *CD* 为水平线，*CD*=*AB*，完成△*ABC* 的两面投影。

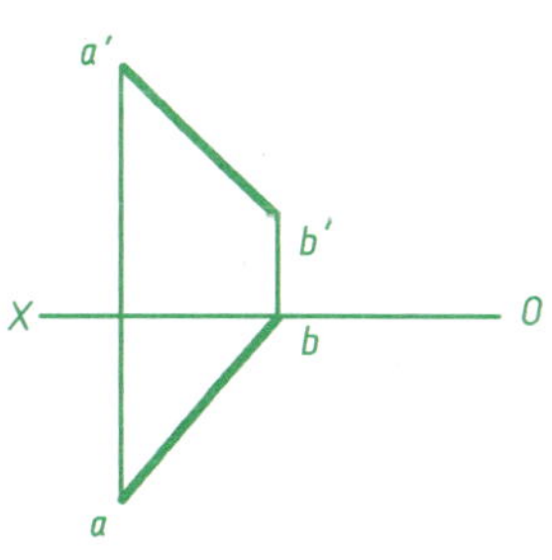

(5)已知 *AB* 为平面对水平面的最大斜度线，求作平面，并求该平面对水平面的倾角 α。

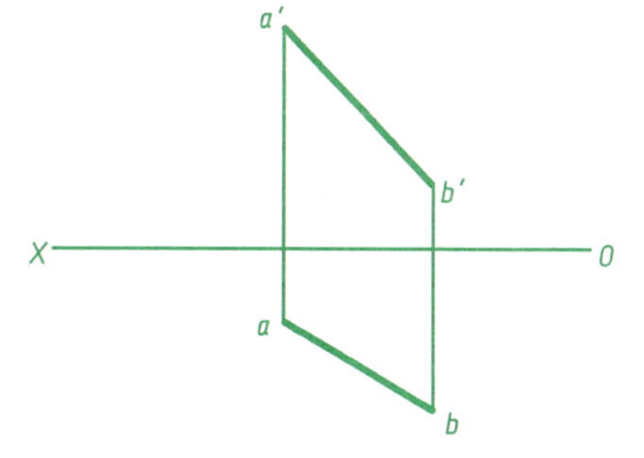

(6)已知平面四边形 *ABCD* 的 *CD* 边与 *V* 面倾角 β=30°，完成其水平投影。

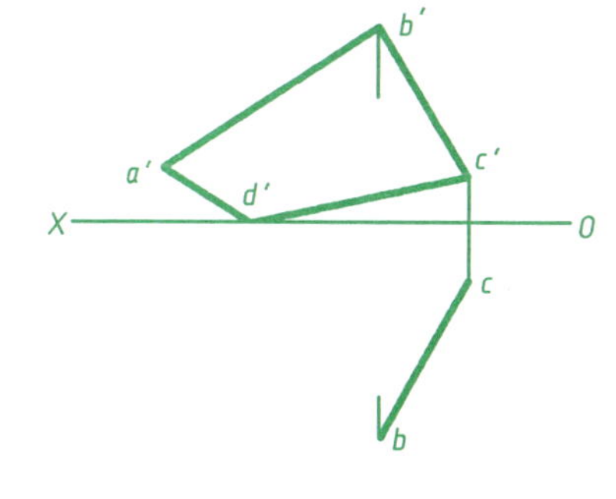

(7)过点 *E* 作直线 *EF*，使其平行于平面 *P*，且与直线 *AB*、*CD* 都相交。

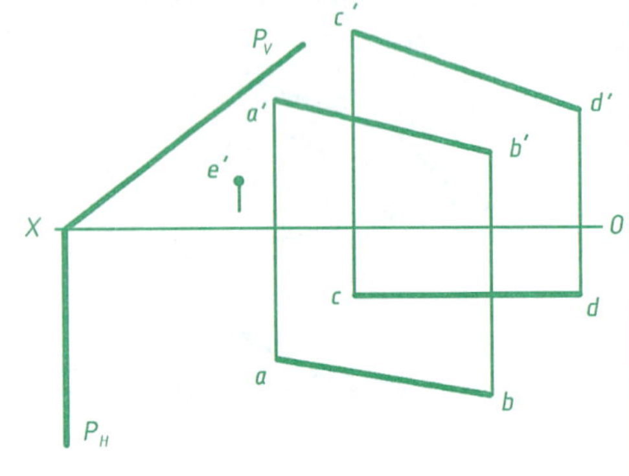

(8)已知等腰三角形底边 *BC*(*bc*//*OX*)，高 *AD* 长 25mm，且与正面的倾角为 30°，完成该三角形的两面投影。

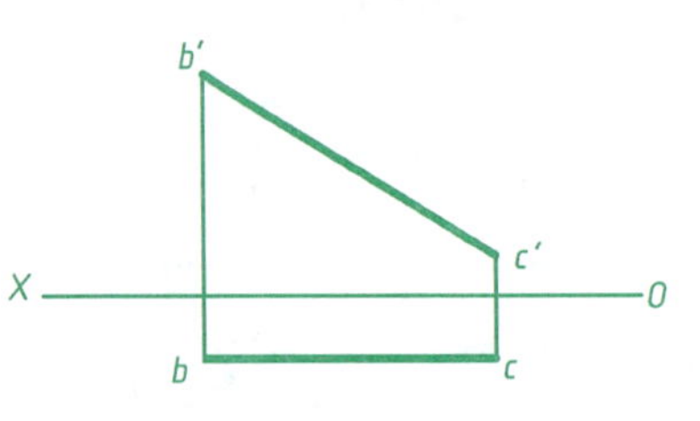

(9)已知 *AB* 为平面对正面的最大斜度线，平面对正面的倾角为 45°，求作平面 *ABC* 的两面投影，并作 *AB* 的实长。

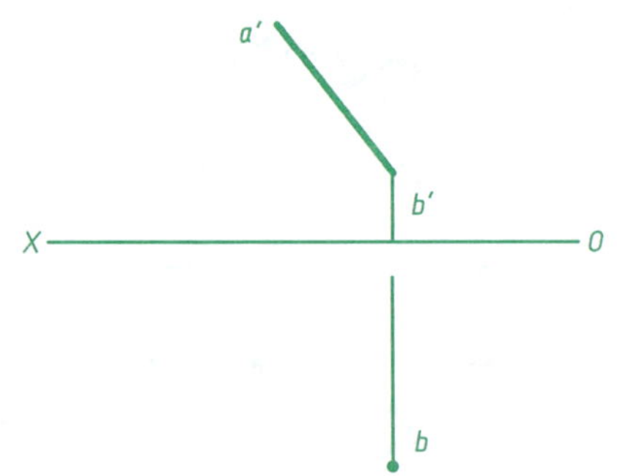

(10)已知点 *A* 到直线 *BC* 的距离为 10mm，求作 *a*。

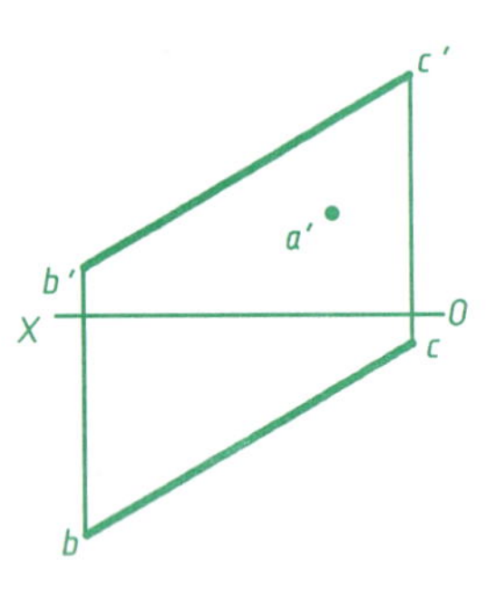

(11)已知点 *K* 到△*ABC* 平面的距离为 15mm，作出 *k'* 及距离 *KM* 的两面投影。

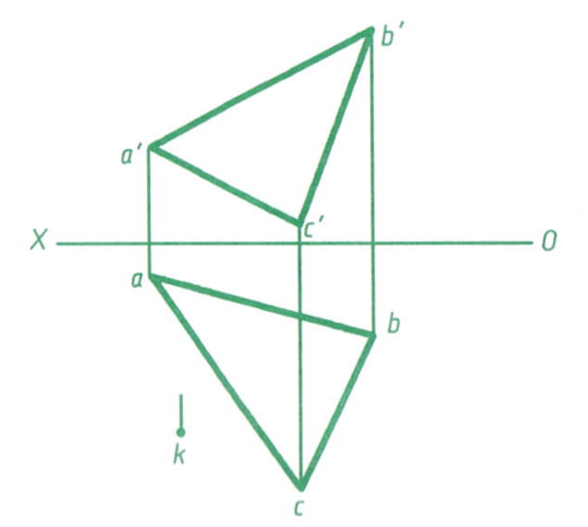

(12)作直线 *AB*，已知点 *A* 属于直线 *ED*，且距 *E* 点 12mm，点 *B* 属于直线 *FG*，且 *AB* ⊥ *FG*，求作直线 *AB* 的 *V*、*H* 面投影。

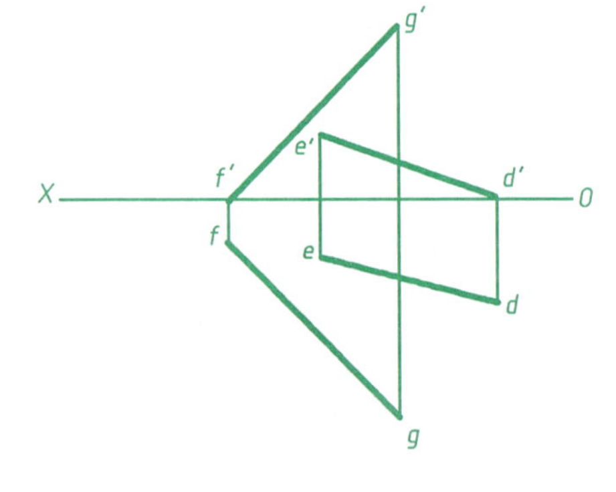

(13)已知直线 *AB* 与 *CD* 垂直相交，求作 *CD* 的正面投影。

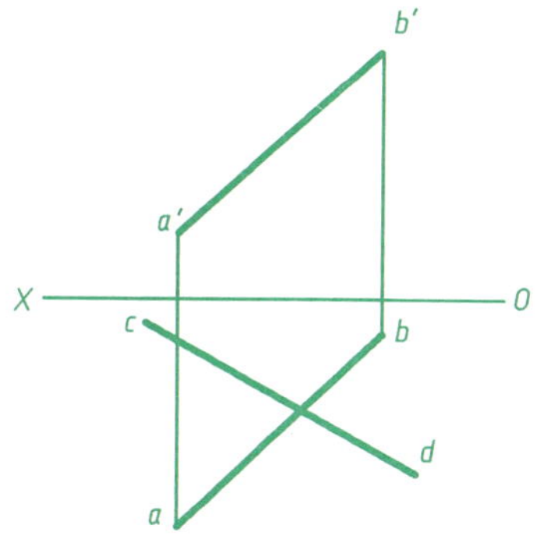

(14)求点 *K* 到直线 *AB* 距离的投影及其实长。

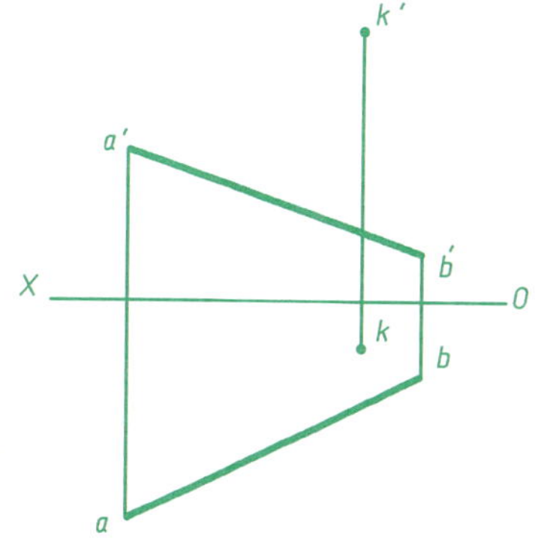

(15)已知∠*ABC* 等于 90°，求作 *AB* 的水平投影。

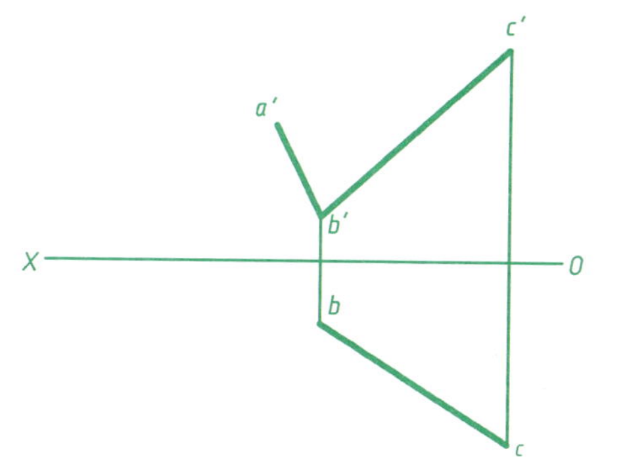

(16)已知正方形 *ABCD* 的顶点 *A*, *BC* 属于 *MN* 直线，求作正方形的两面投影。

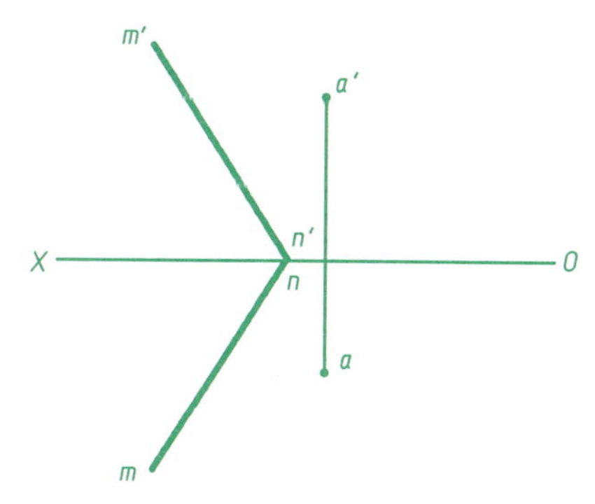

(17)在直线 *EF* 上取点 *K*，使其距△*ABC* 距离为 10mm。

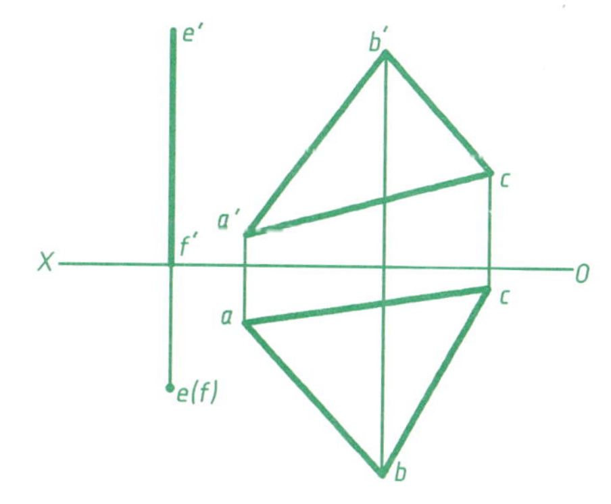

(18)求平面△*ABC* 对 *H* 面的倾角 α 及实形。

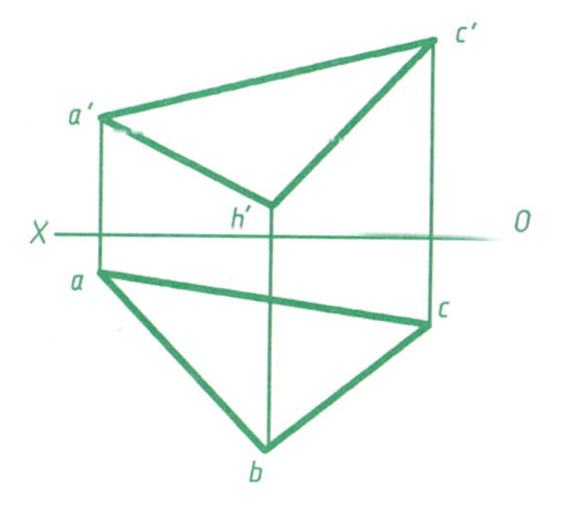

(19) 过点A作△ABC//△DEF，并求两平面间的距离。

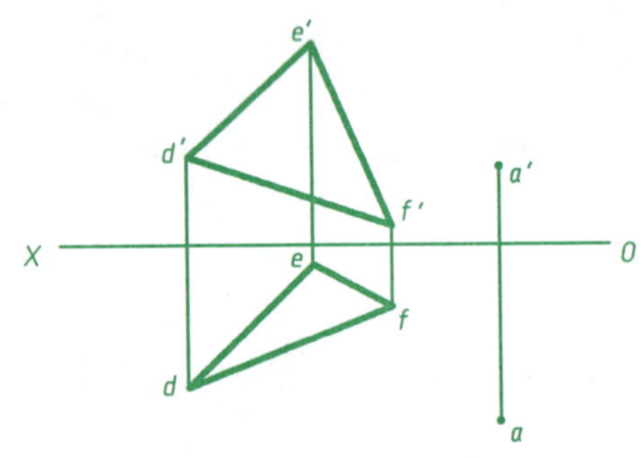

(20) 在△ABC上作一点F，使其与水平面距离为7mm，与点E距离为14mm。

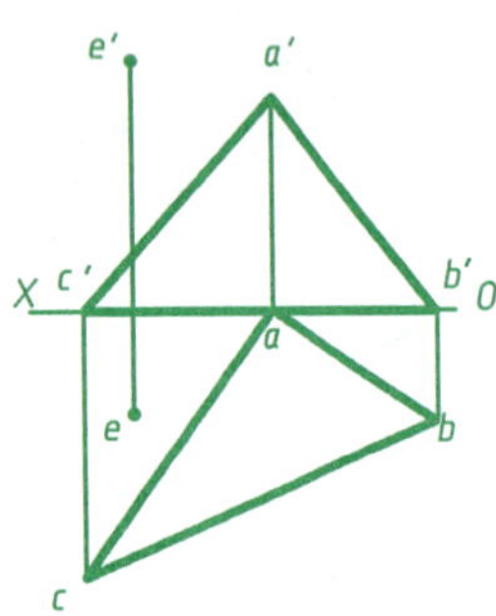

(21) 求点K到△ABC平面的距离，画出该距离V、H两面投影，并判断可见性。

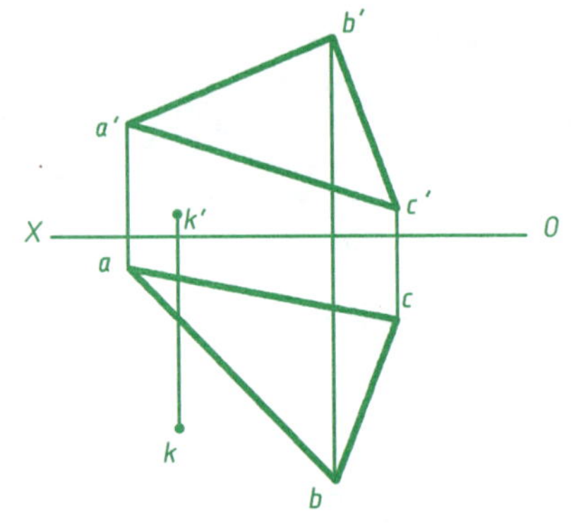

(22) 已知直线AB平行于△CDE，且距离为10mm，求作ab。

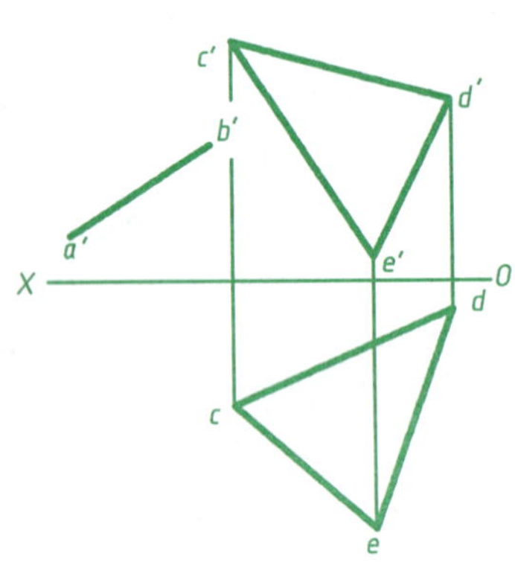

(23) 已知直角△ABC的直角边AB，且知斜边BC与直线MN平行，补全△ABC的投影。

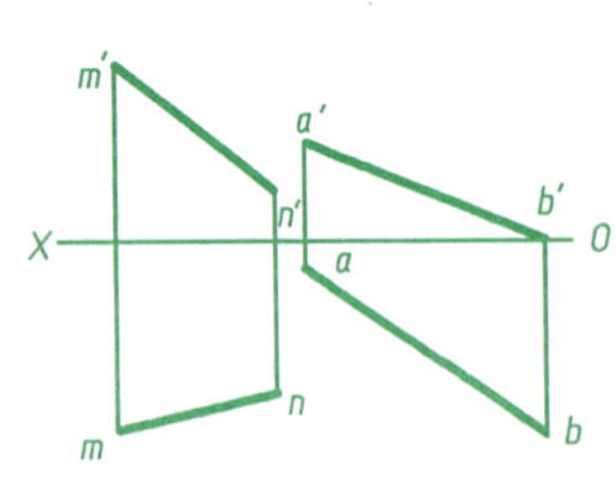

(24) 已知相交两直线AB、CD对H面的倾角相等，完成CD的水平投影。

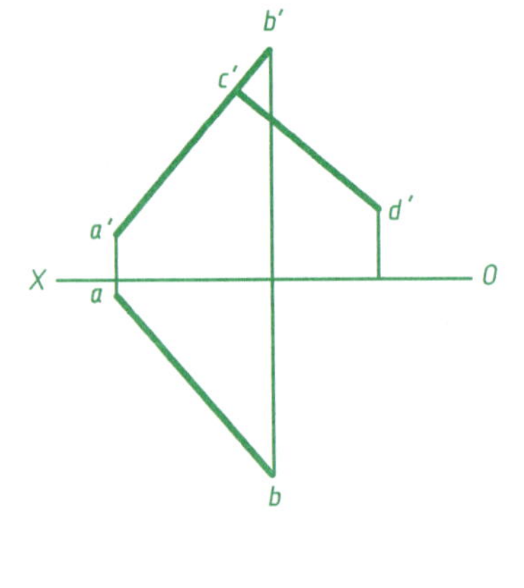

(25) 求作直线AB、CD的公垂线EF的V、H两面投影。

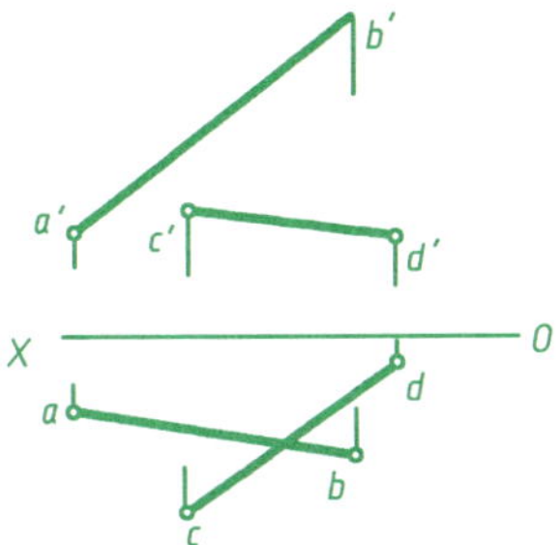

(26) 在△ABC平面上过A点作直线AD与BC相交，且成60° 角。

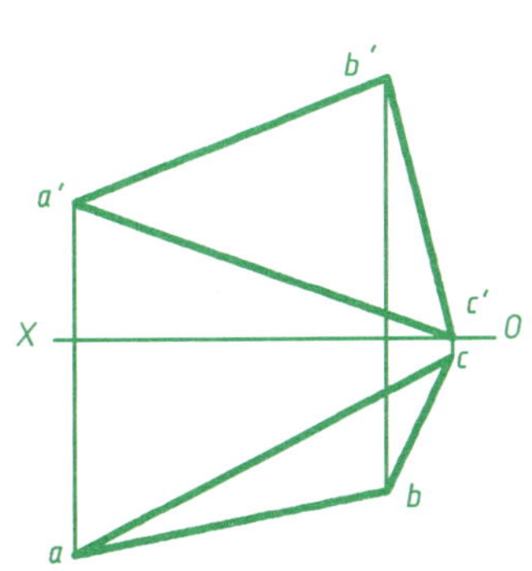

(27) 在△ABC平面上作一直线MN，使其与AB平行且距离为10mm。

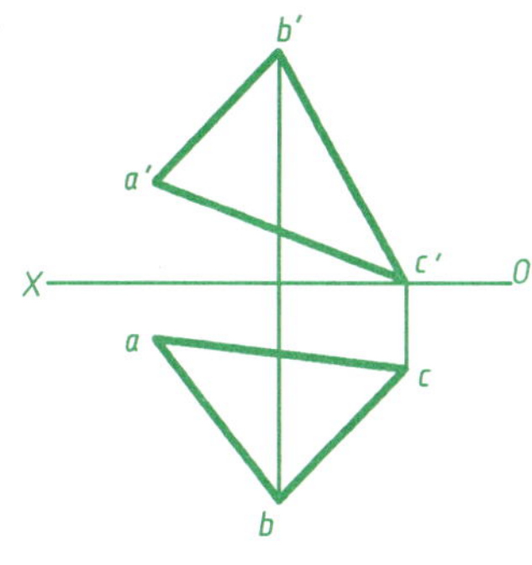

(28) 求作挡土墙两表面ABCD与CDEF夹角θ的真实大小。

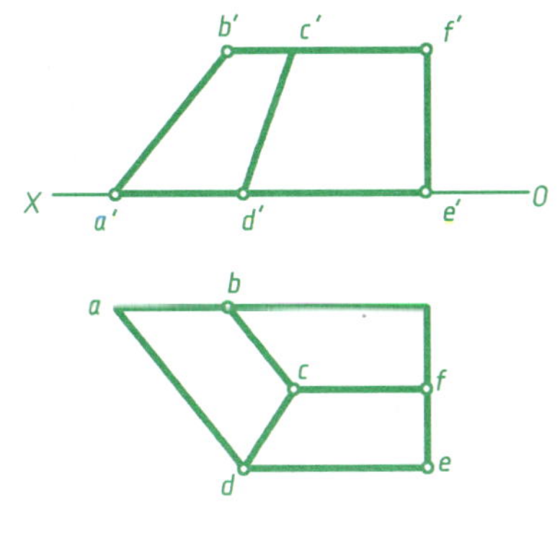

(29) 求两平行线间距离的投影及实长。

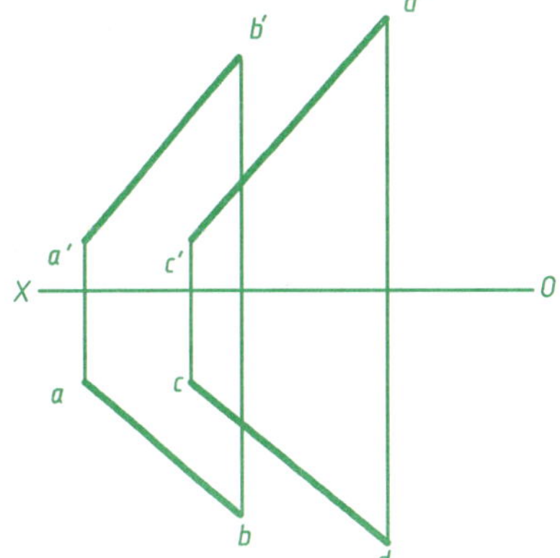

第二章　立体的截切与相贯

1. 完成被切割平面立体的三面投影

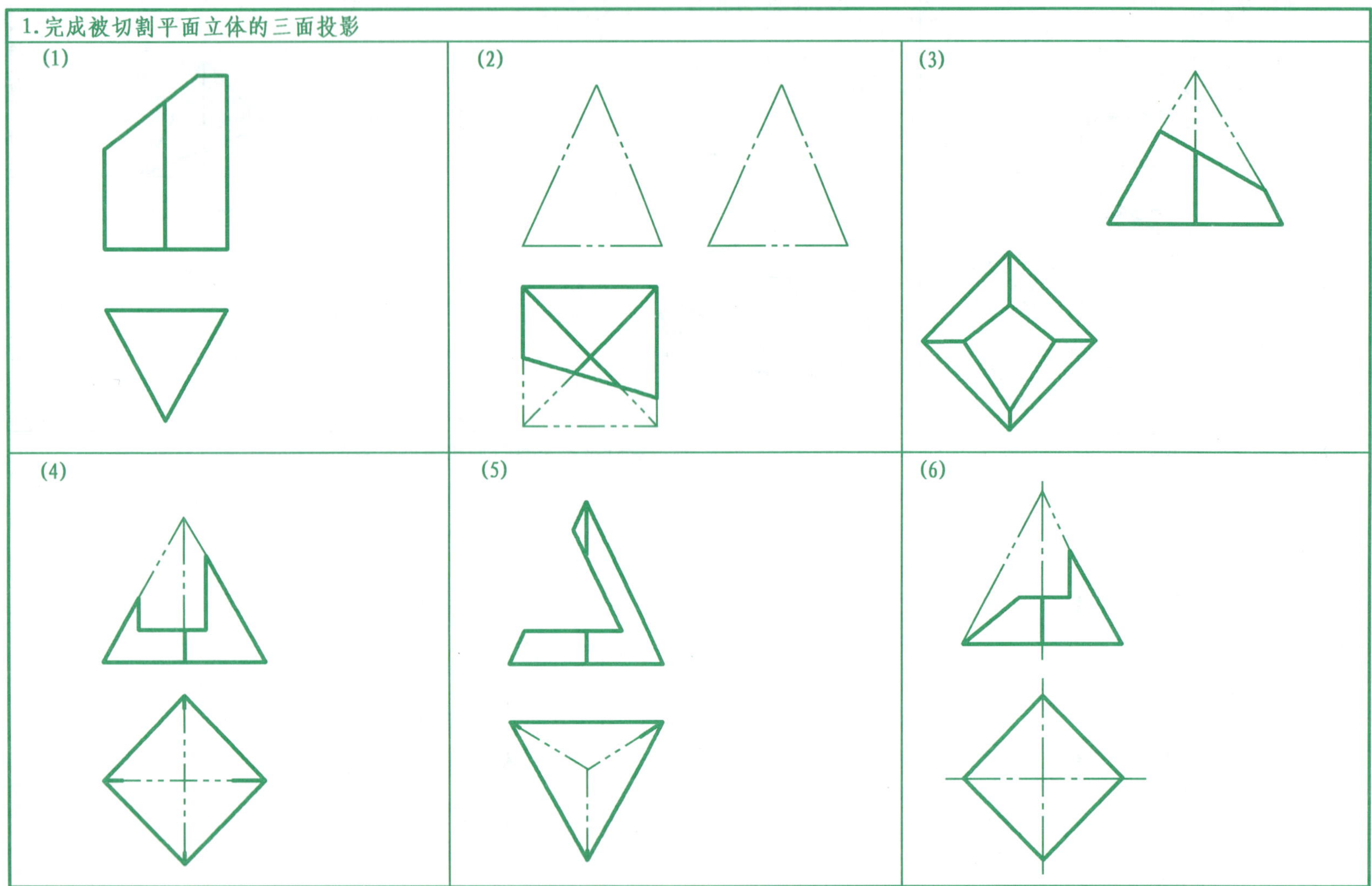

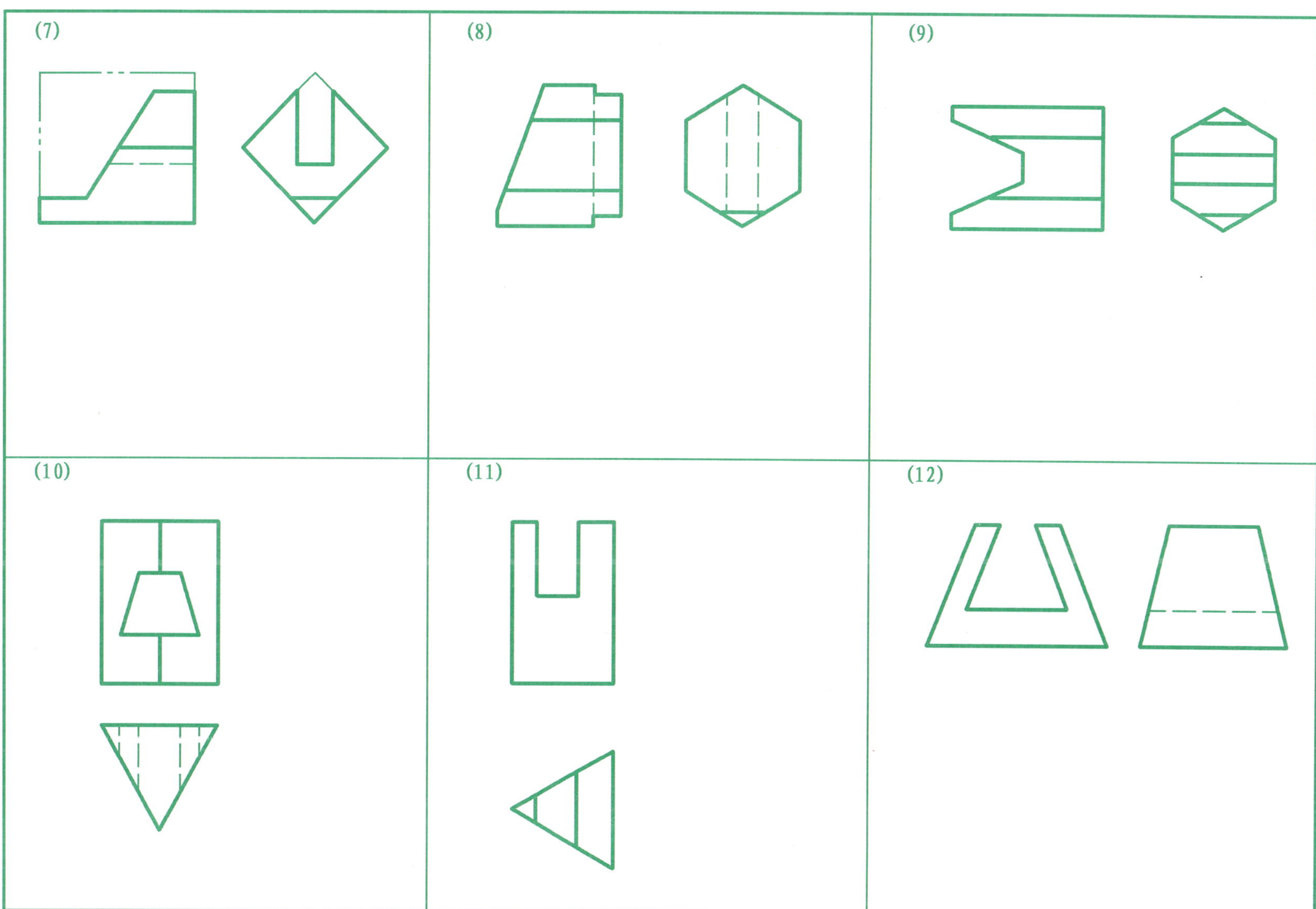
(7)
(8)
(9)
(10)
(11)
(12)

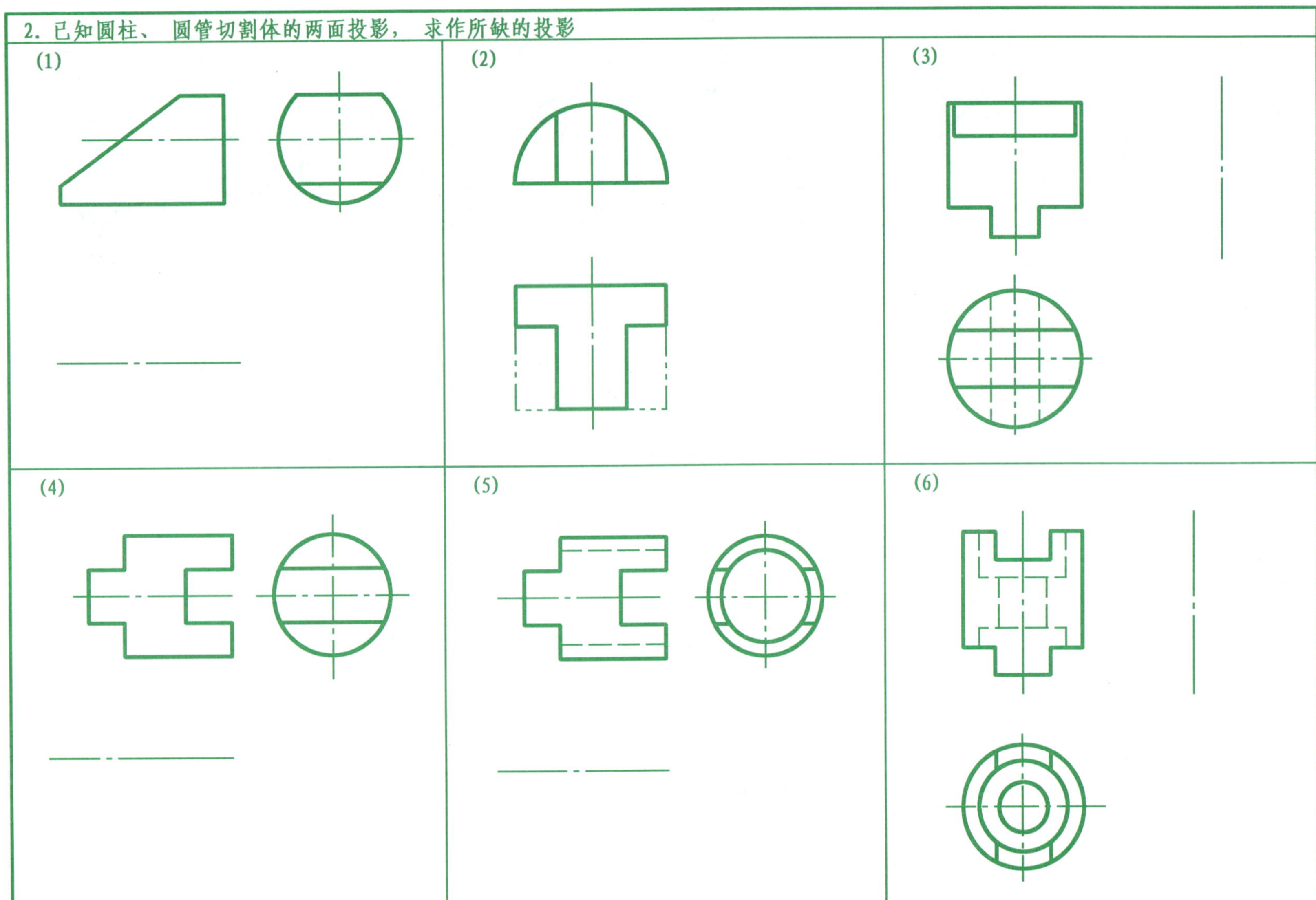
2. 已知圆柱、圆管切割体的两面投影，求作所缺的投影
(1)
(2)
(3)
(4)
(5)
(6)

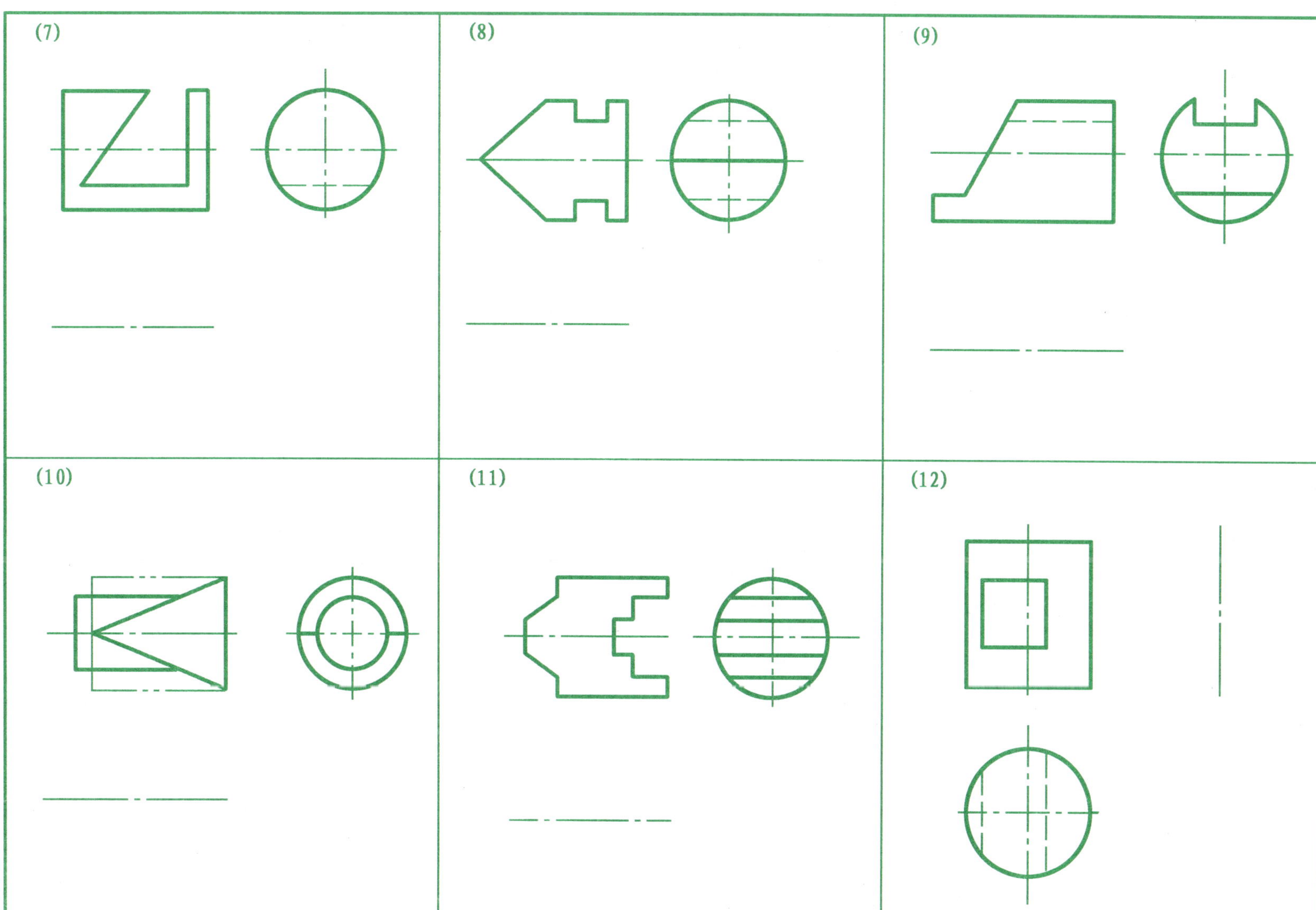
(7)
(8)
(9)
(10)
(11)
(12)

3. 已知圆锥切割体的某面投影，求作另两面投影

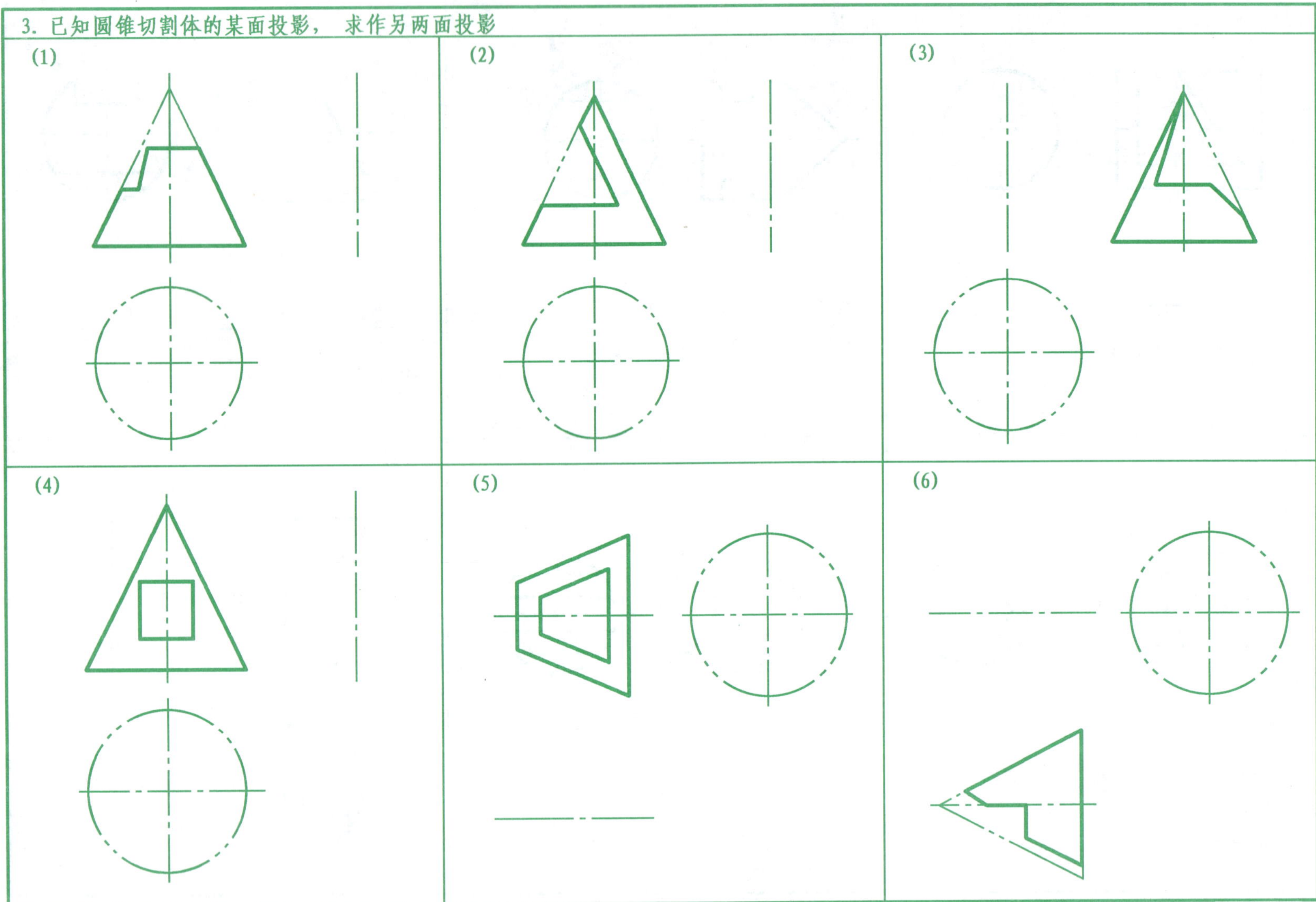

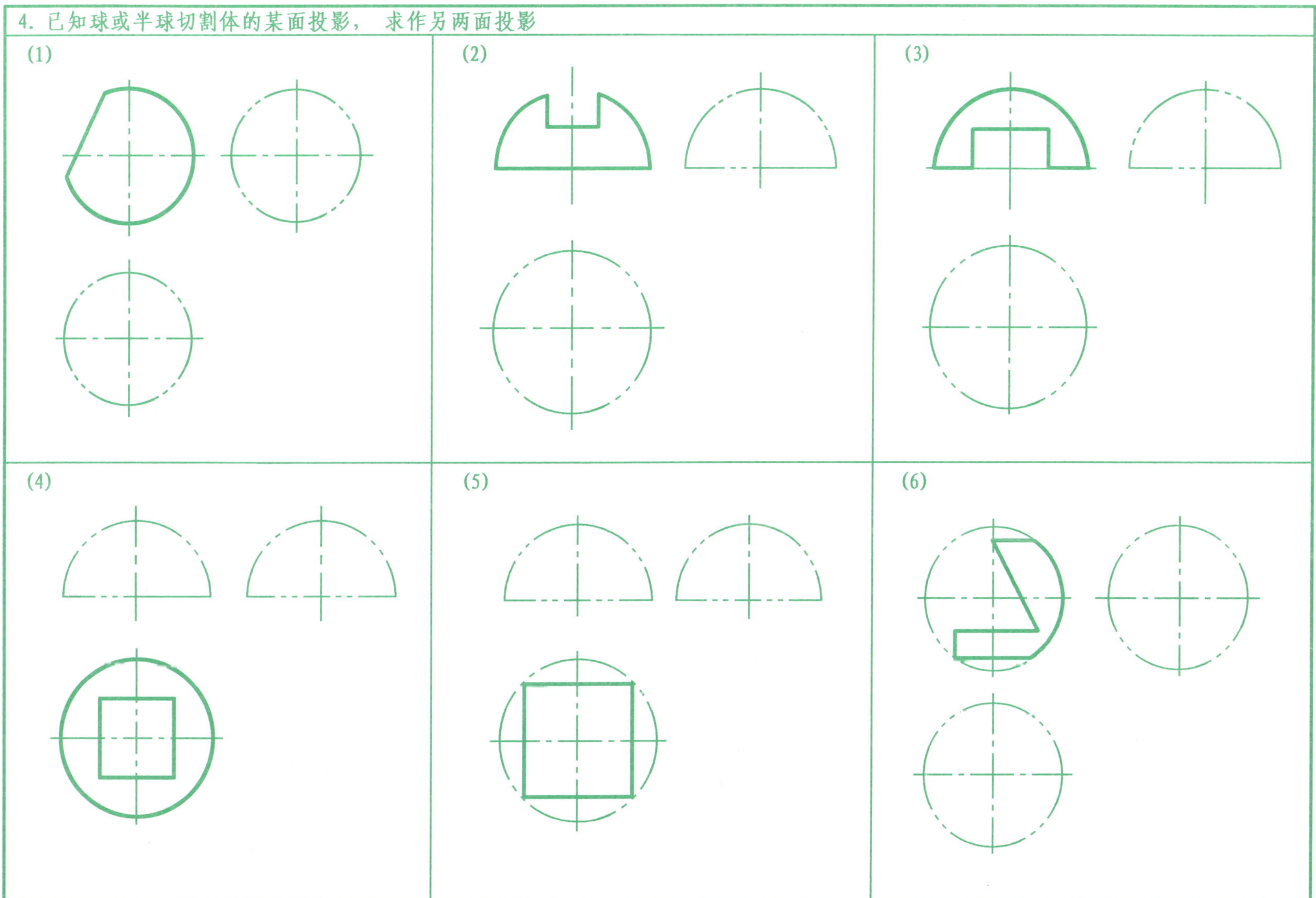
4. 已知球或半球切割体的某面投影，求作另两面投影
(1)
(2)
(3)
(4)
(5)
(6)

5. 求两平面立体的相贯线

(1) 补全三棱柱与三棱锥相交体 *V* 面投影中所缺的图线，并画出 *H* 面投影。

(2) 补全四棱柱与三棱锥相交体 *W* 面投影中所缺的图线，并画出 H 面投影。

(3) 完成三棱柱与四棱柱相交体的 *V* 面投影。

(4) 补全四棱柱与八棱锥相交体 *V*、*W* 面投影中所缺的图线。

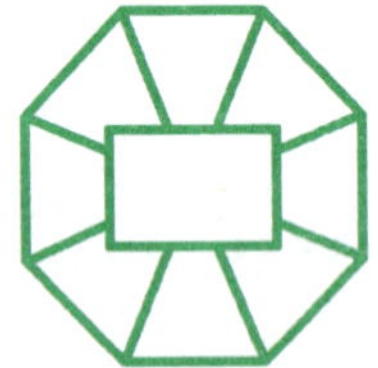

(5) 补全四棱柱与四棱台相交体 *V*、*H* 面投影中所缺的图线。

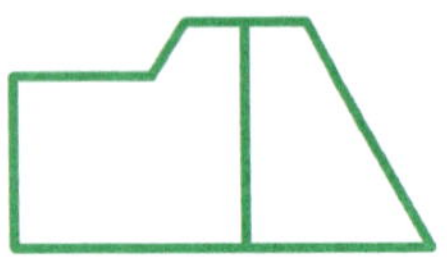

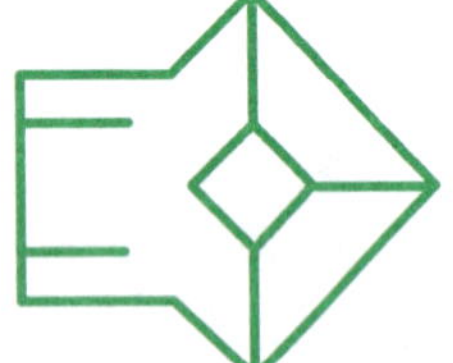

(6) 补全相交两立体三面投影中所缺的图线。

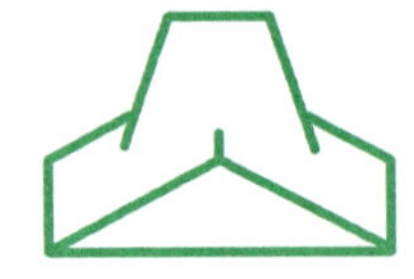

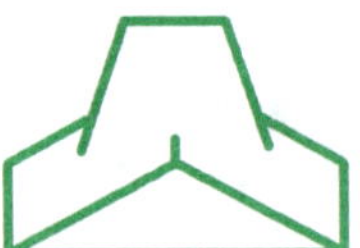

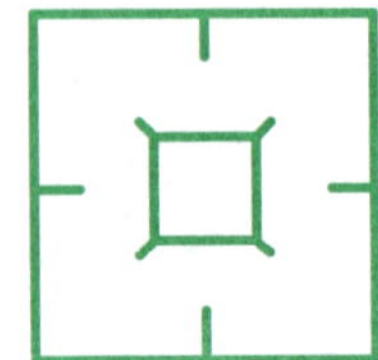

6. 求平面立体与曲面立体的相贯线

(1) 完成相交两立体的正面投影和侧面投影。

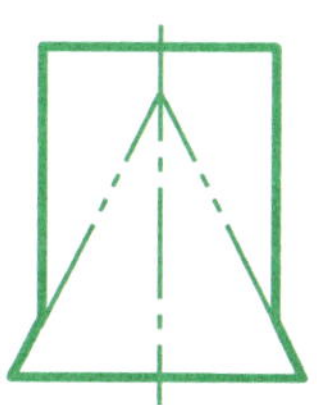

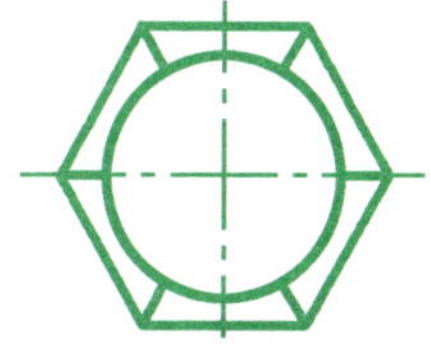

(2) 完成相交两立体的水平投影。

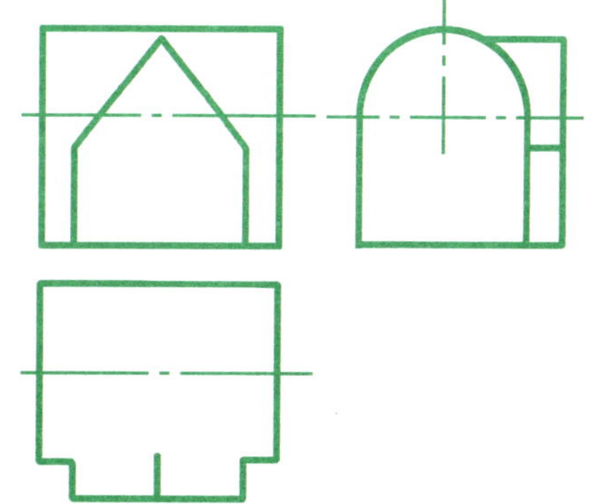

(3) 完成相交两立体的正面投影和水平投影。

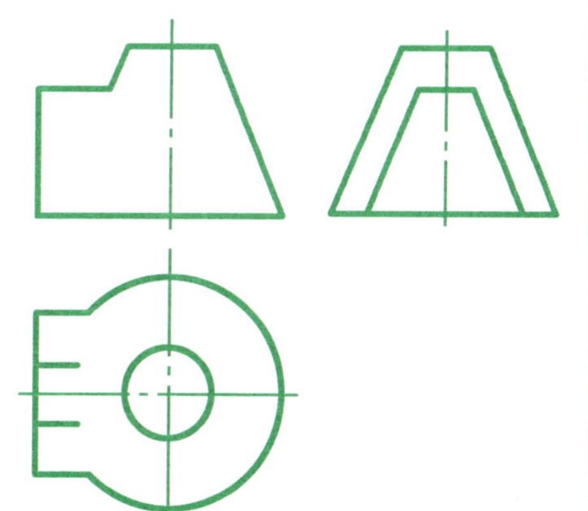

(4) 完成相交两立体的正面投影和侧面投影。

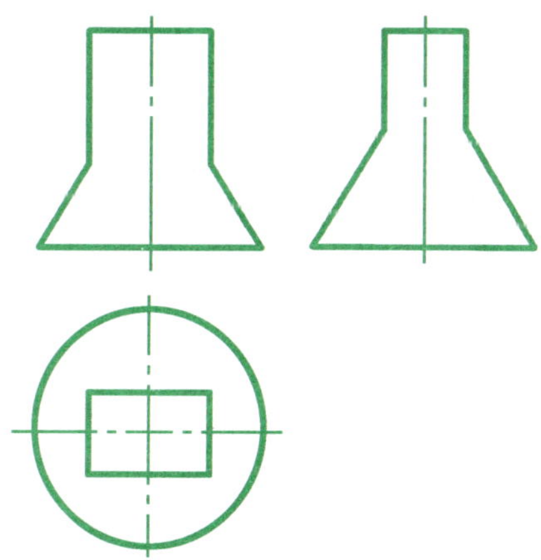

(5) 完成相交两立体的水平投影，并画出侧面投影。

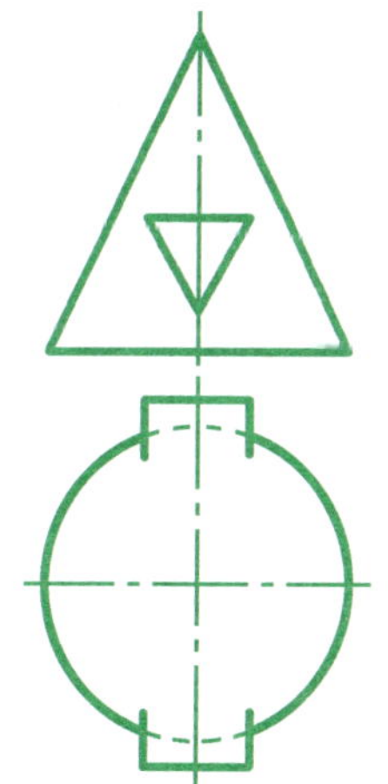

(6) 完成相交两立体的正面投影，并画出侧面投影。

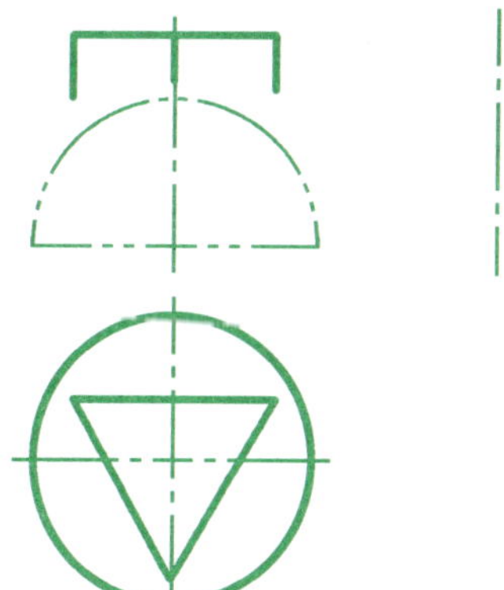

7. 求两曲面立体或平面立体与曲面立体的相贯线 （二补三）

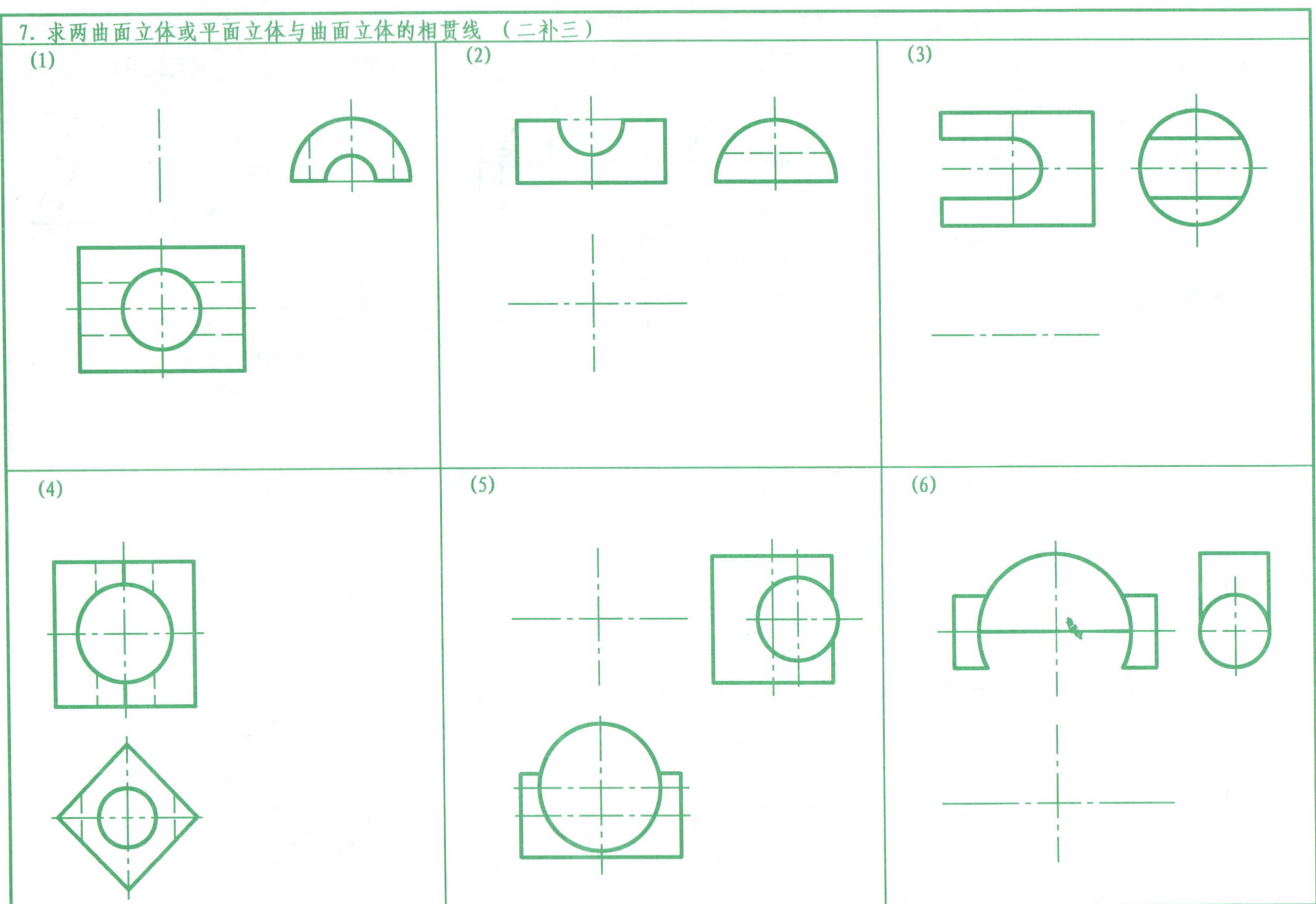

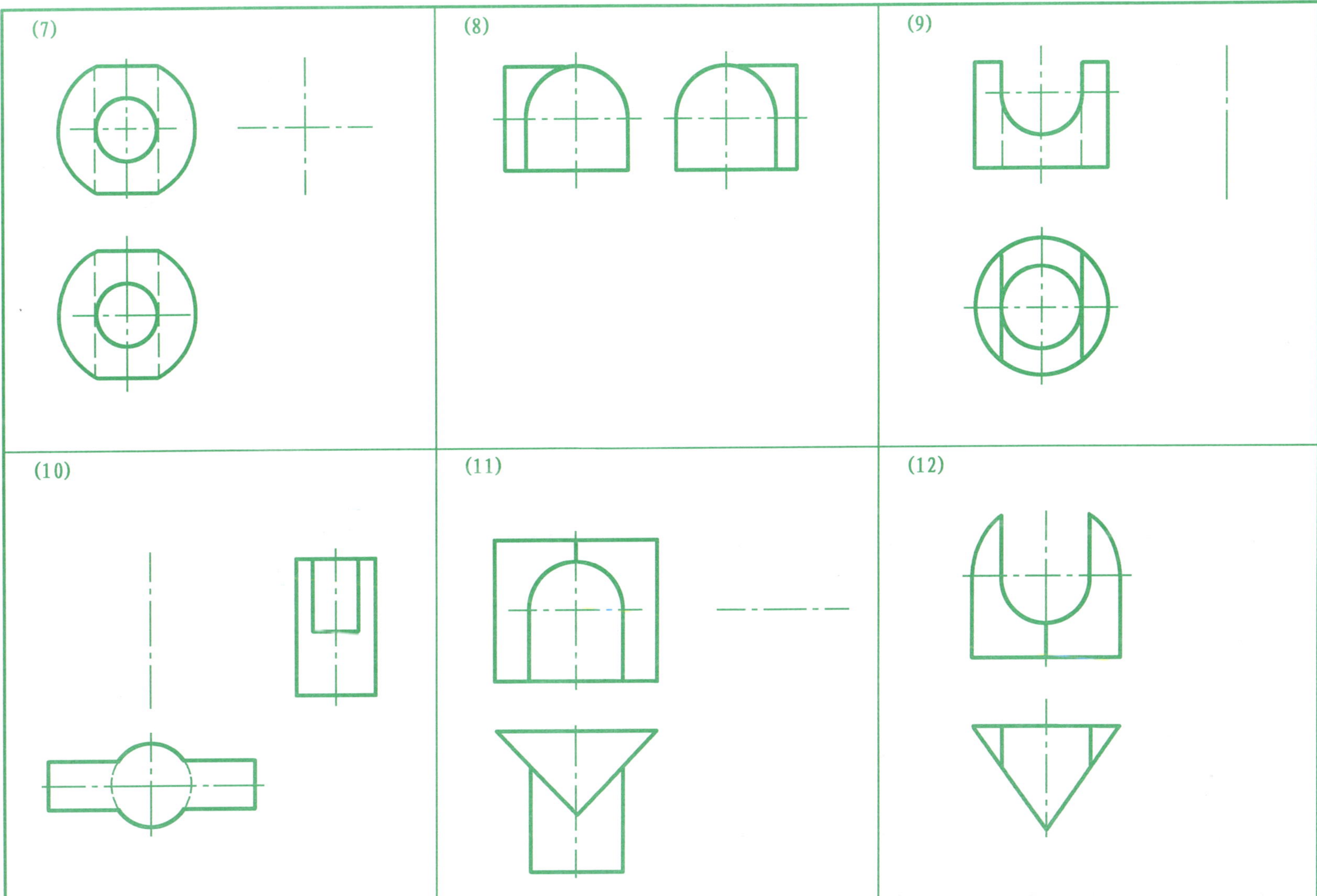
(7)
(8)
(9)
(10)
(11)
(12)

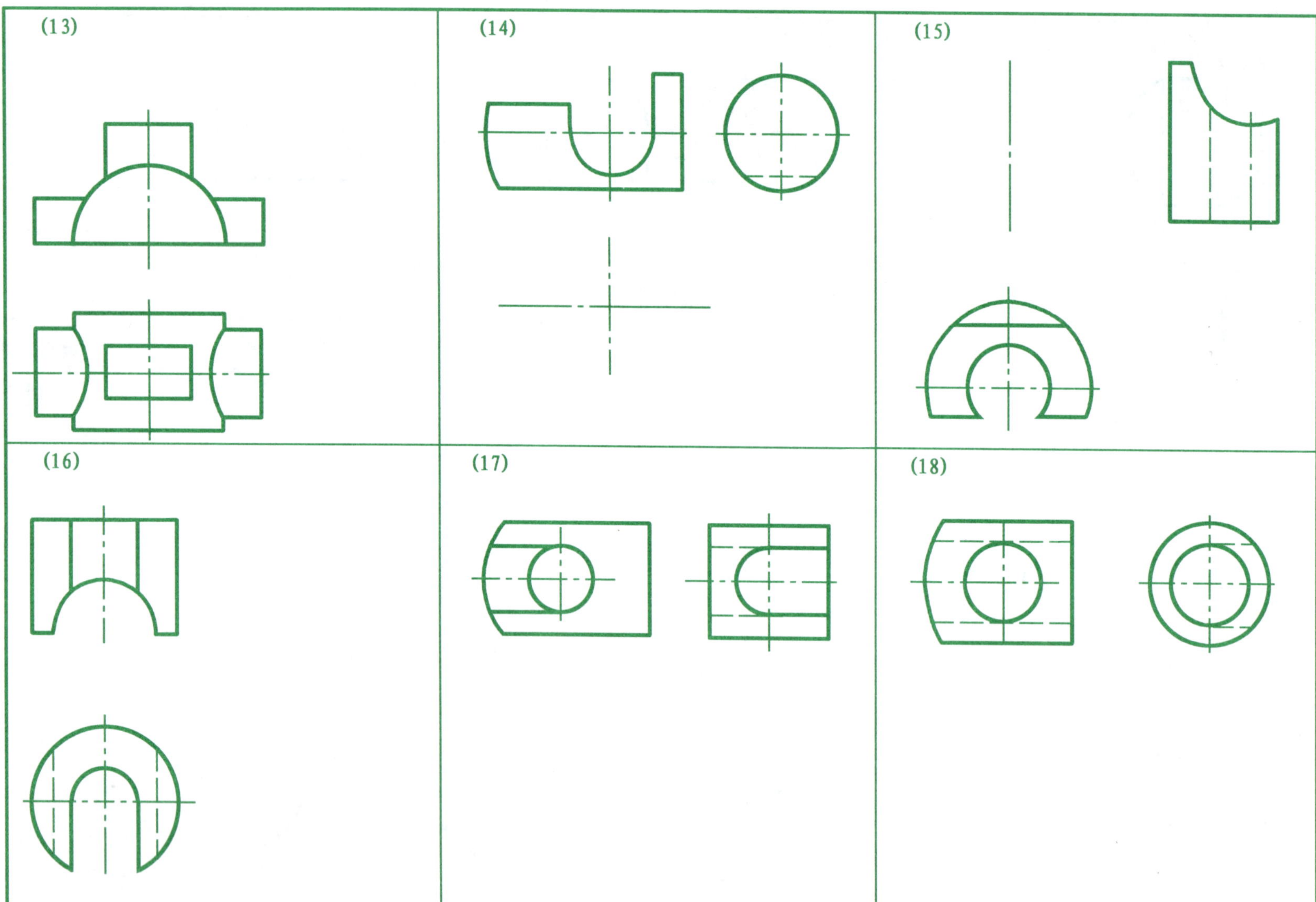
(13)
(14)
(15)
(16)
(17)
(18)

8. 求曲面立体的相贯线—补线、补投影

(1) 完成带有圆柱形切口圆锥的H、W面投影。

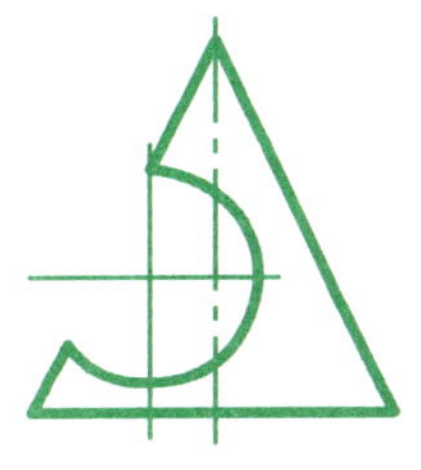

(2) 完成球和圆锥相交体的三面投影。

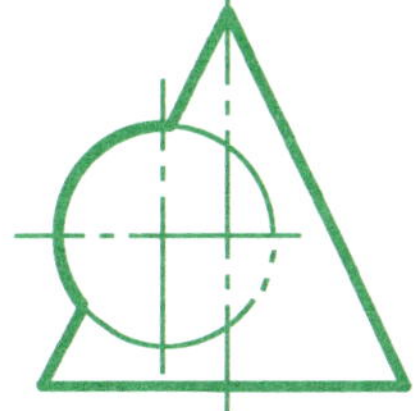

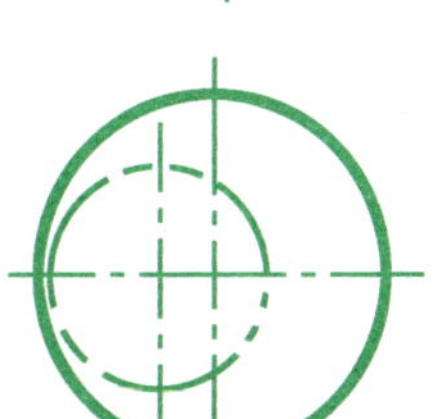

(3) 完成半球和圆锥相交体的三面投影。

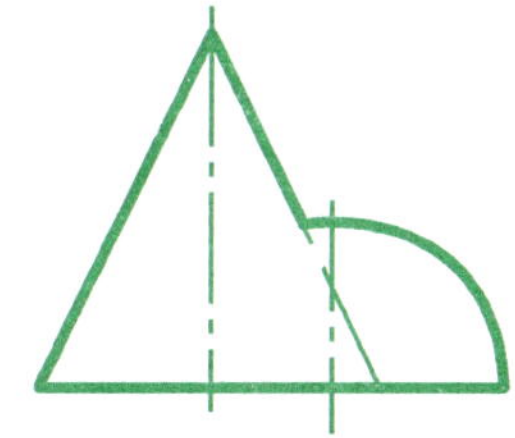
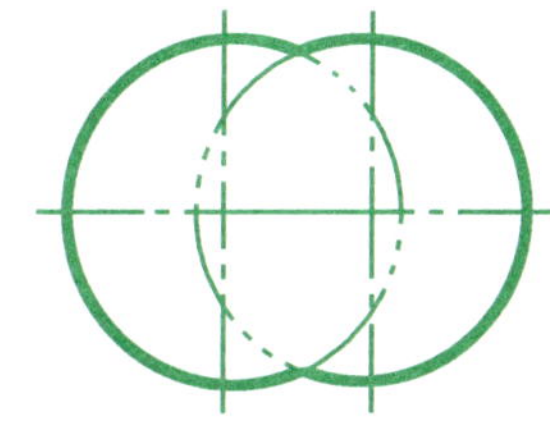

(4) 完成带有圆柱孔圆锥的V、H面投影。

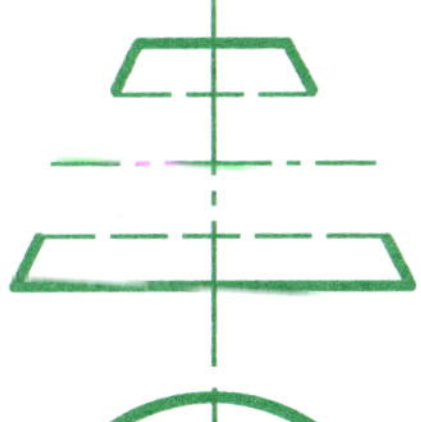
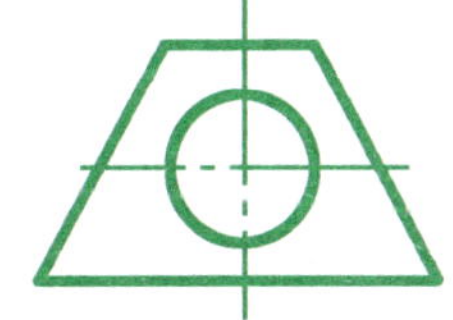
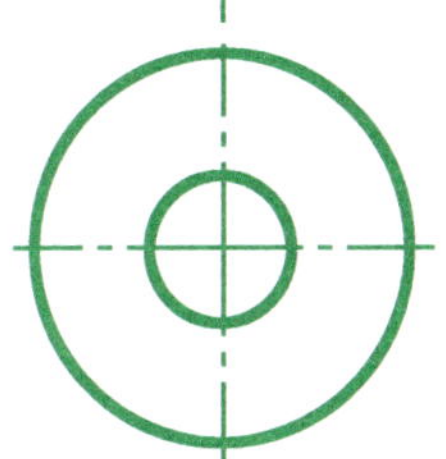

(5) 完成圆柱和圆锥相交体的V、H面投影。

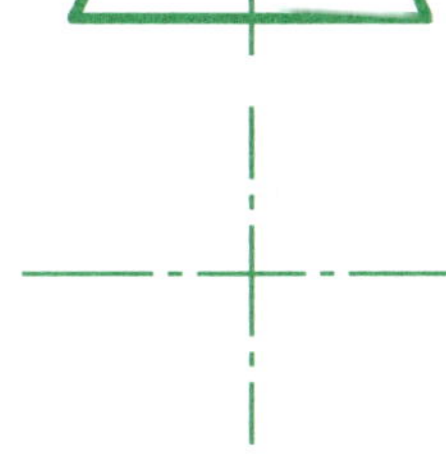

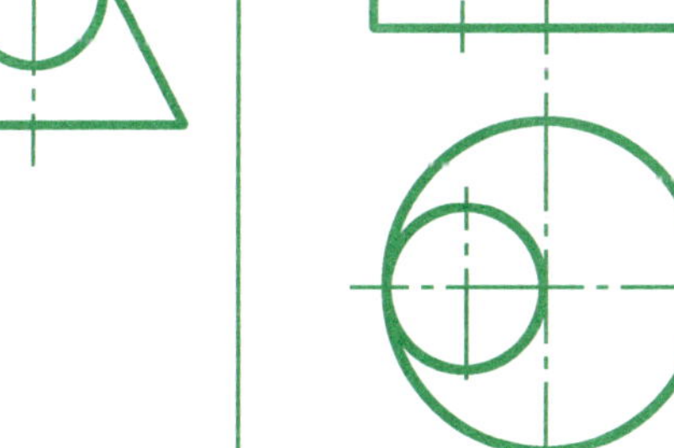

(6) 完成半球和圆柱相交体的V、W面投影。

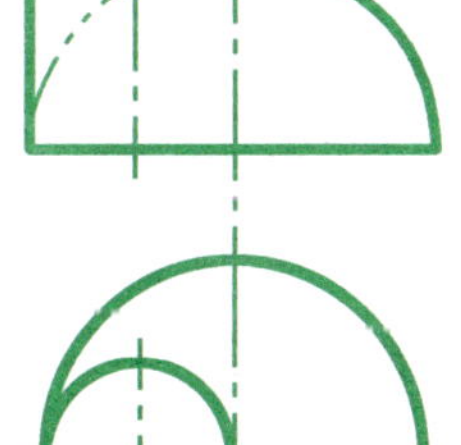

第三章　轴 测 投 影

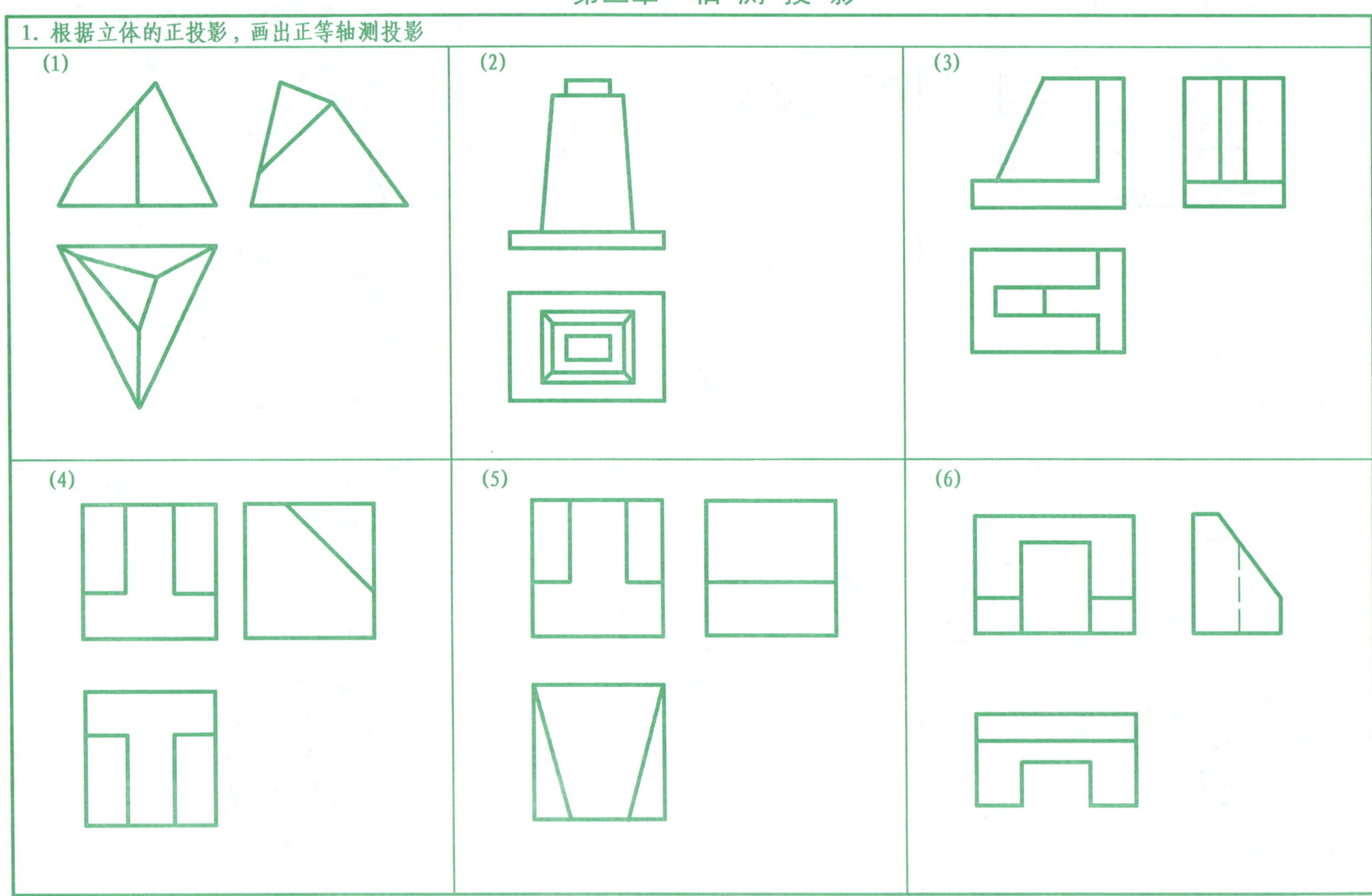

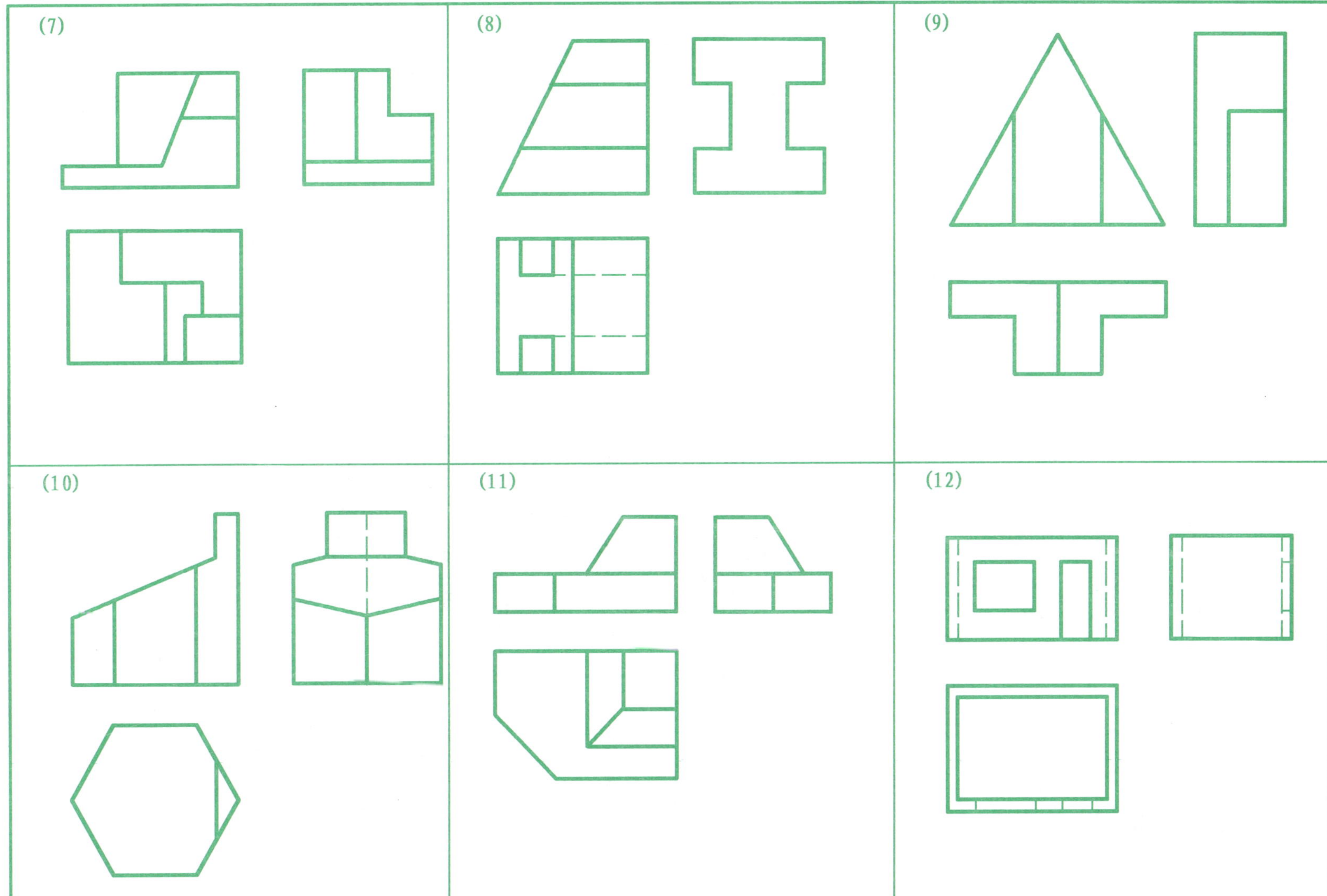
(7)
(8)
(9)
(10)
(11)
(12)

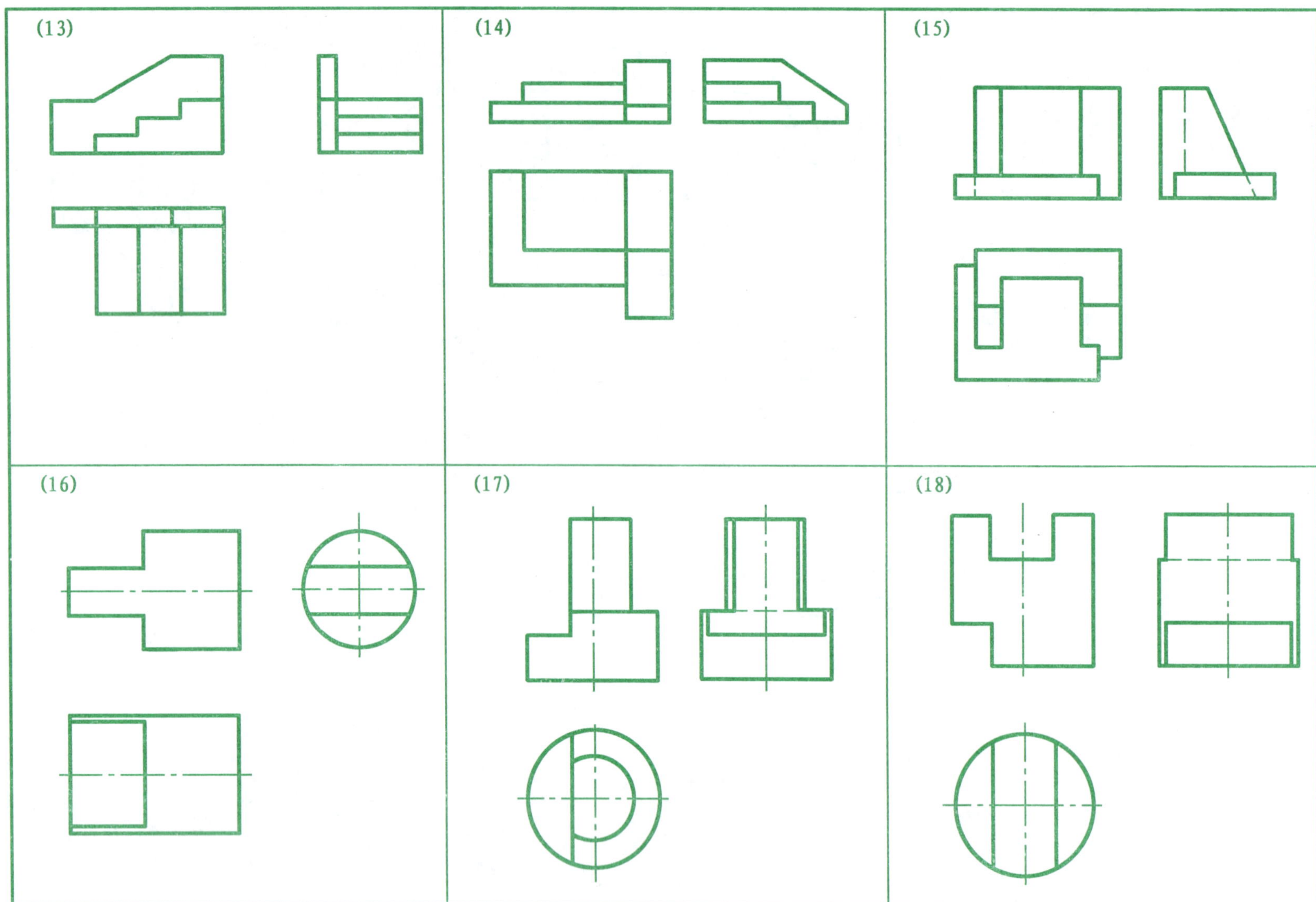
(13)
(14)
(15)
(16)
(17)
(18)

(19)
(20)
(21)
(22)
(23)
(24)

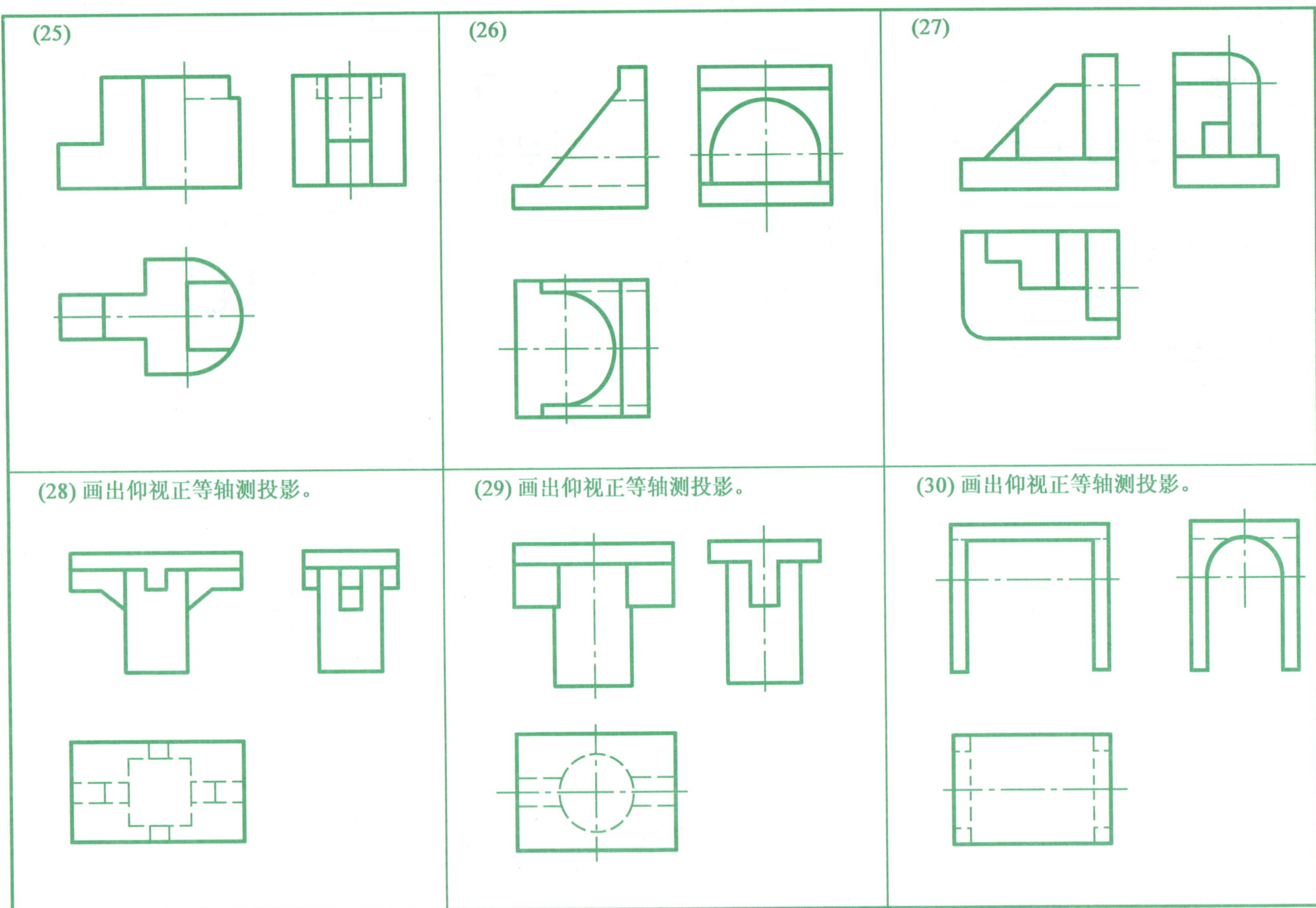

(25)
(26)
(27)
(28) 画出仰视正等轴测投影。
(29) 画出仰视正等轴测投影。
(30) 画出仰视正等轴测投影。

2. 根据立体的正投影，画出正面斜二或斜等轴测投影

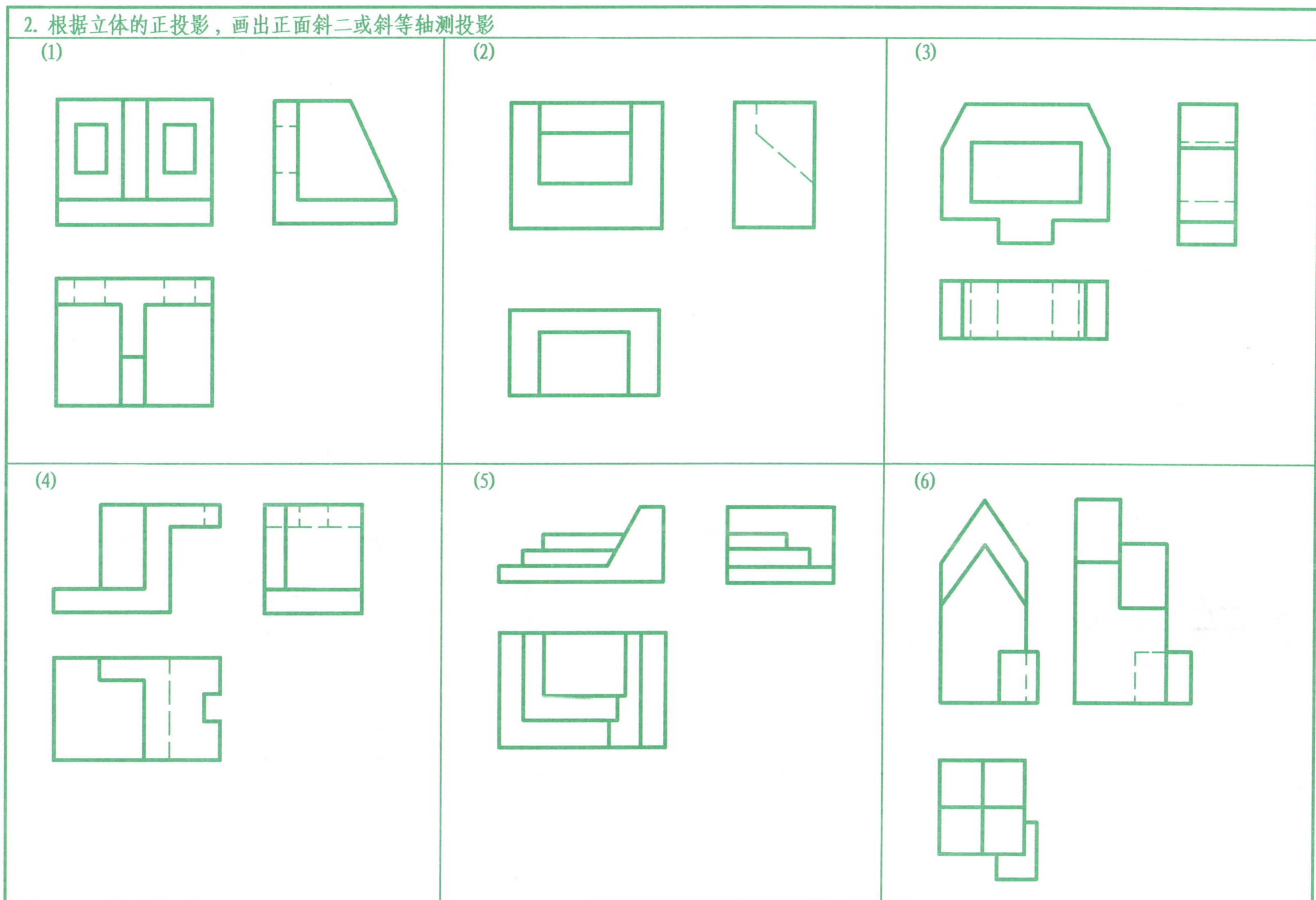

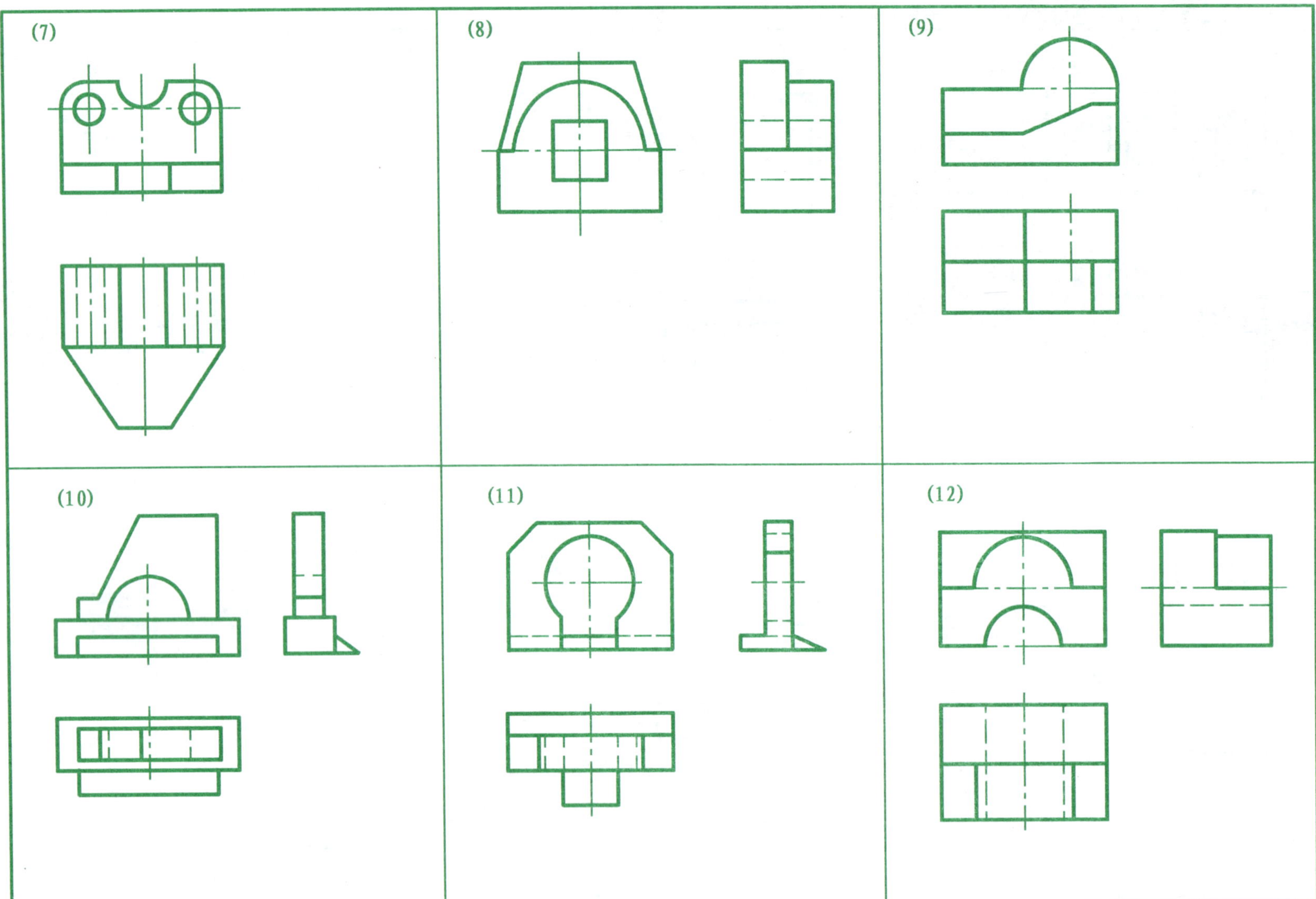
(7)
(8)
(9)
(10)
(11)
(12)

(13)
(14)
(15)
(16)
(17)
(18)

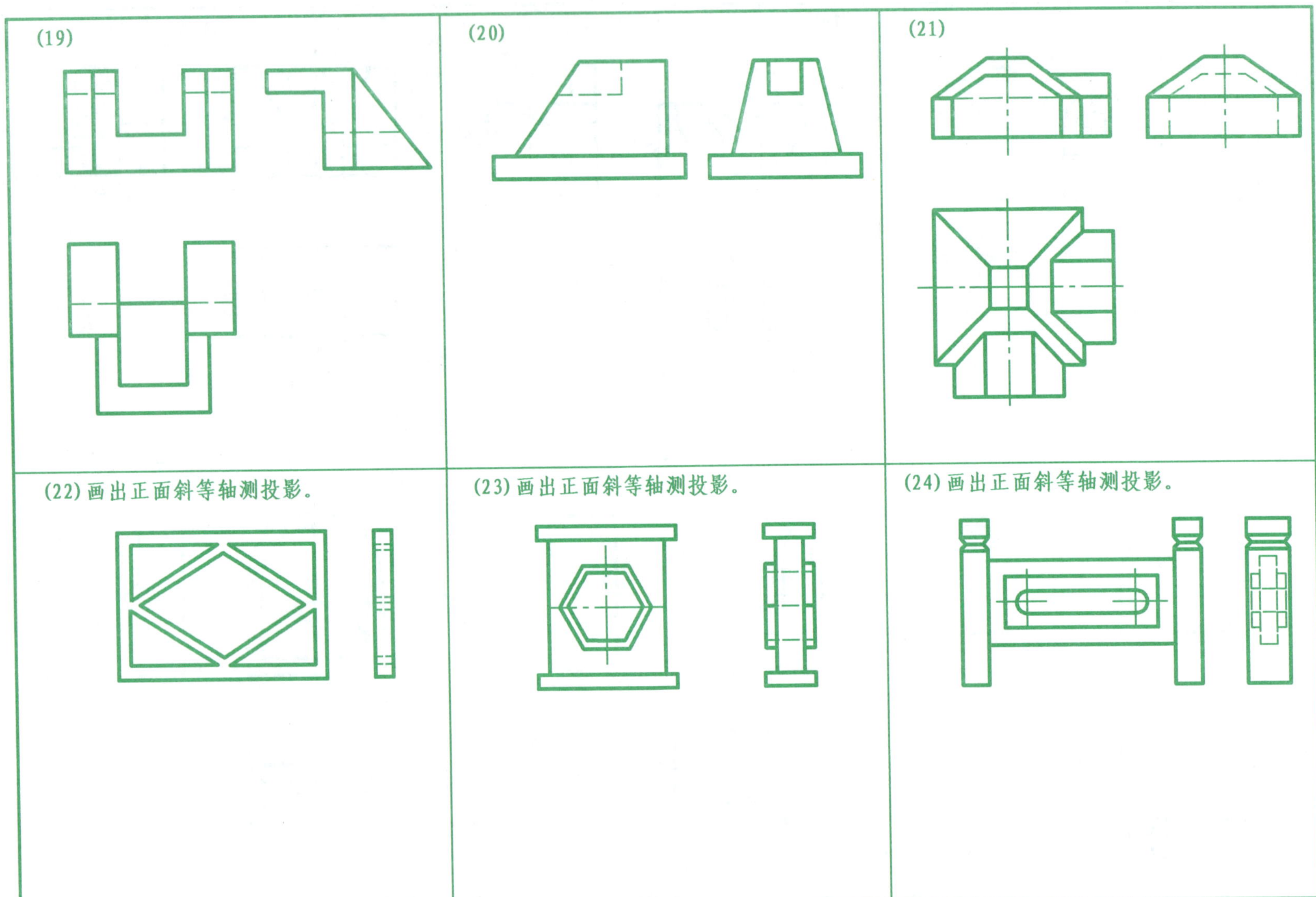
(19)
(20)
(21)
(22) 画出正面斜等轴测投影。
(23) 画出正面斜等轴测投影。
(24) 画出正面斜等轴测投影。

3. 根据立体的正投影，画出水平斜等轴测投影

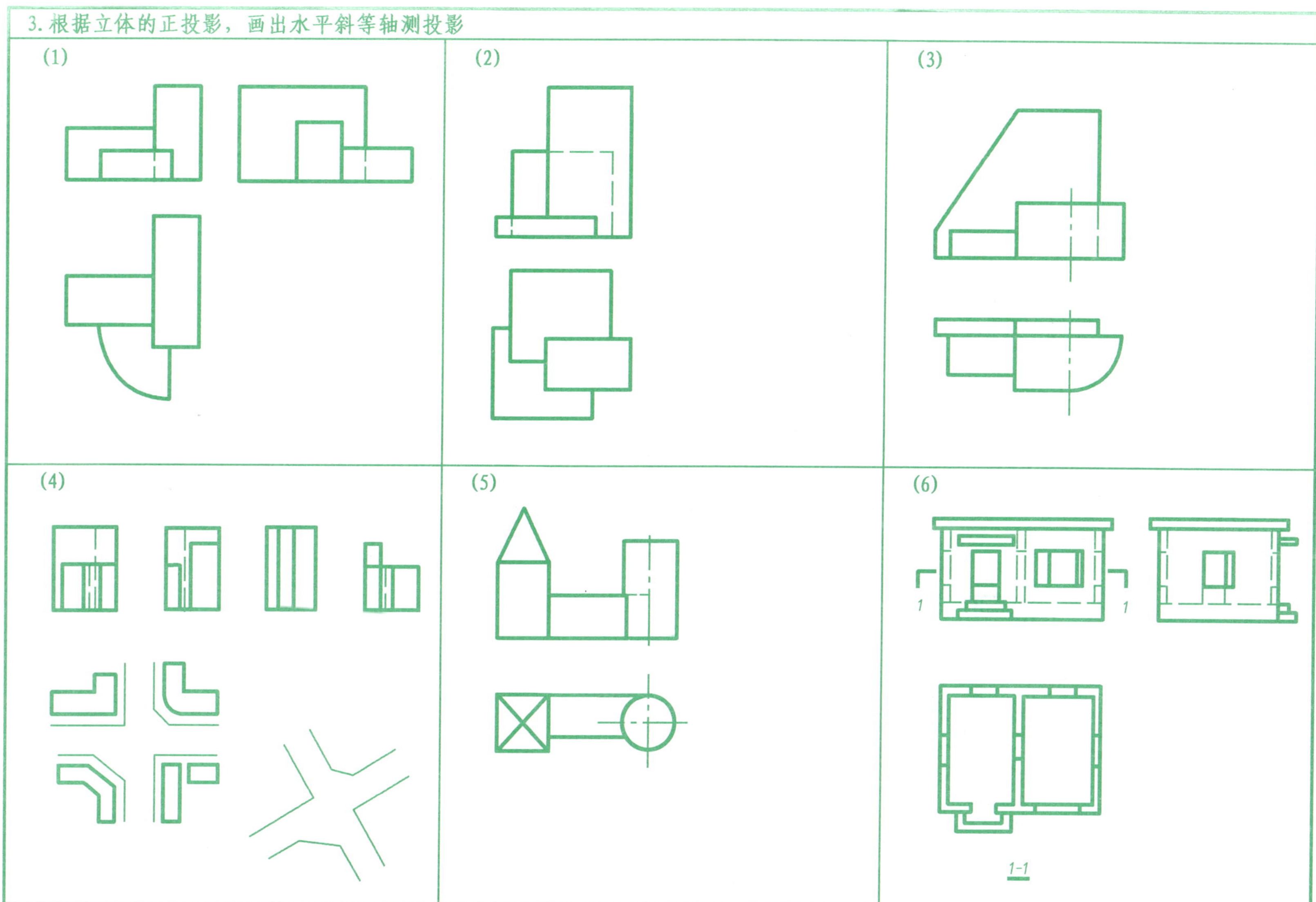

第四章　组合体视图

一、画组合体视图及尺寸标注

1. 根据立体的轴测图并结合所给的视图，画出另外两视图

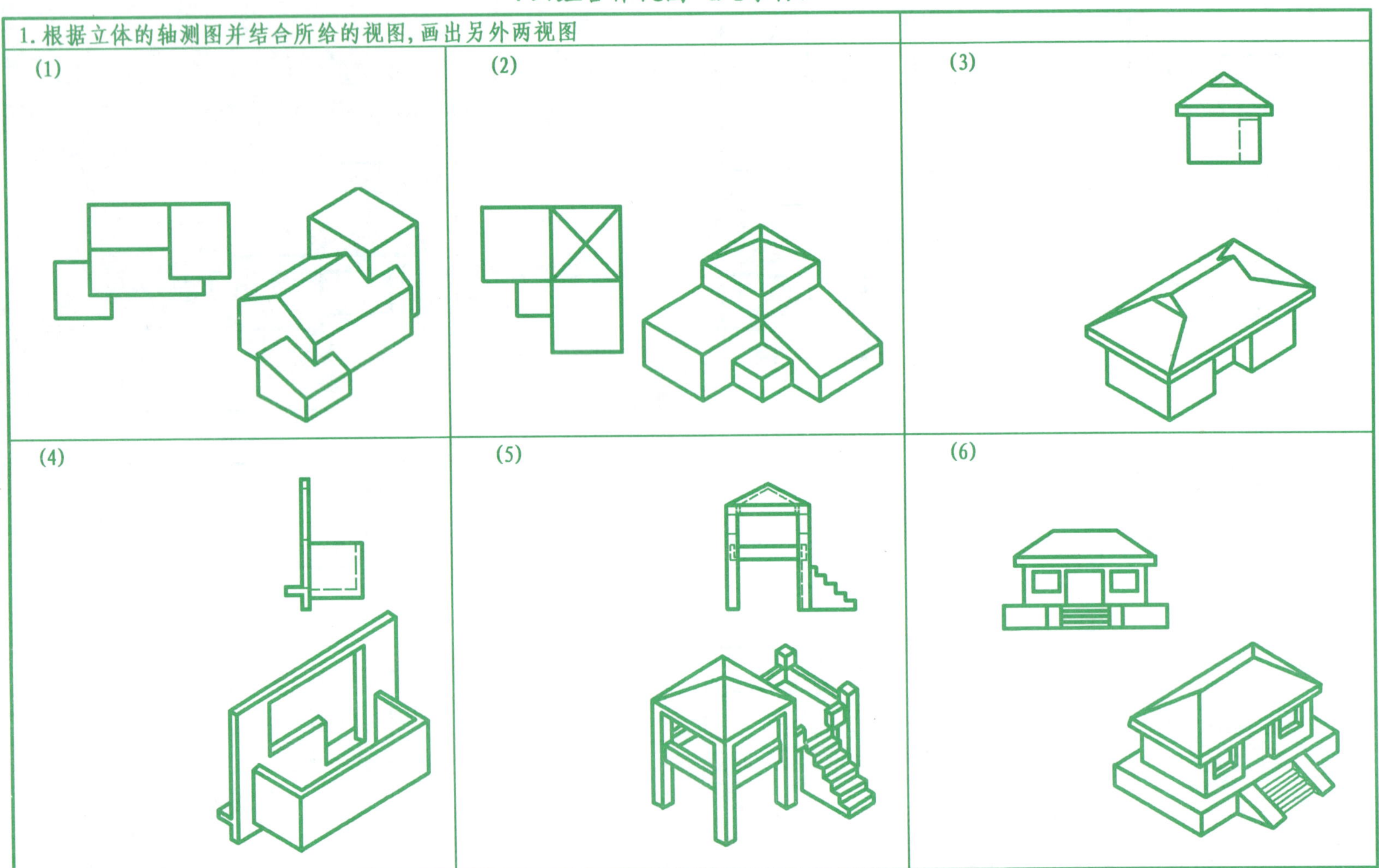

2. 根据组合体的轴测图，画出组合体的三视图

(1)

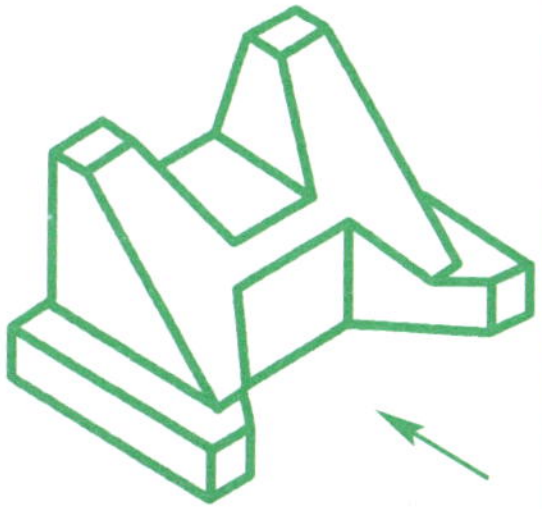

(2)

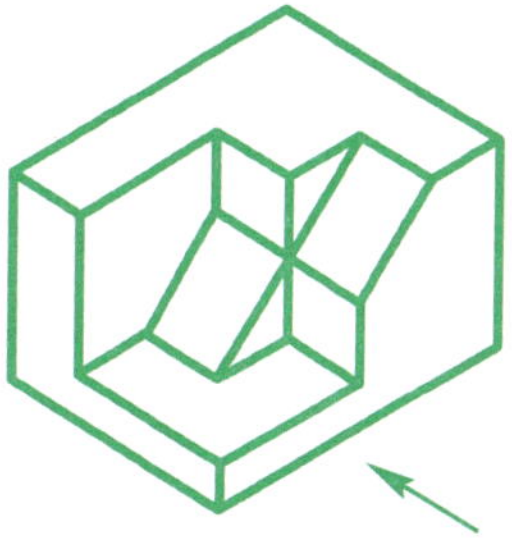

(3)

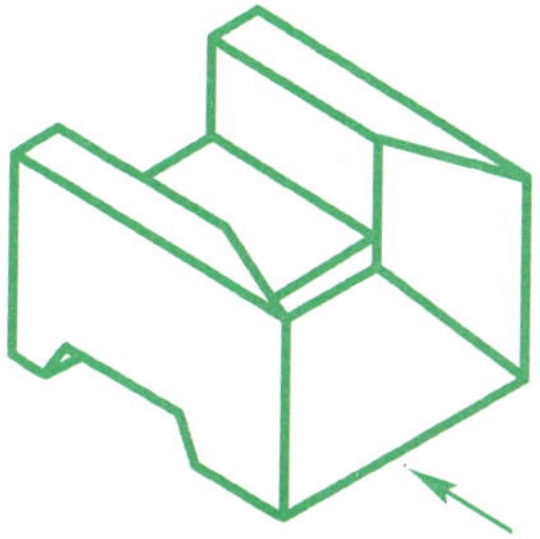

(4)

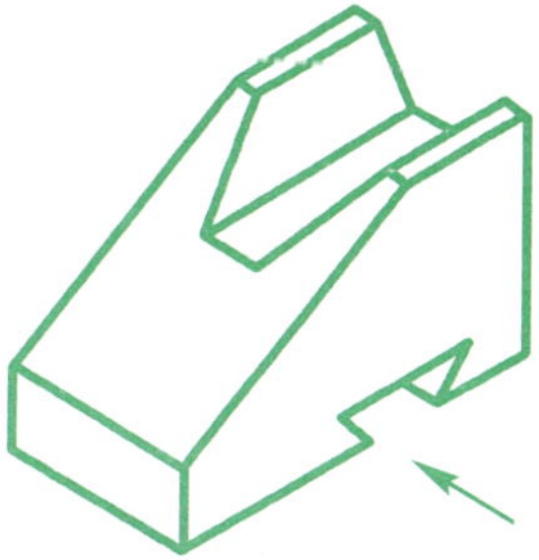

(5)

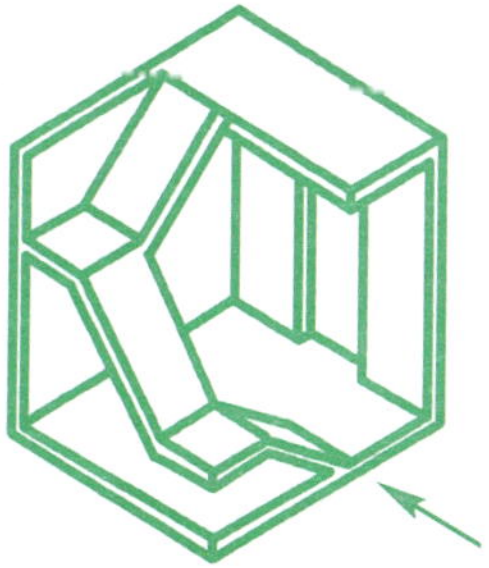

(6)

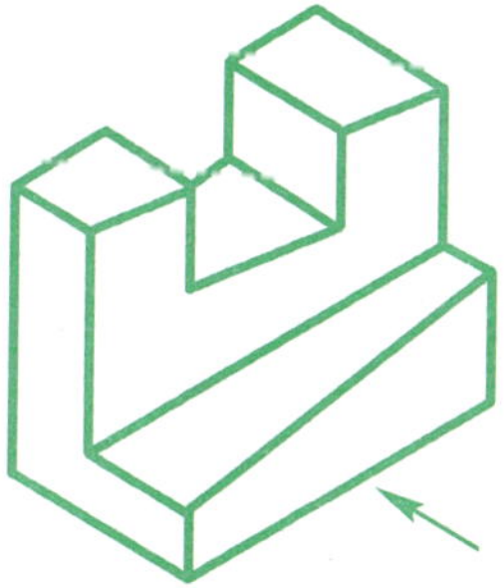

3. 根据组合体的轴测图和所给视图画三视图，并标注尺寸（尺寸在轴测图上按轴侧方向1:1量取，并取整数）

(1)

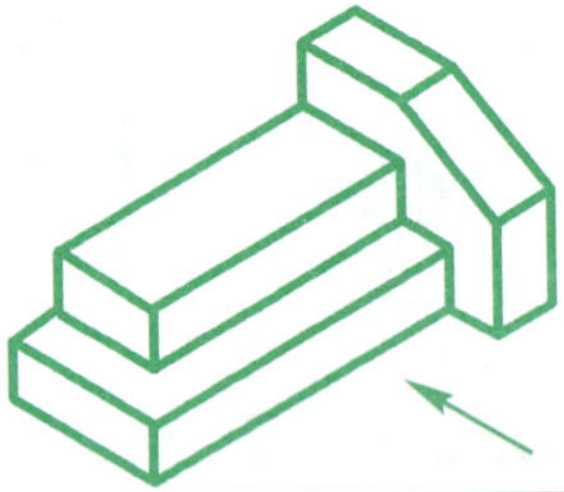

(2)

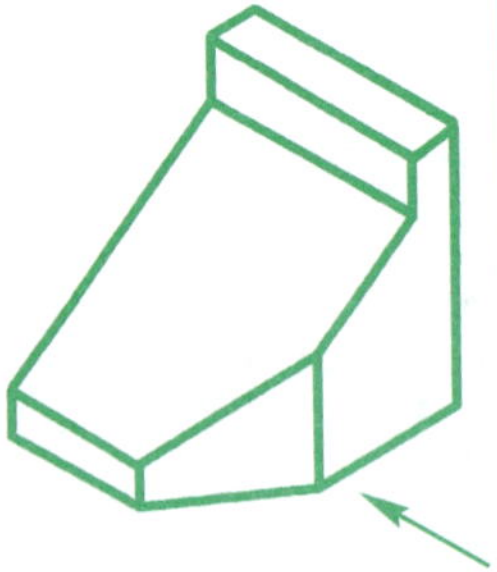

(3)

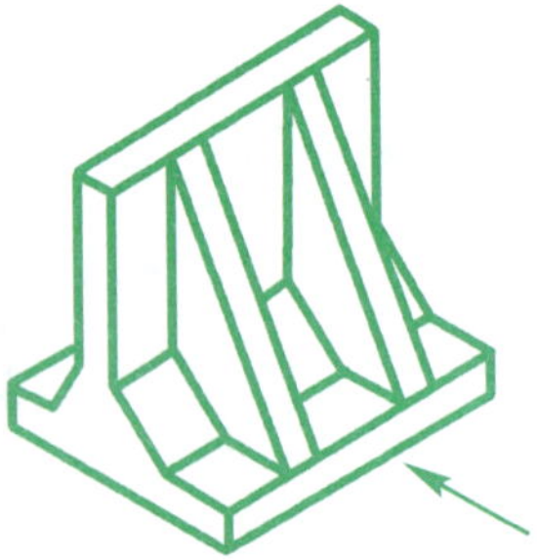

(4)

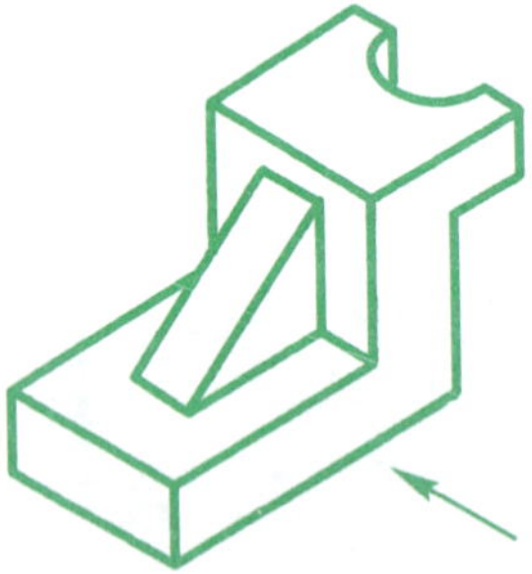

(5)

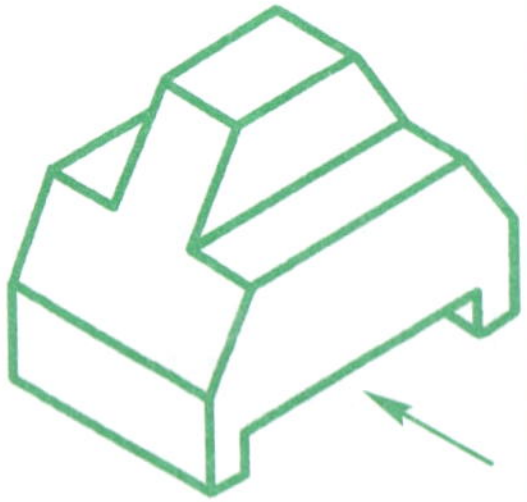

(6)

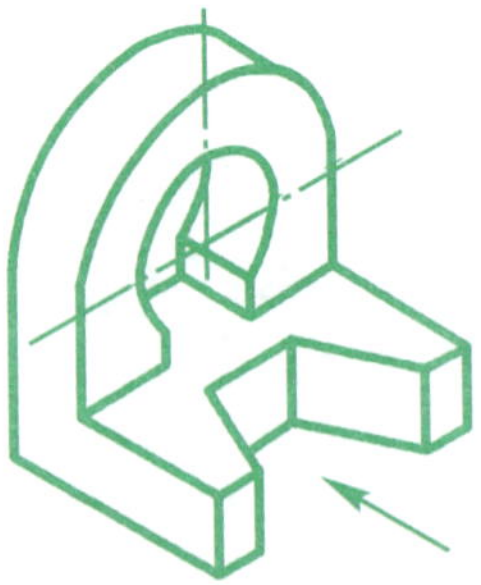

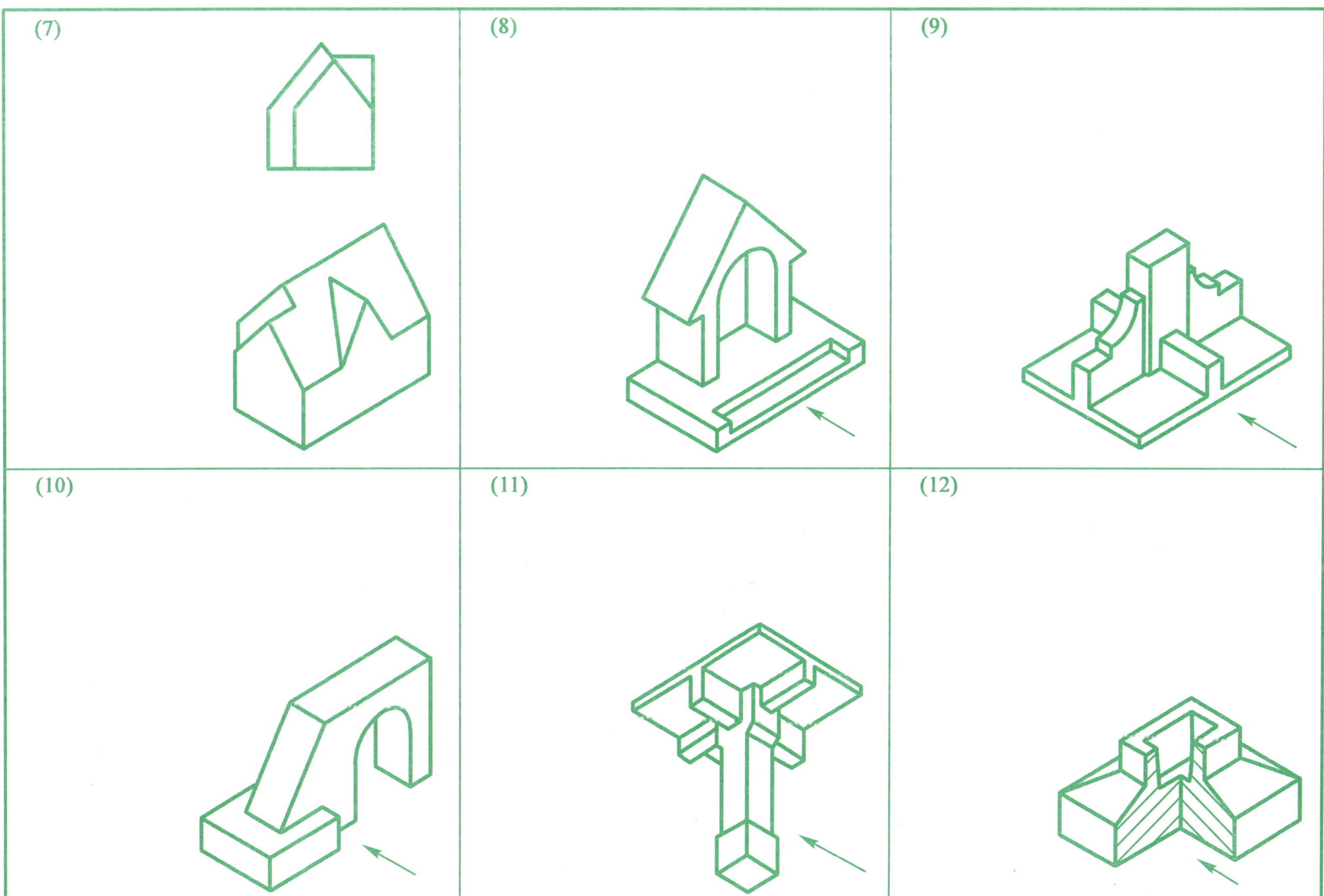
(7)
(8)
(9)
(10)
(11)
(12)

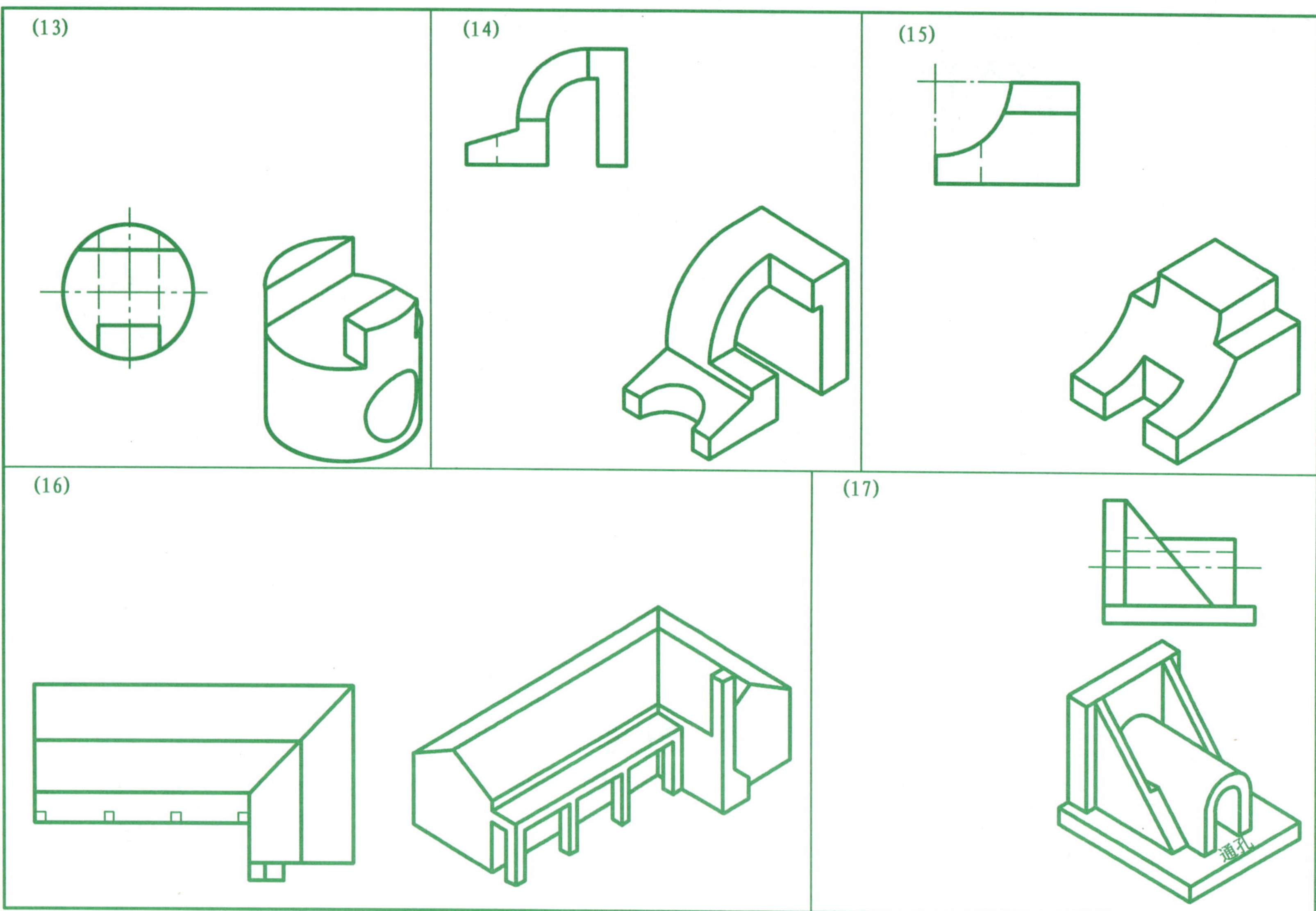
(13)
(14)
(15)
(16)
(17)
通孔

二、组合体的读图

1. 完成同坡屋顶的投影

(1) 补全同坡屋顶房屋正面投影和水平投影中所缺的图线，并画出侧面投影。

(2) 补全同坡屋顶房屋水平投影中所缺的图线，并画出侧面投影。

(3) 补全同坡屋顶房屋正面投影和水平投影中所缺的图线，并画出侧面投影。

(4) 已知同坡屋顶屋檐的水平投影及各屋面坡度为1:1.5，完成同坡屋顶的三面投影。

(5) 已知同坡屋顶屋檐的水平投影及各屋面坡度为1:1.5，完成同坡屋顶的三面投影。

(6) 已知同坡屋顶屋檐的水平投影及各屋面坡度为1:1.5，完成同坡屋顶的三面投影。

2. 根据组合体的两面视图， 补画组合体的第三面视图

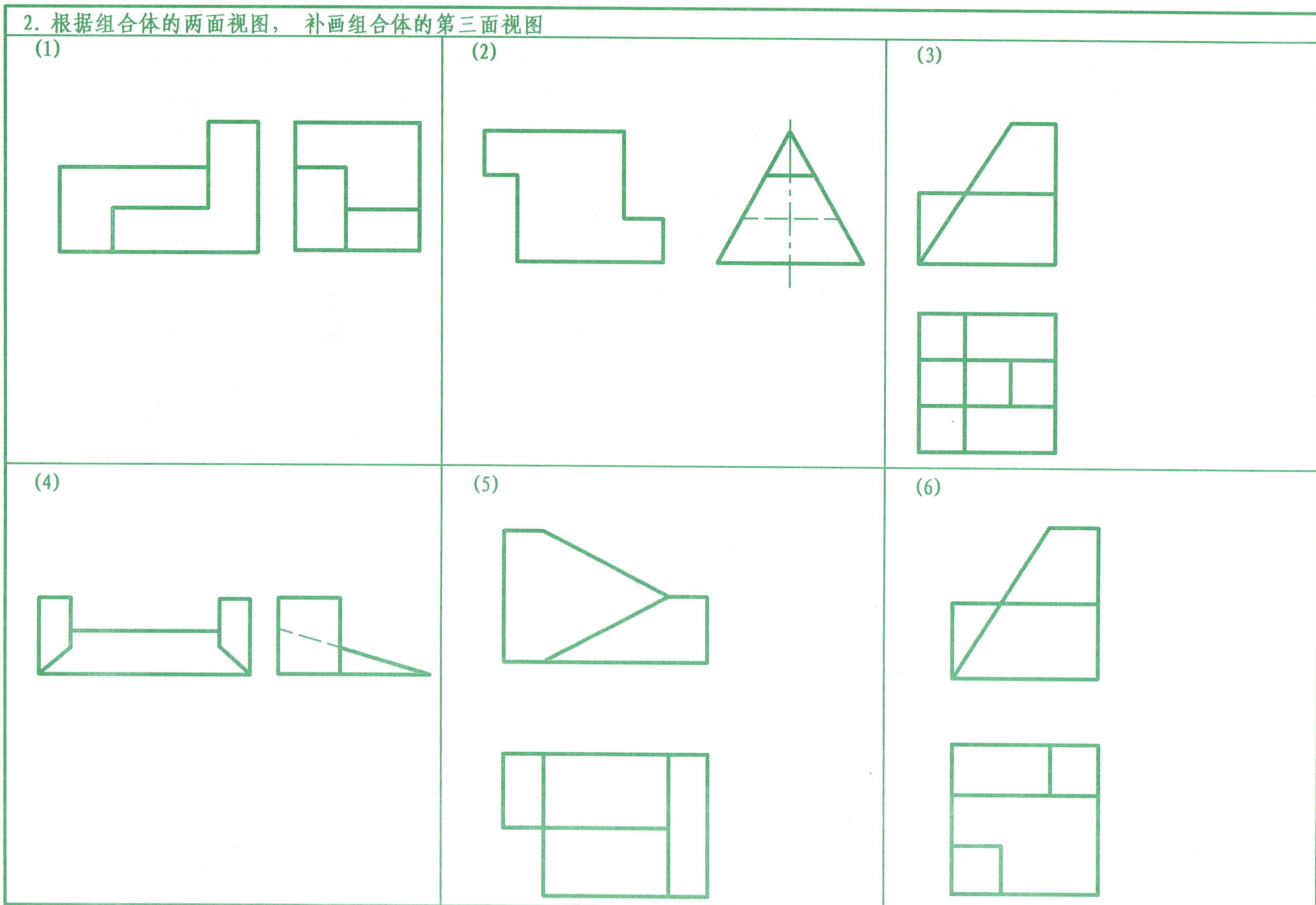

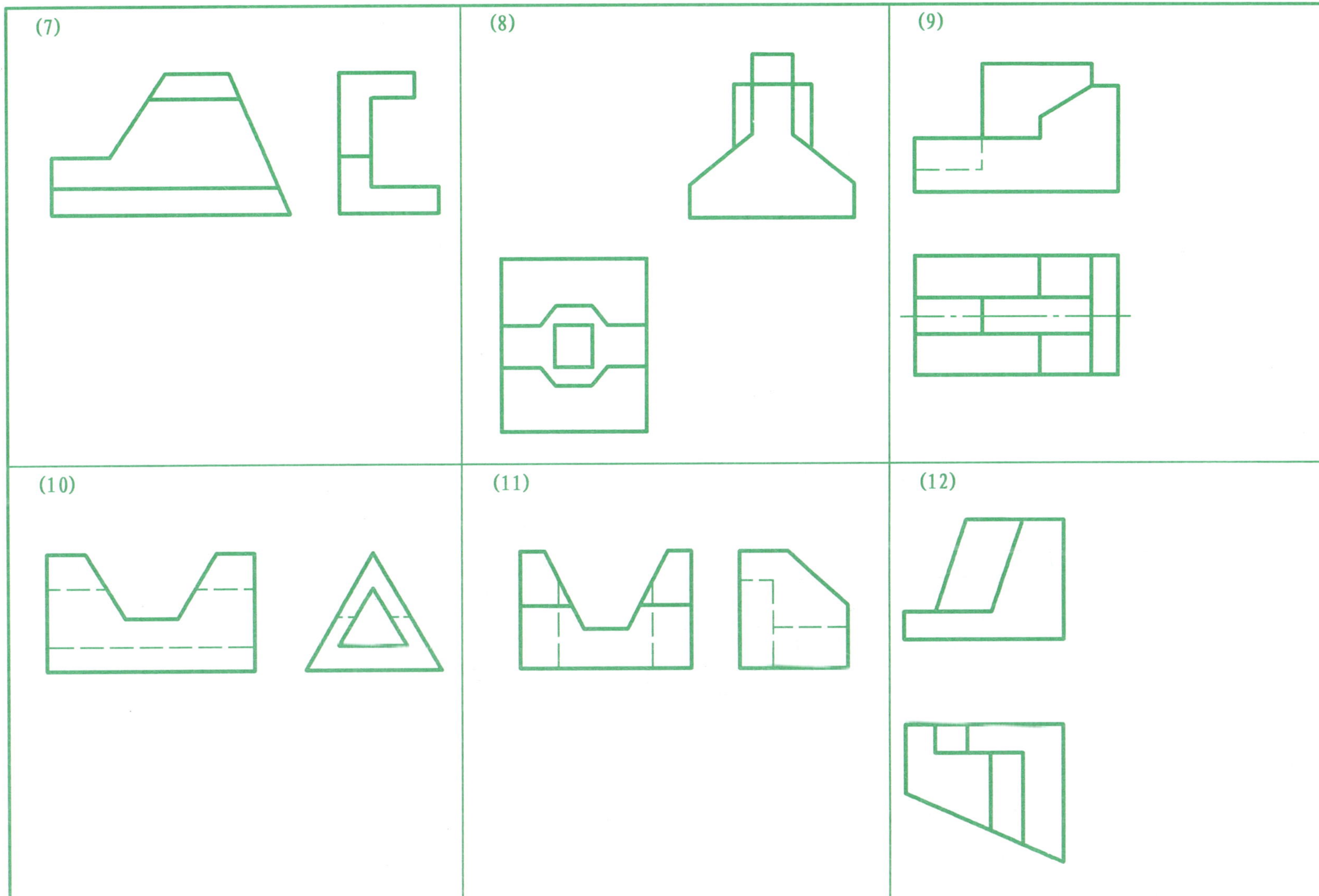
(7)
(8)
(9)
(10)
(11)
(12)

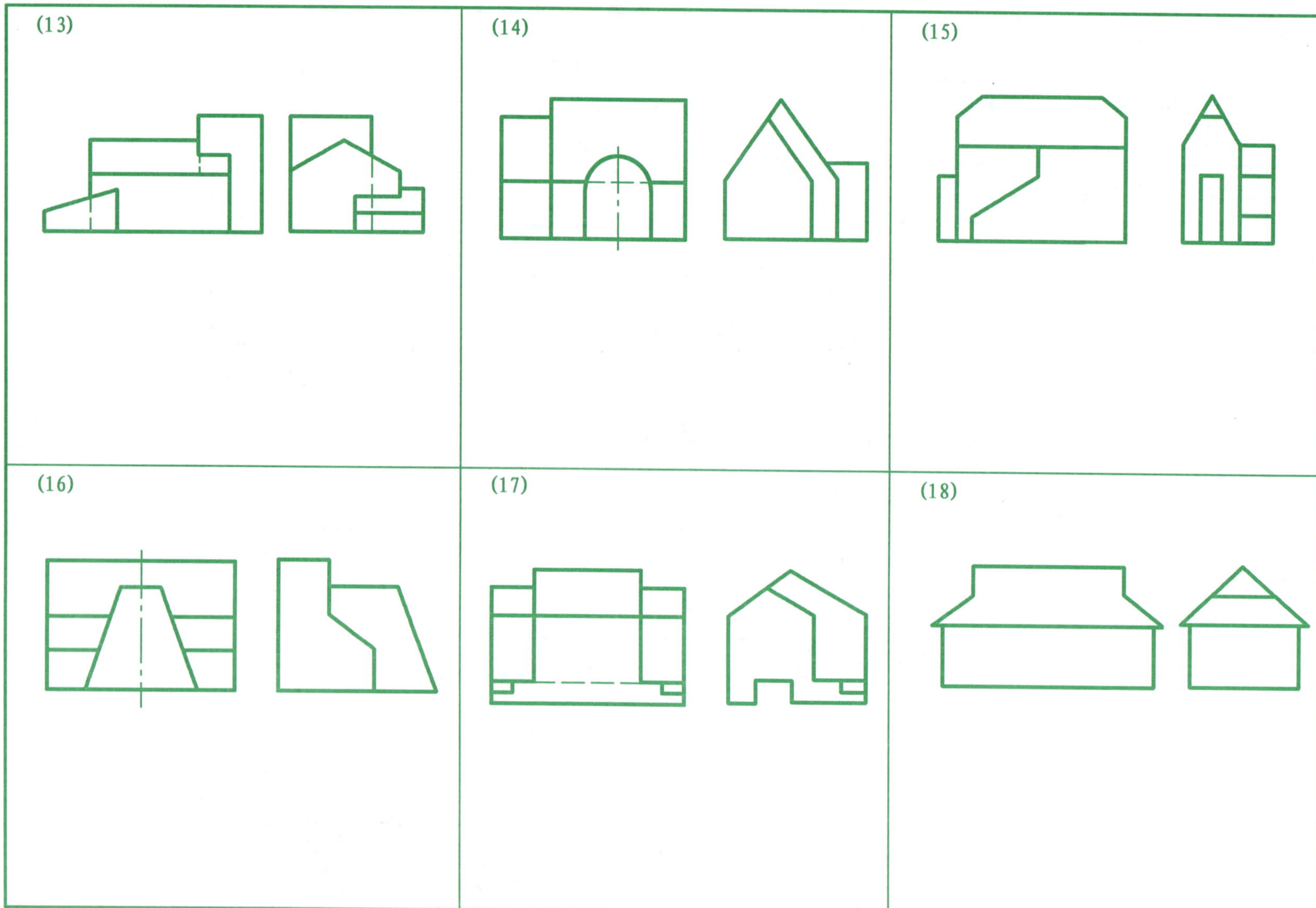
(13)
(14)
(15)
(16)
(17)
(18)

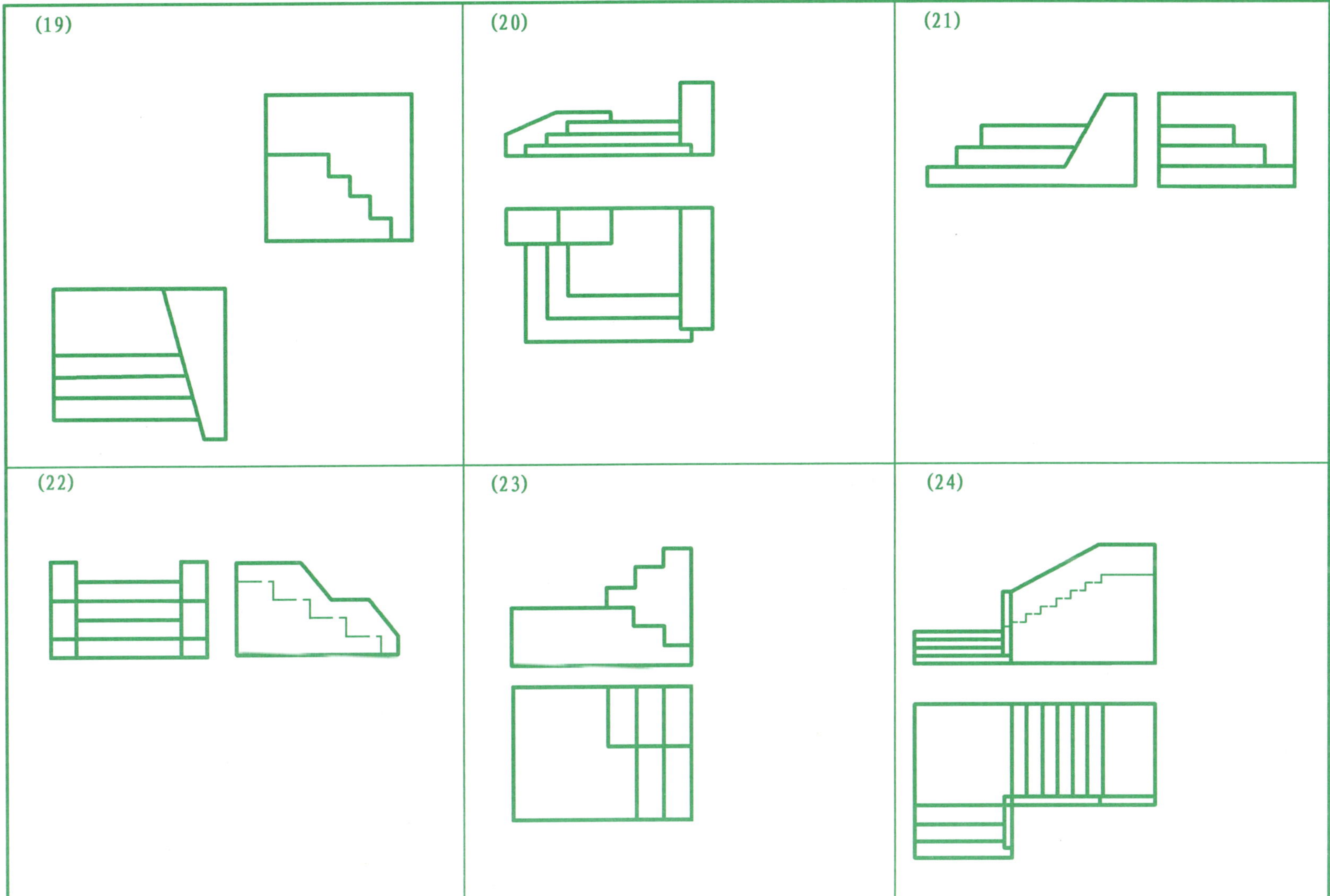
(19)
(20)
(21)
(22)
(23)
(24)

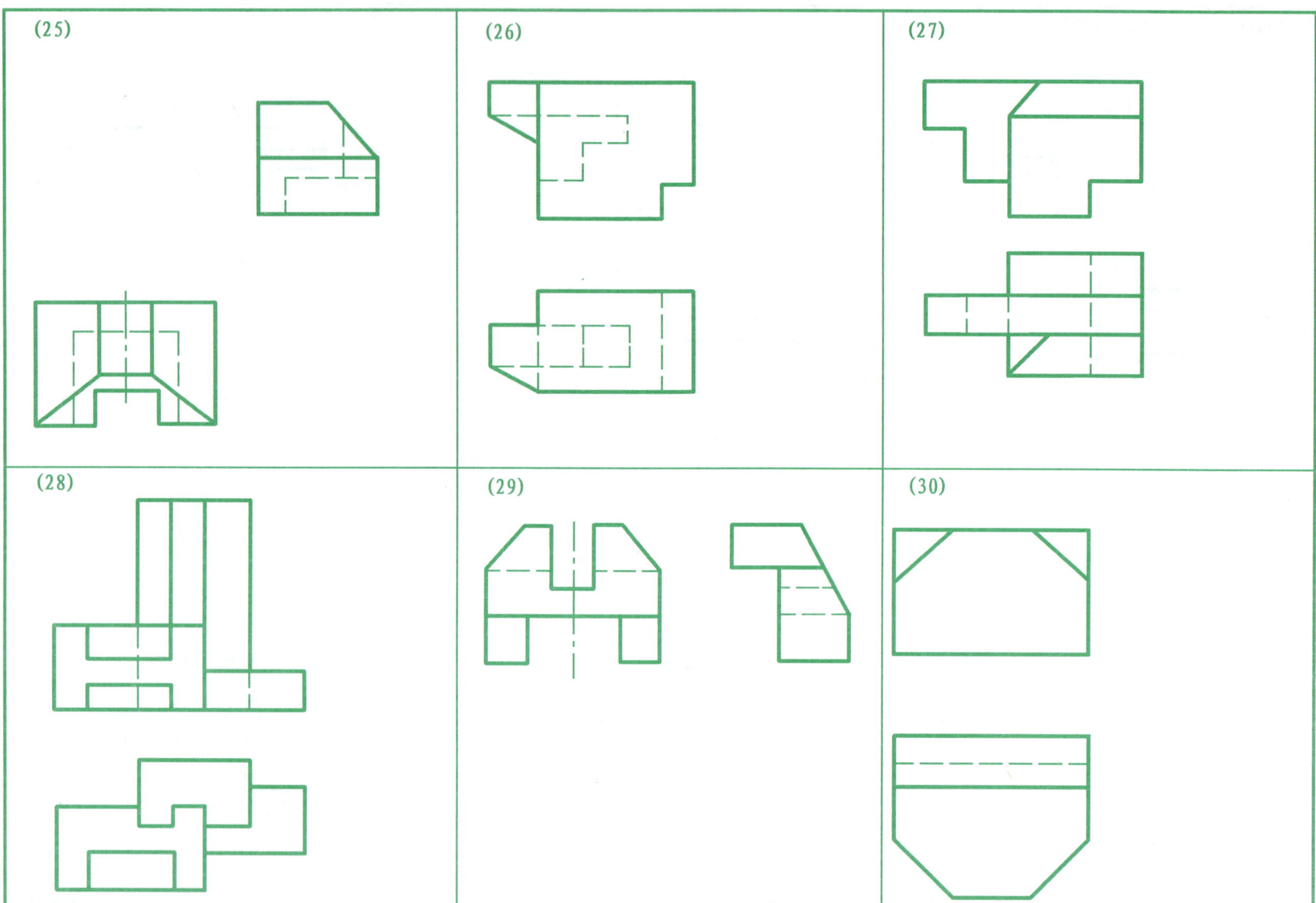
(25)
(26)
(27)
(28)
(29)
(30)

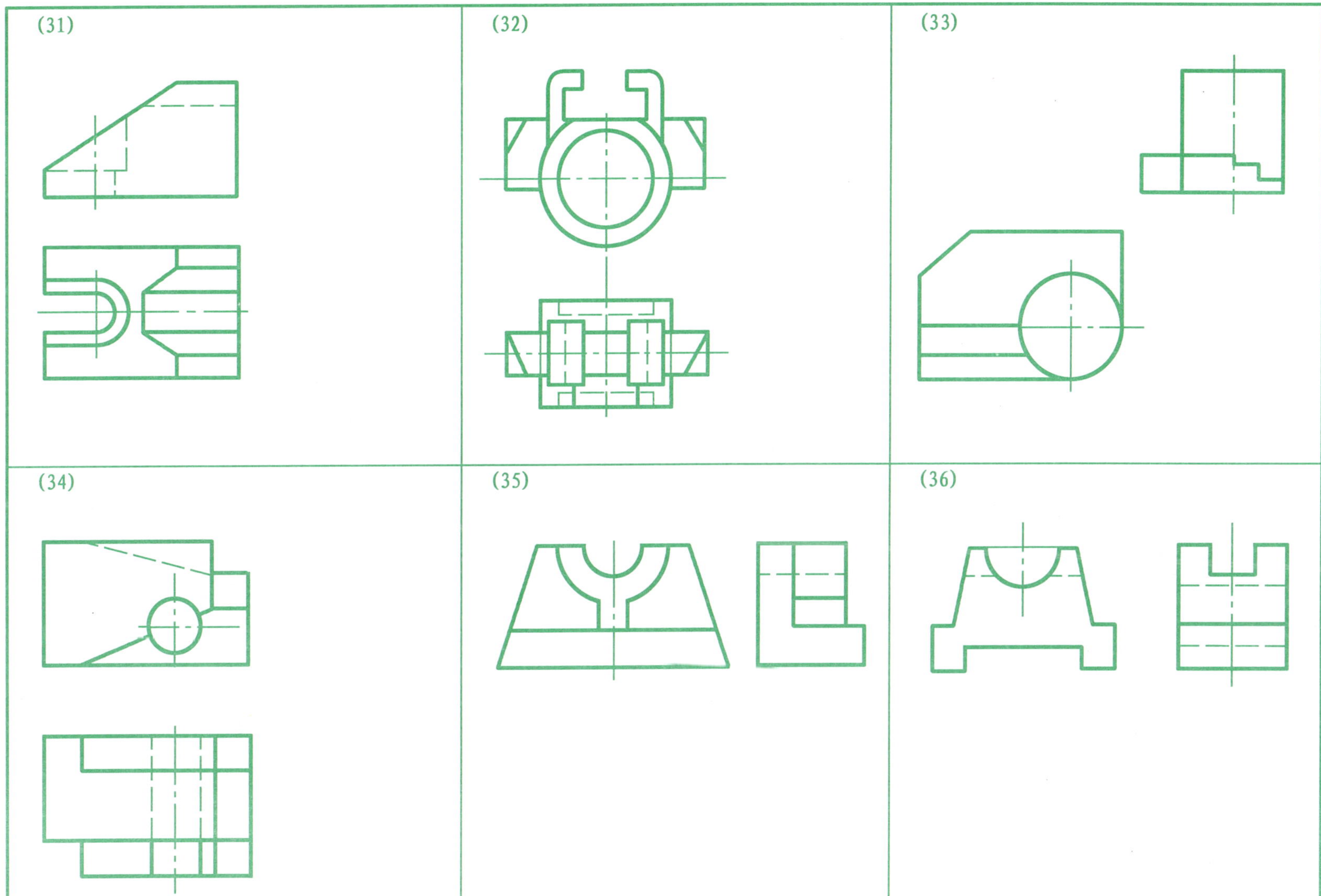
(31)
(32)
(33)
(34)
(35)
(36)

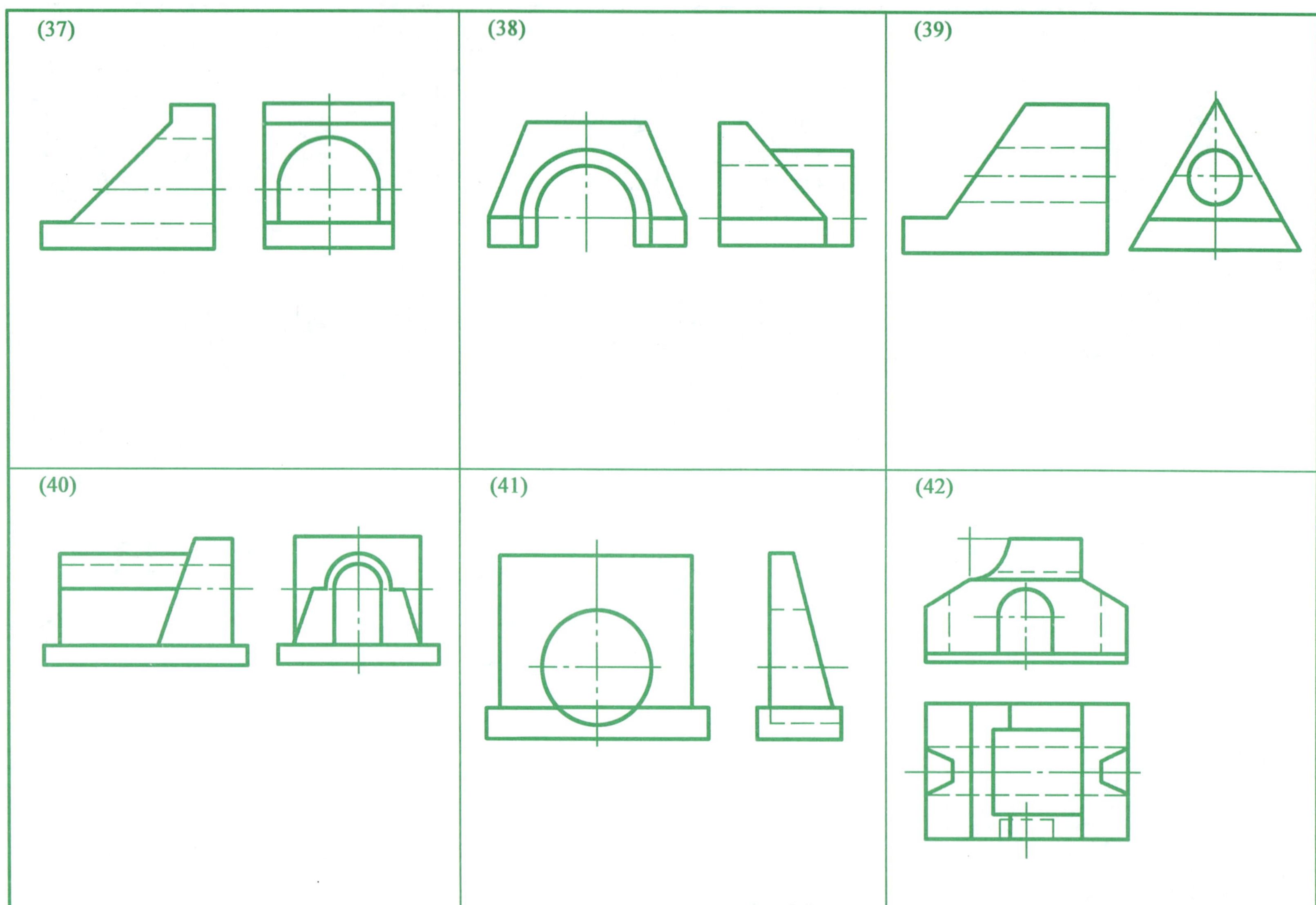
(37)
(38)
(39)
(40)
(41)
(42)

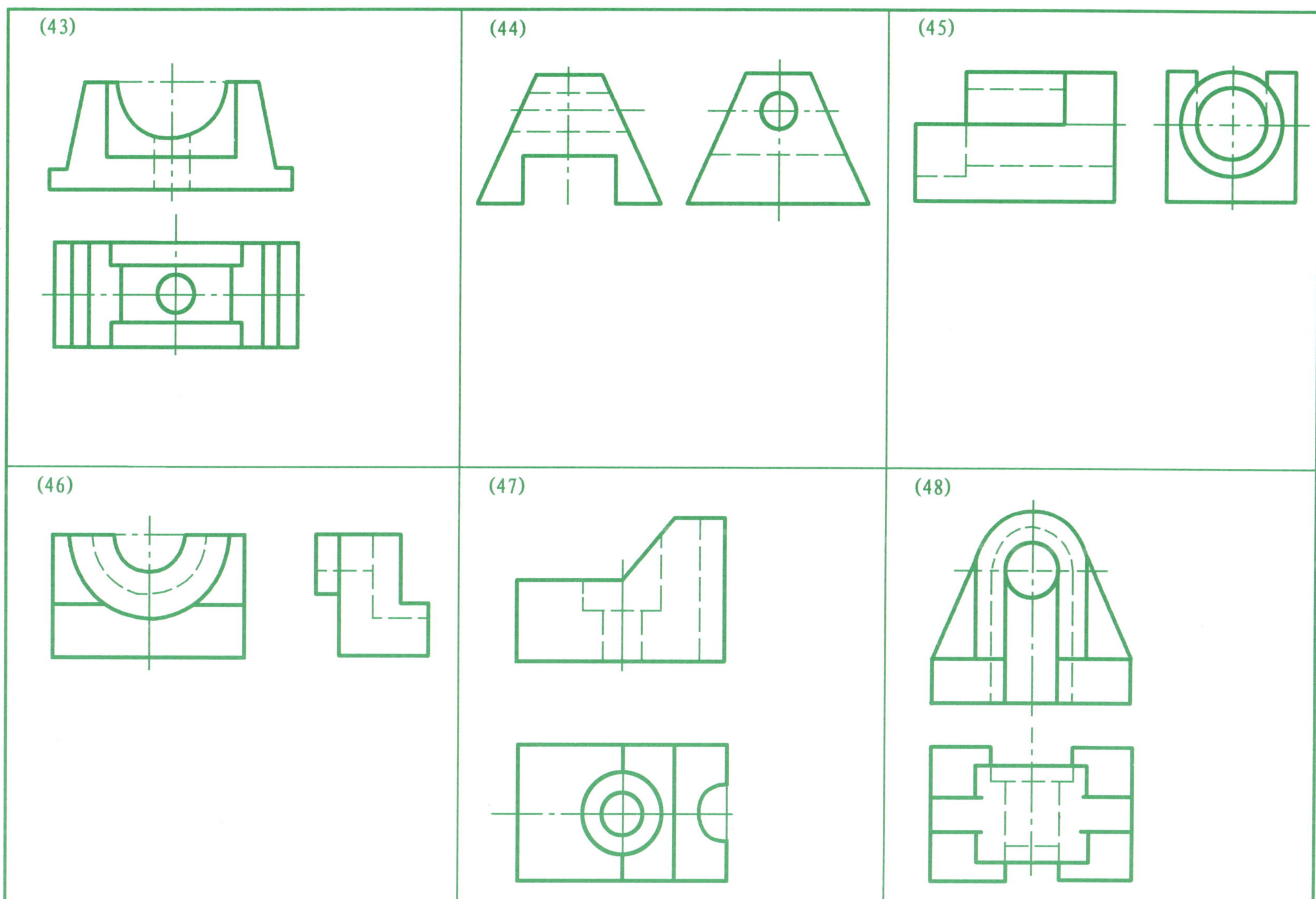
(43)
(44)
(45)
(46)
(47)
(48)

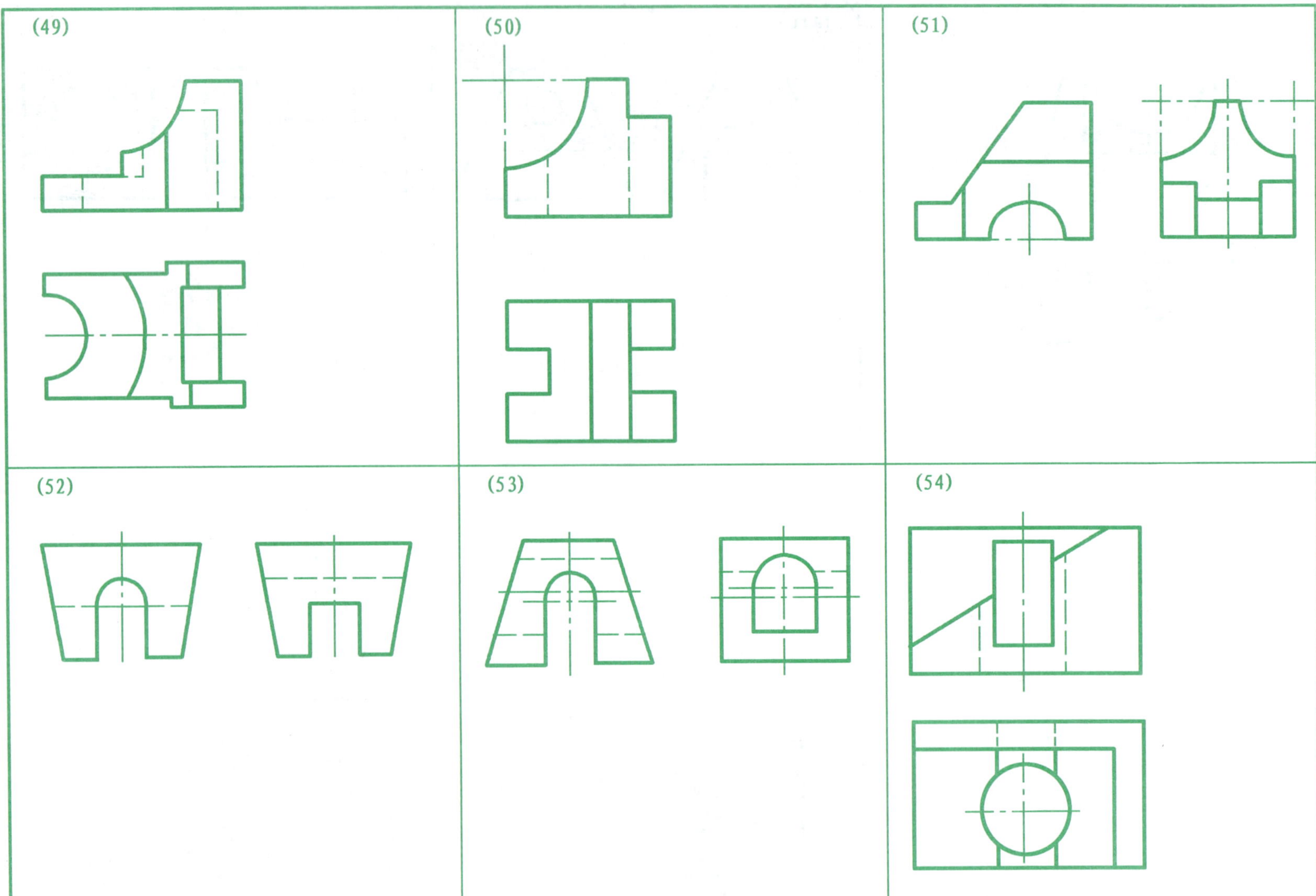
(49)
(50)
(51)
(52)
(53)
(54)

第五章　剖面图与断面图

1.作出组合体的1-1、2-2剖面图

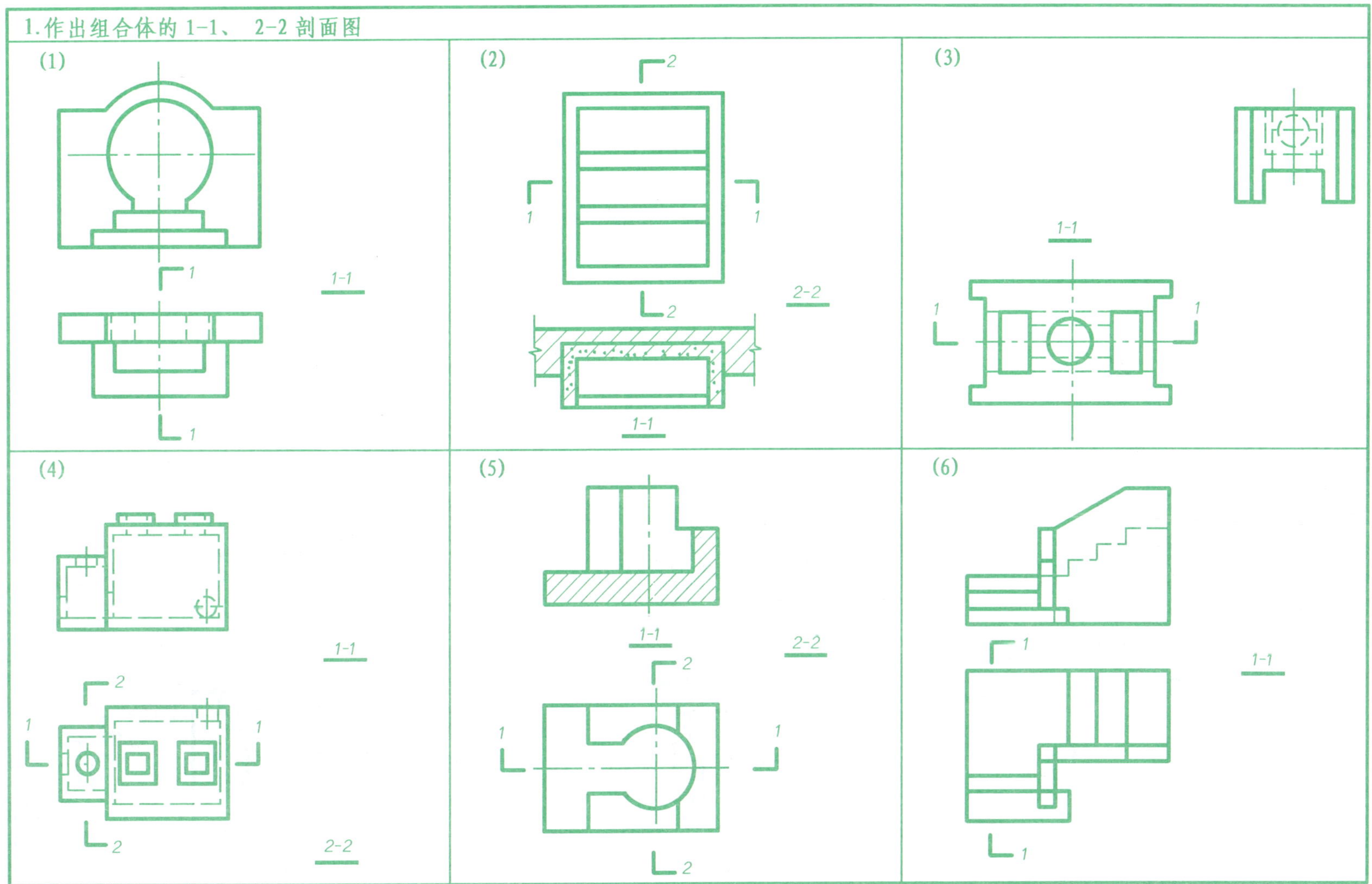

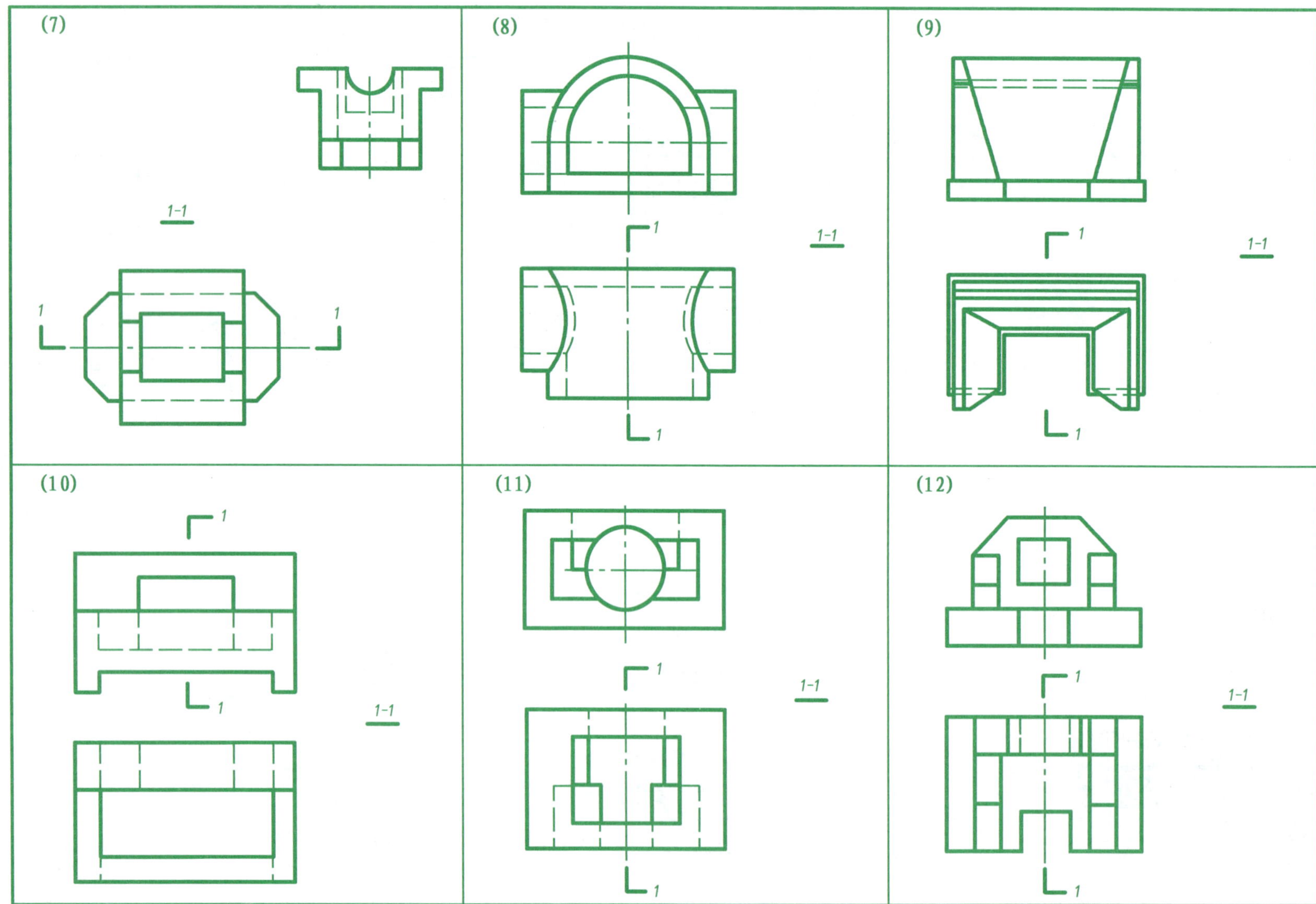
(7)
1-1
1
1
(8)
1
1-1
1
(9)
1
1-1
1
(10)
1
1
1-1
(11)
1
1-1
1
(12)
1
1-1
1

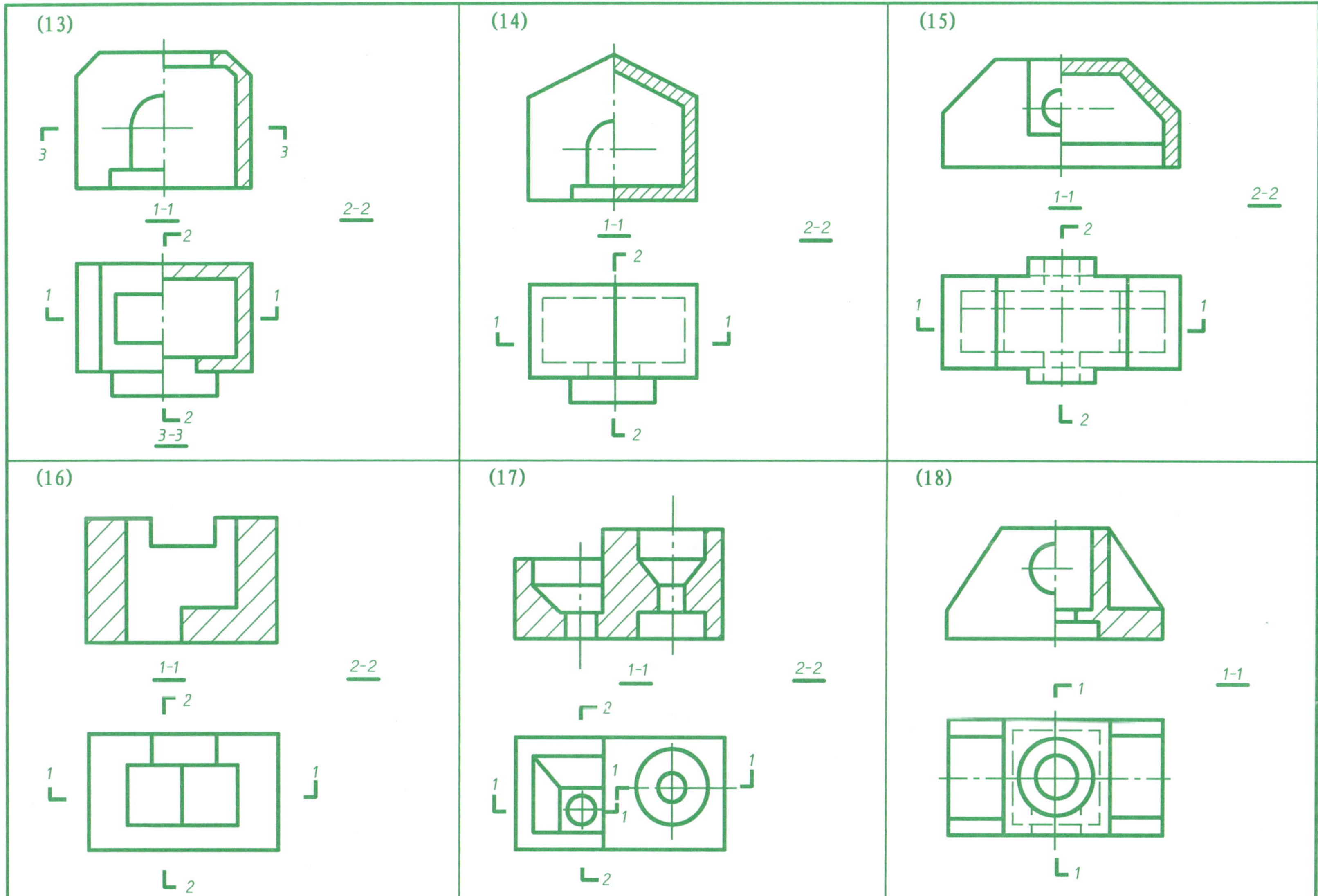
(13)
3
3
1-1
2-2
2
1
1
2
3-3
(14)
1-1
2-2
2
1
1
2
(15)
1-1
2-2
2
1
1
2
(16)
1-1
2-2
2
1
1
2
(17)
1-1
2-2
2
1
1
1
1
2
(18)
1-1
1
1

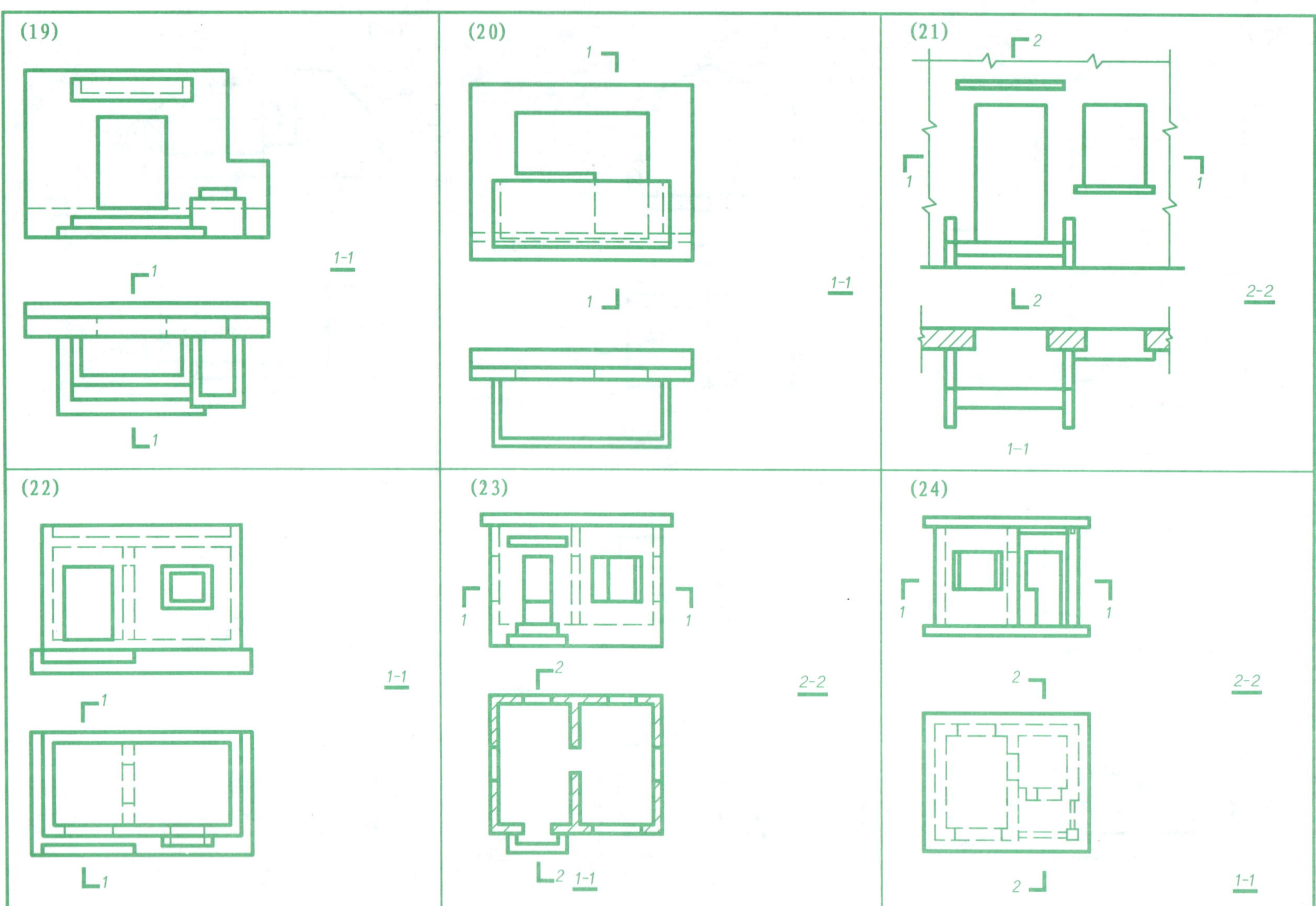
(19)
1-1
1
1
(20)
1
1
1-1
(21)
2
1
1
2
2-2
1-1
(22)
1-1
1
1
(23)
1
1
2
2-2
2
1-1
(24)
1
1
2
2-2
2
1-1

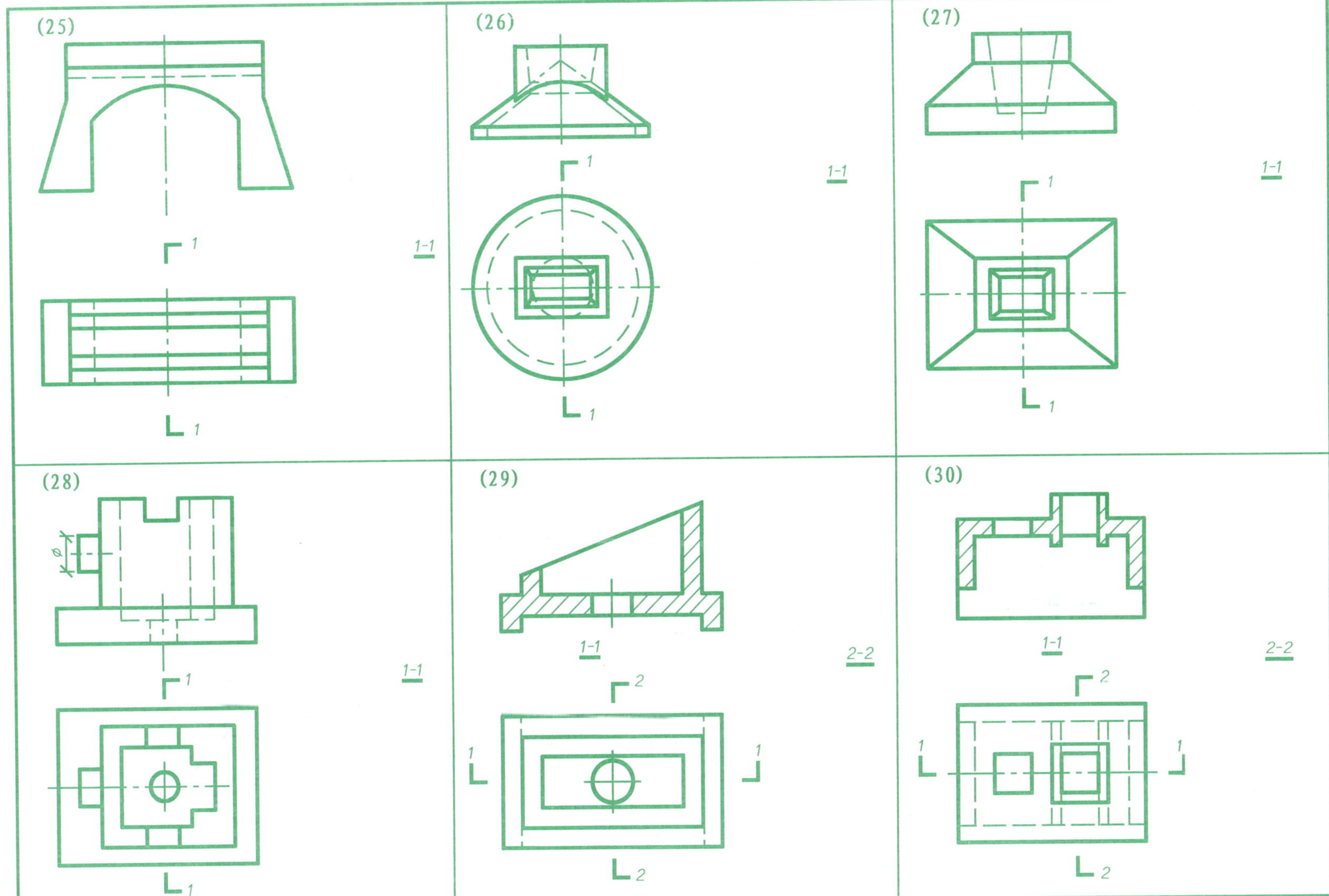
(25)
1-1
(26)
1-1
(27)
1-1
(28)
1-1
(29)
1-1
2-2
(30)
1-1
2-2

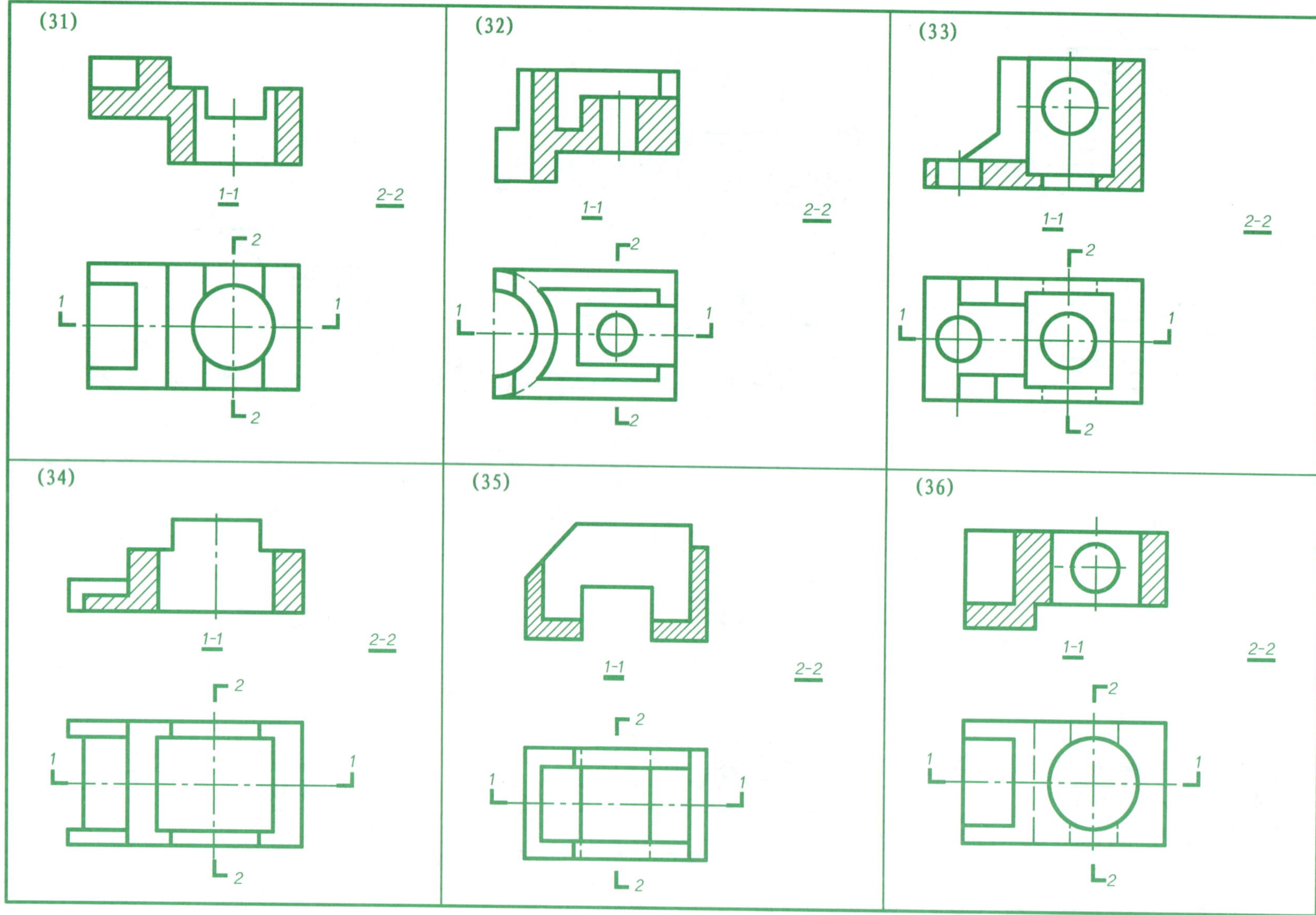
(31)
1-1
2-2
(32)
1-1
2-2
(33)
1-1
2-2
(34)
1-1
2-2
(35)
1-1
2-2
(36)
1-1
2-2

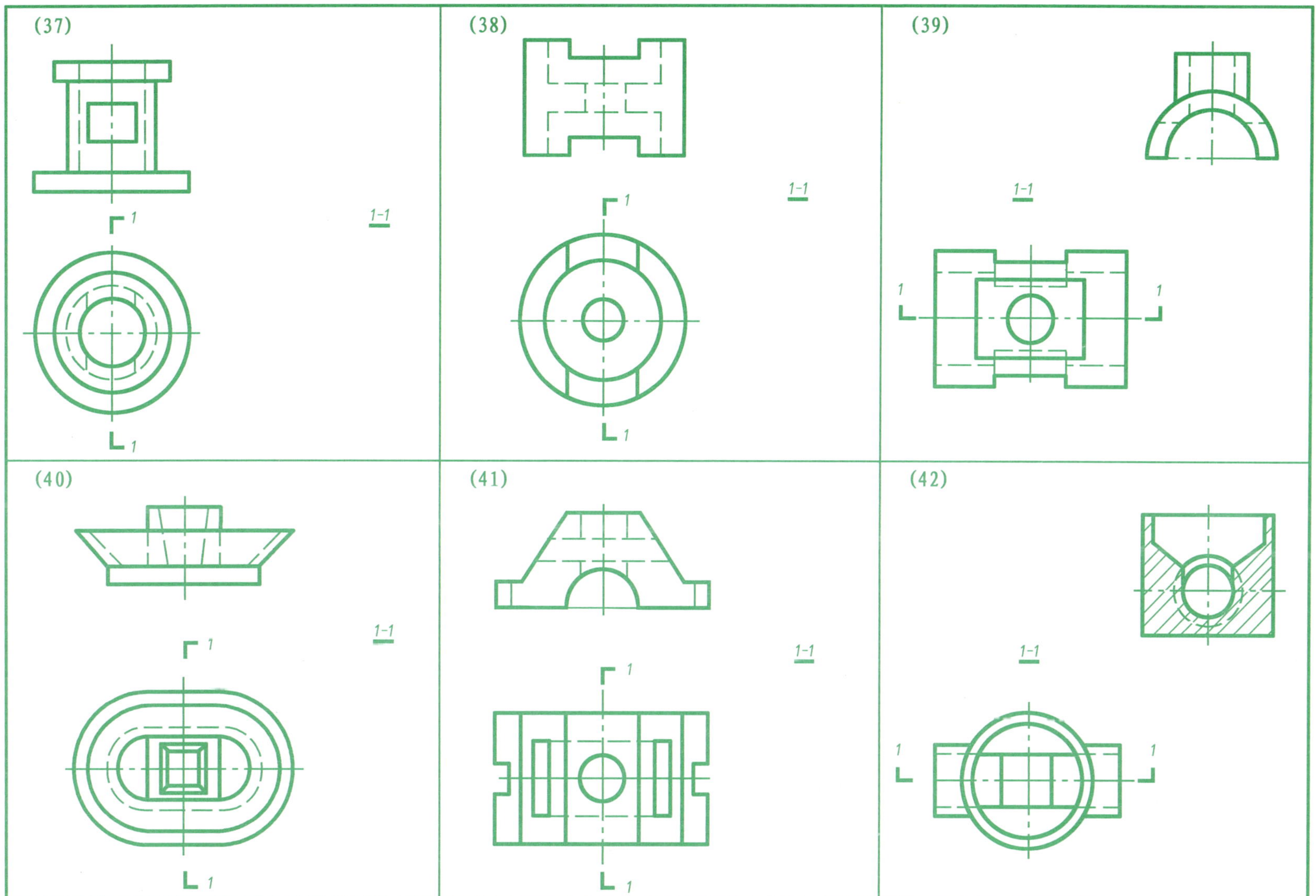
(37)
1-1
(38)
1-1
(39)
1-1
(40)
1-1
(41)
1-1
(42)
1-1

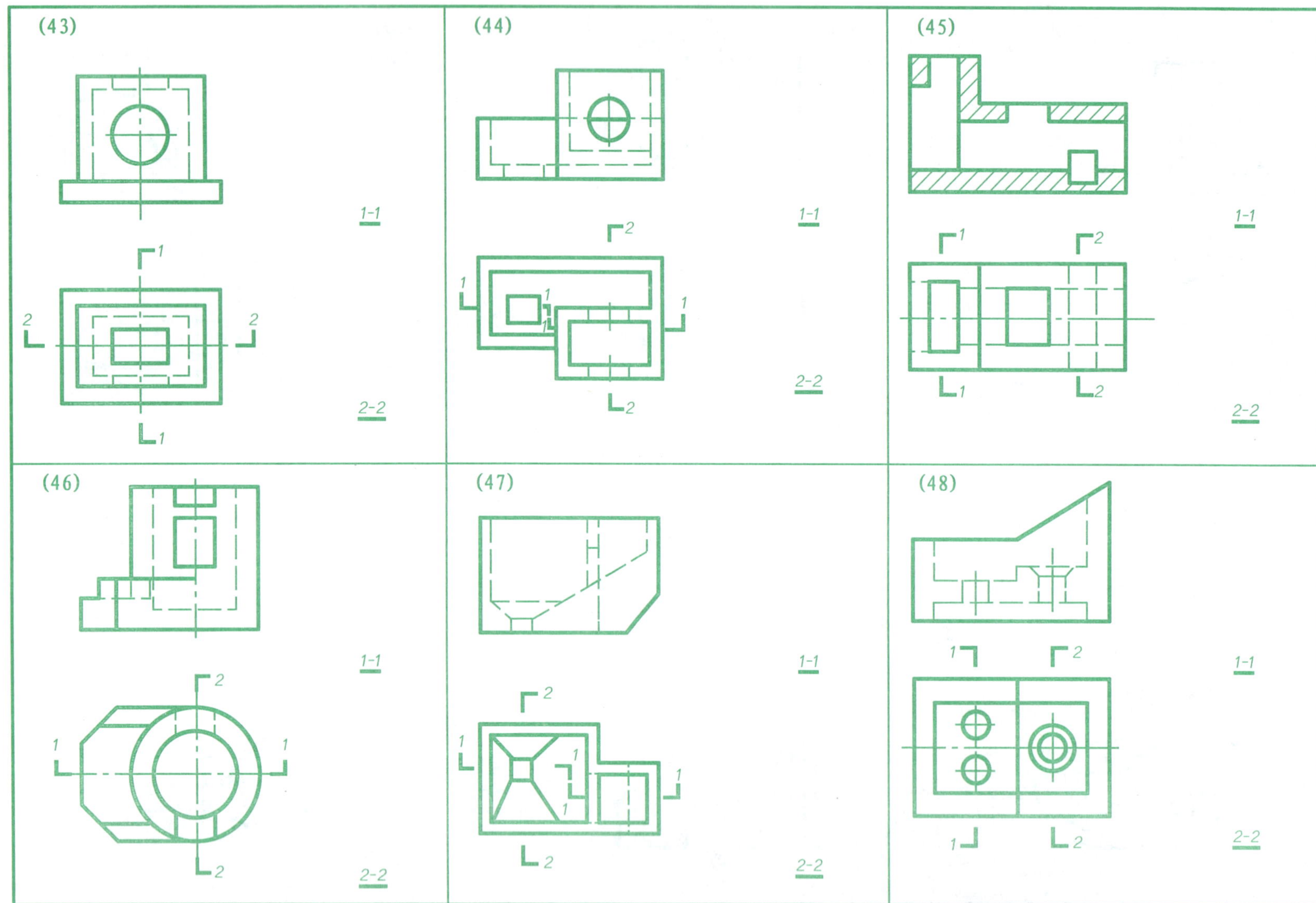
(43)
1-1
2-2
(44)
1-1
2-2
(45)
1-1
2-2
(46)
1-1
2-2
(47)
1-1
2-2
(48)
1-1
2-2

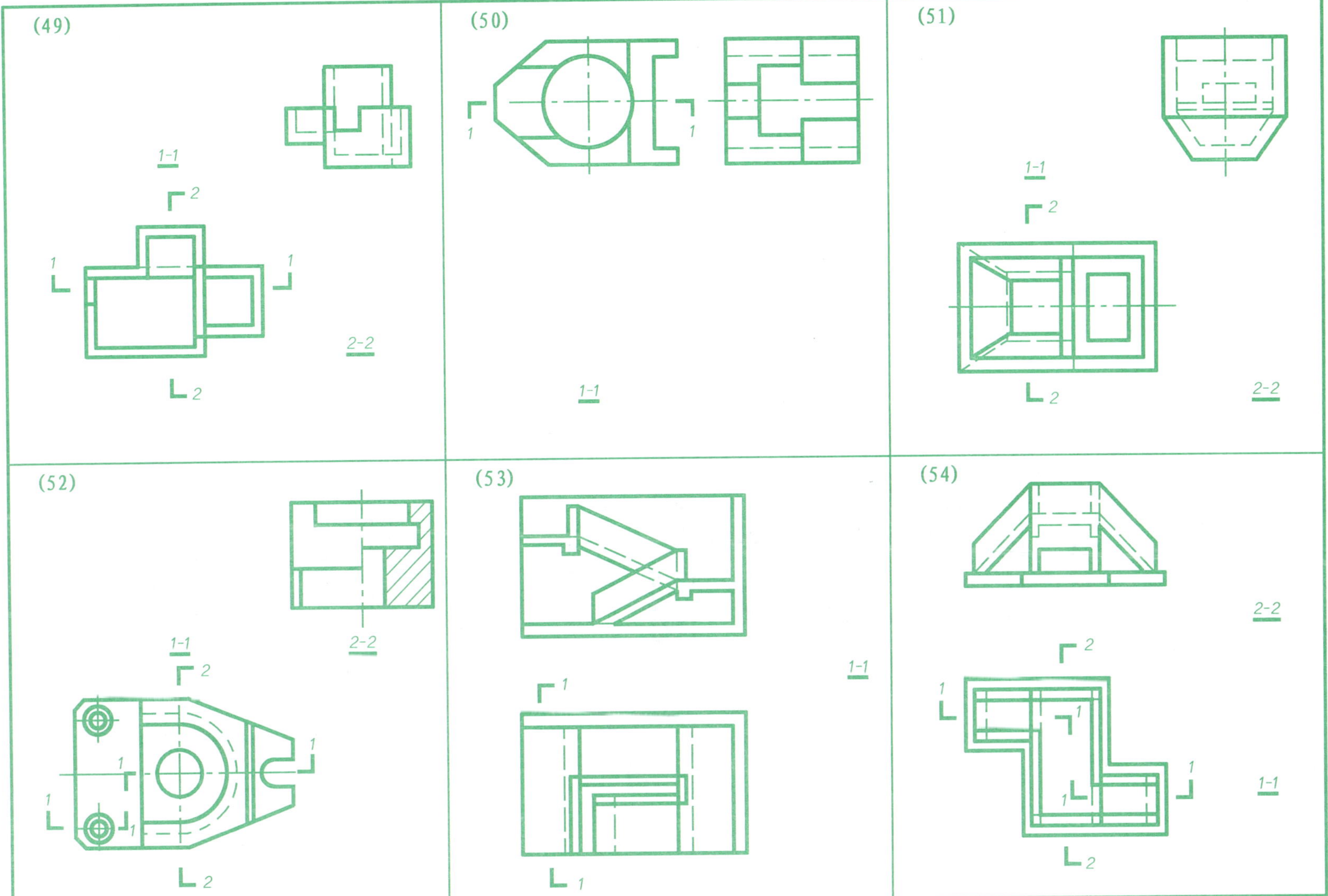
(49)
1-1
2
1
1
2-2
2
(50)
1
1
1-1
(51)
1-1
2
2
2-2
(52)
1-1
2-2
2
1
1
1
1
2
(53)
1-1
1
1
(54)
2-2
2
1
1
1
1-1
1
2

2. 根据形体的剖面图，作出平面图

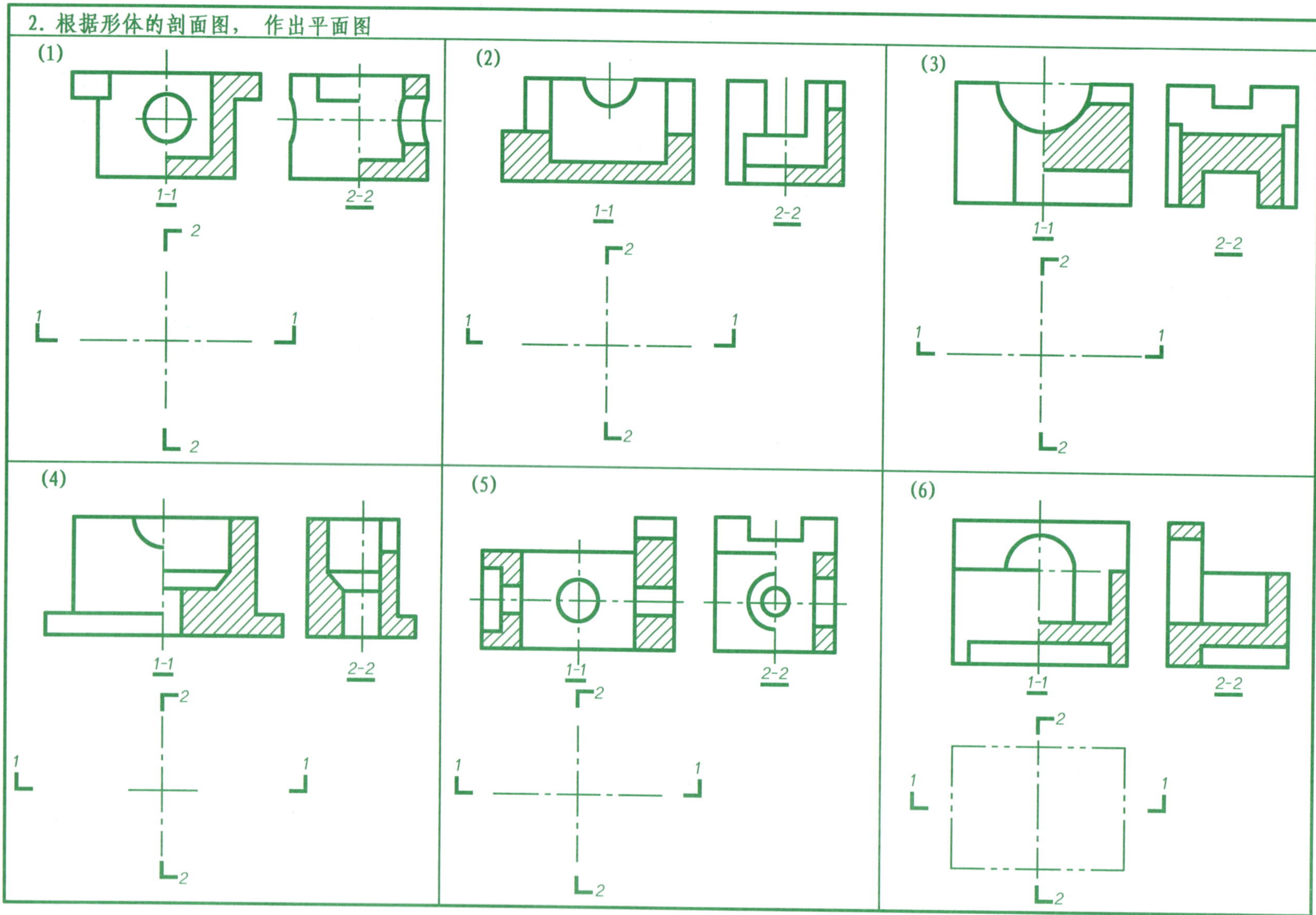

3. 根据所给建筑形体的视图，作出 1-1、2-2 断面图

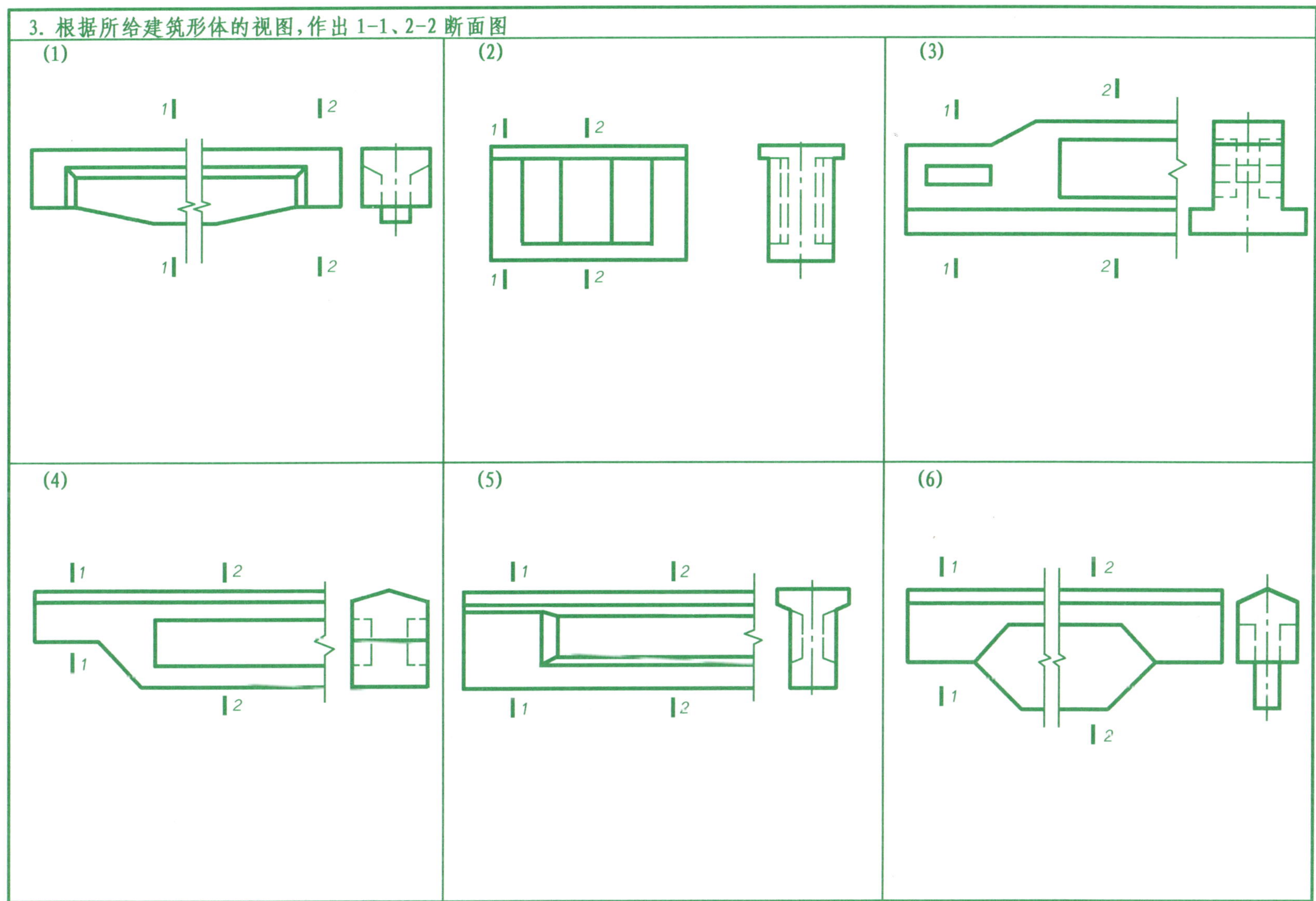

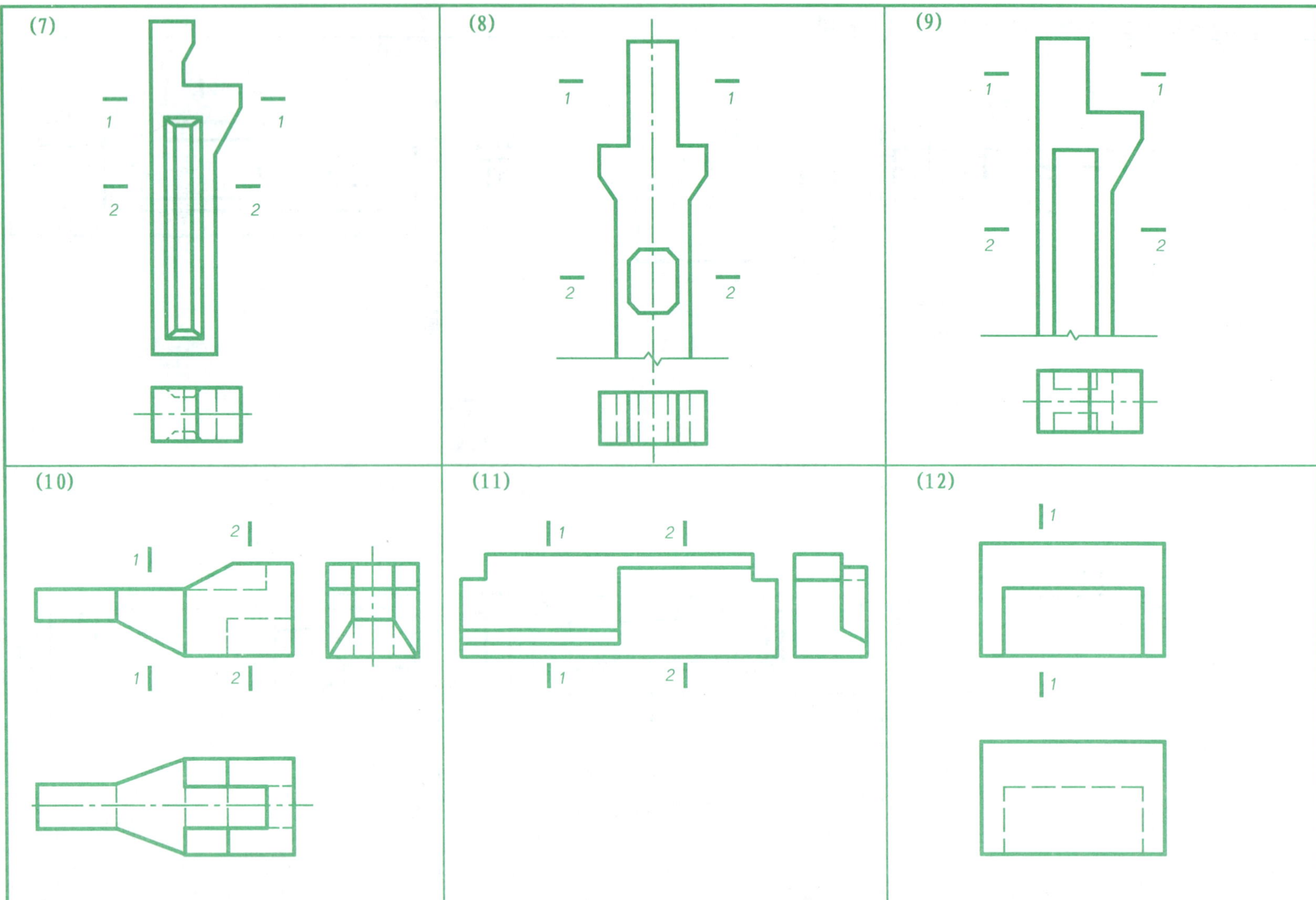
(7)
1
1
2
2
(8)
1
1
2
2
(9)
1
1
2
2
(10)
2
1
1
2
(11)
1
2
1
2
(12)
1
1

第六章　标 高 投 影

(1) 已知平面 ABC 的标高投影，求作平面上整数标高的等高线和平面的坡度。

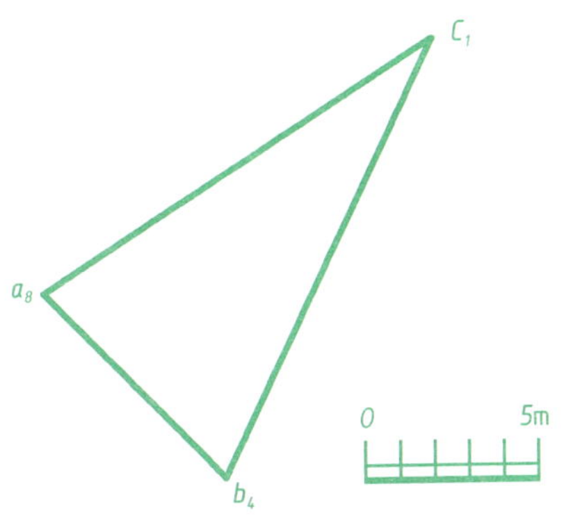

(2) 已知 a_2b_7 是平面上的一条直线，该平面的倾角 $\alpha=45°$， 求作其等高线。

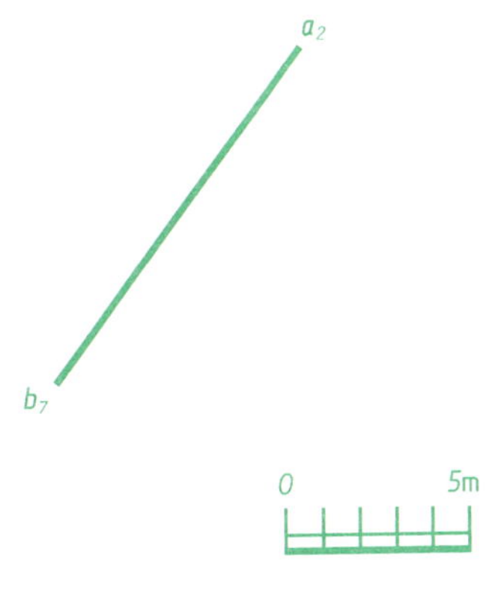

(3) 作出平面 △ABC 上高程为 6m、7m、8m、9m 的等高线，并画出该平面坡度比例尺和对水平面倾角 α。

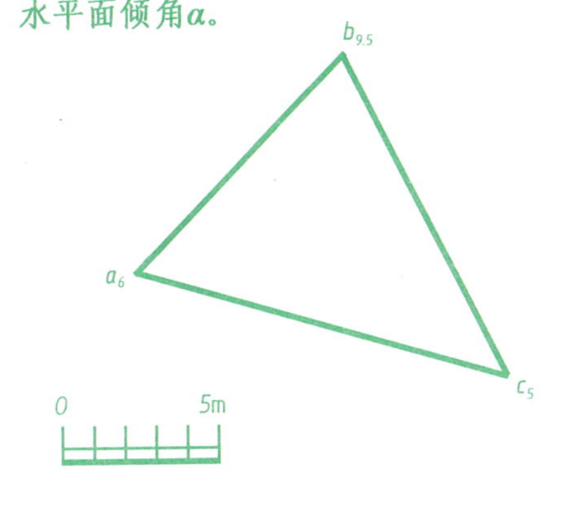

(4) 已知两平面分别用坡度比例尺 P_i 和一等高线与其坡度表示，求作它们的交线。

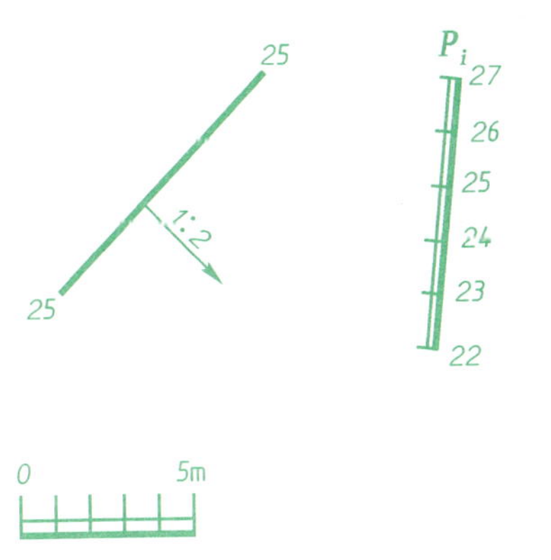

(5) 已知一平面用一等高线和其坡度表示，另一平面用面上的一条直线、平面的坡度和直线一侧的大致下降方向表示，求作两平面的交线。

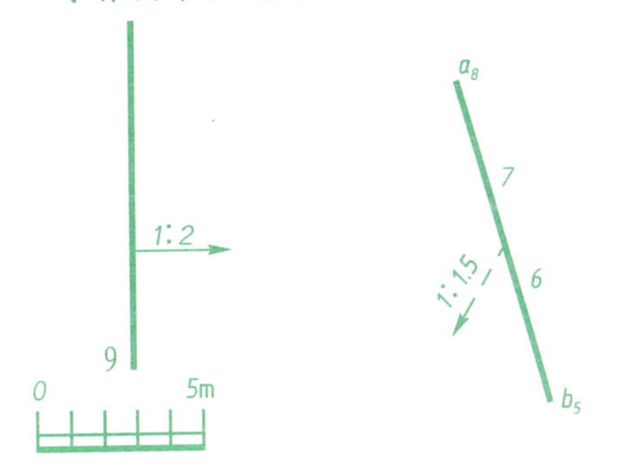

(6) 地面的标高为 0，已知地下岩层面上三点 A、B、C 的标高投影，拟在地面的 D 点处打桩，试问桩的埋深需要多少才能触到岩层？

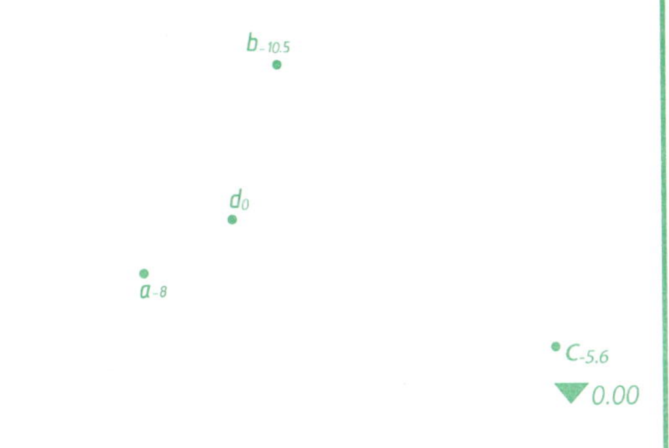

(7) 已知平台和地面的标高，各坡面的坡度如图所示，求作坡面与地面、坡面与坡面间的交线。(比例 1:200)

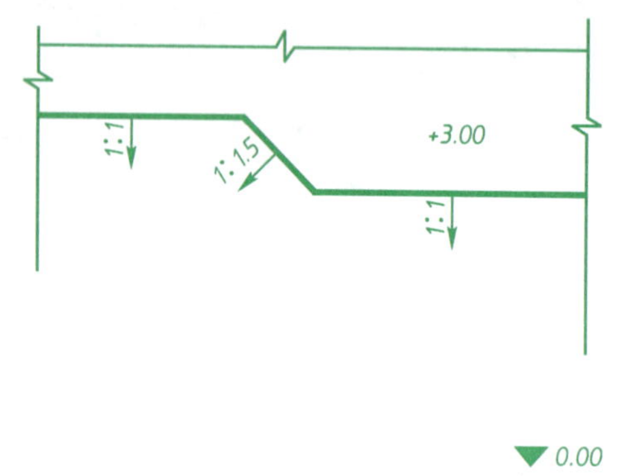

(8) 已知地面、平台的标高及平台一角各边坡的坡度，求作坡脚线及坡面间交线。(比例 1:200)

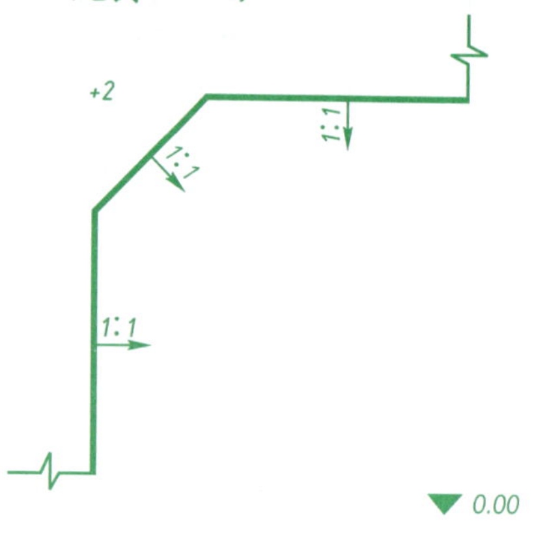

(9) 已知地面、平台的标高及平台一角各边坡的坡度，求作坡脚线及坡面间交线。(比例 1:200)

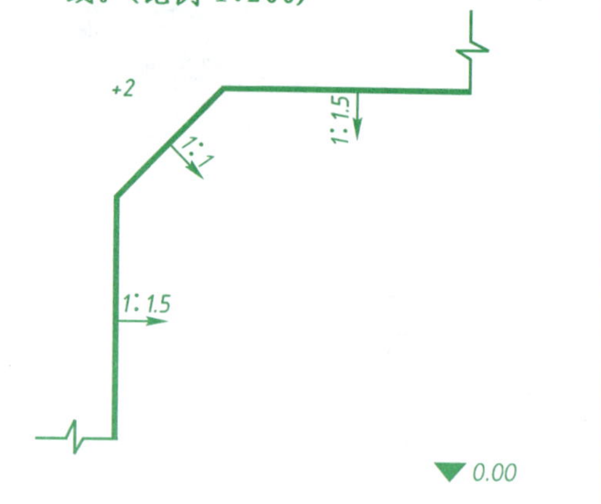

(10) 已知一段斜路堤堤顶标高为 3m，两侧和尽端的坡度如图所示，地面标高为 0，求作路堤坡面与地面的交线以及坡面与坡面的交线。(比例 1:250)

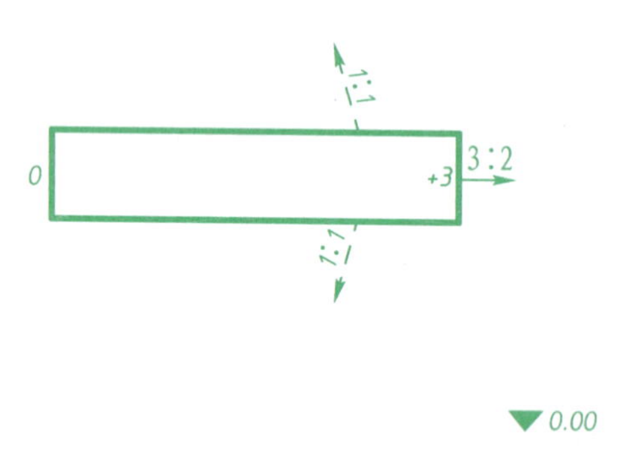

(11) 已知两堤的堤顶标高及各边坡的坡度，作出各边坡与标高为 0 的地面的交线及各坡面间的交线。(比例 1:500)

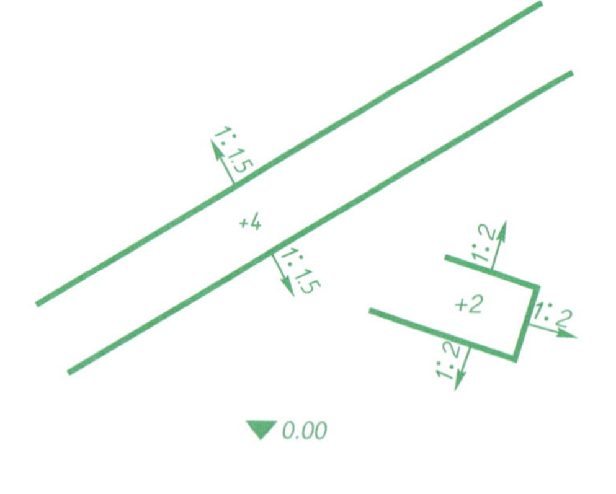

(12) 坡度为 1:5 的倾斜道路把标高为 3m 的平台与标高为 0 的地面连接起来，各坡面的填土坡度如图所示，求作填土边界及各坡面间的交线。(比例 1:400)

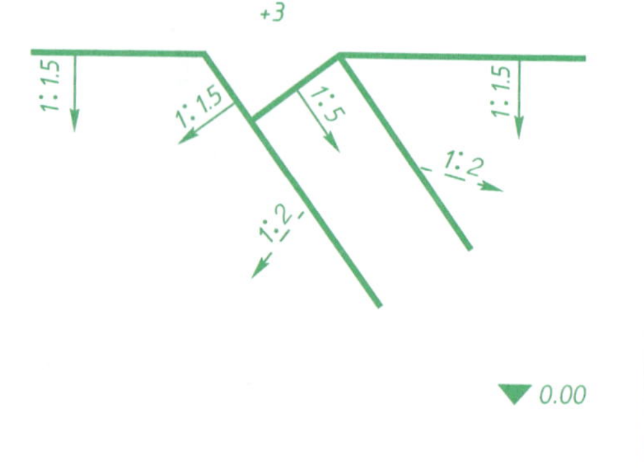

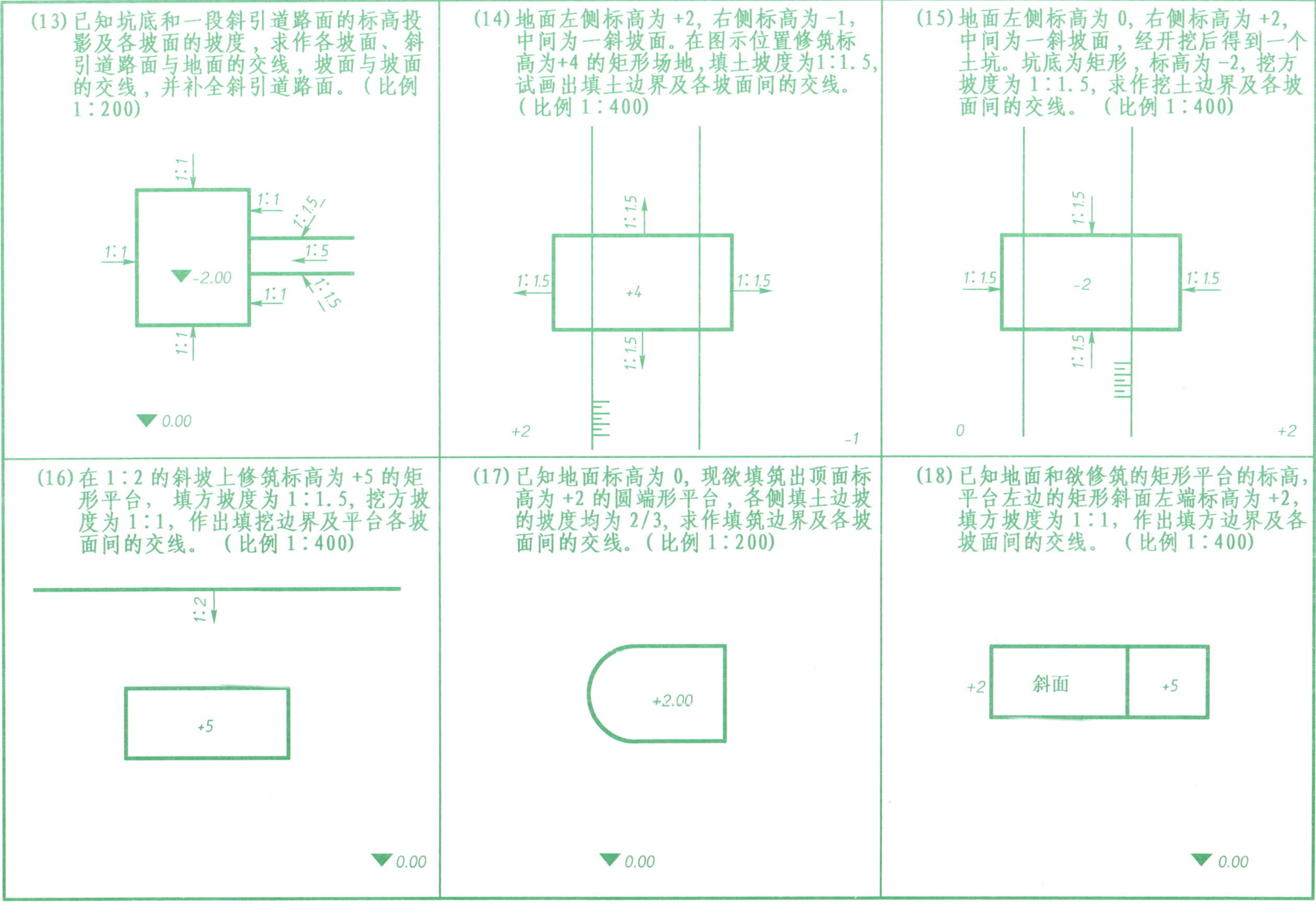

(13) 已知坑底和一段斜引道路面的标高投影及各坡面的坡度，求作各坡面、斜引道路面与地面的交线，坡面与坡面的交线，并补全斜引道路面。（比例1：200）

(14) 地面左侧标高为 +2，右侧标高为 -1，中间为一斜坡面。在图示位置修筑标高为+4 的矩形场地，填土坡度为1：1.5，试画出填土边界及各坡面间的交线。（比例 1：400）

(15) 地面左侧标高为 0，右侧标高为 +2，中间为一斜坡面，经开挖后得到一个土坑。坑底为矩形，标高为 -2，挖方坡度为 1：1.5，求作挖土边界及各坡面间的交线。（比例 1：400）

(16) 在 1：2 的斜坡上修筑标高为 +5 的矩形平台，填方坡度为 1：1.5，挖方坡度为 1：1，作出填挖边界及平台各坡面间的交线。（比例 1：400）

(17) 已知地面标高为 0，现欲填筑出顶面标高为 +2 的圆端形平台，各侧填土边坡的坡度均为 2/3，求作填筑边界及各坡面间的交线。（比例 1：200）

(18) 已知地面和欲修筑的矩形平台的标高，平台左边的矩形斜面左端标高为 +2，填方坡度为 1：1，作出填方边界及各坡面间的交线。（比例 1：400）

(19) 已知河底标高为+20，现在河岸和土坝间修筑圆锥面护坡，求作坡脚线和各坡面间的交线。（比例1:400）

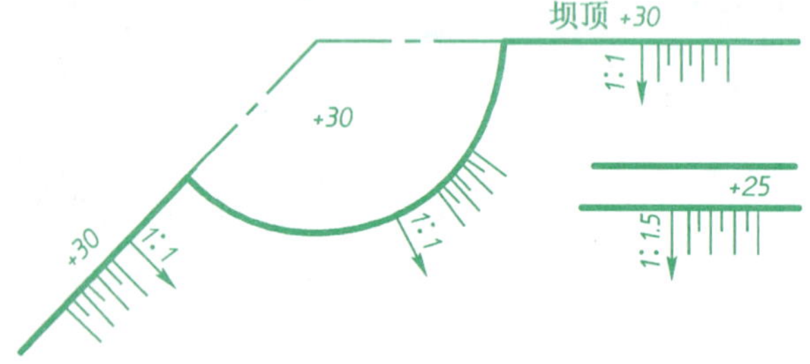

(20) 已知倾斜引道从高程为0地面通至标高为+4的圆形场地，各处填土坡度均为1：2，作出填土边界及坡面间交线。（比例1:500）

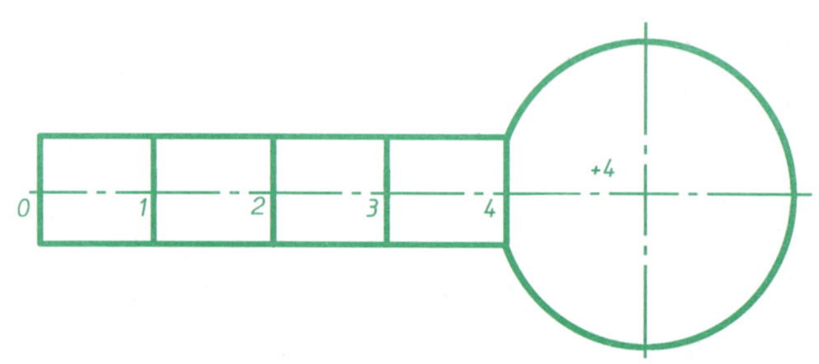

(21) 已知地面上有一段圆柱螺旋线*AD*，作出其上整数标高的点。以*AD*为脊线求作两侧同坡曲面与地面的交线及曲面上的等高线，曲面坡度为1：1.5，曲面右侧边界线分别是曲面上过点D的坡度线。（比例1:400）

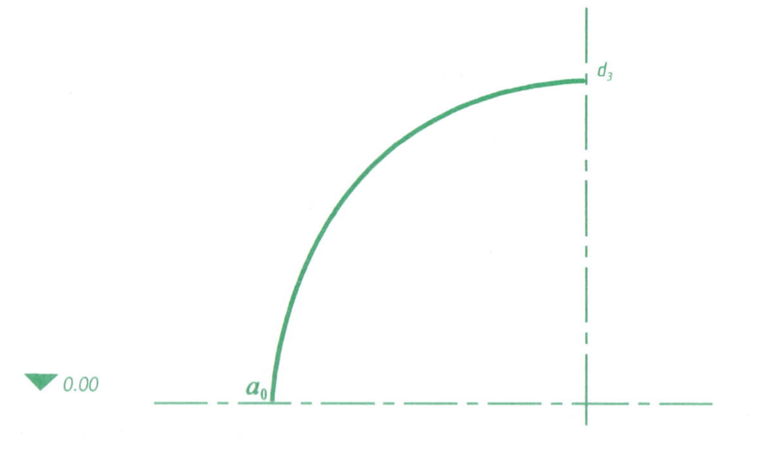

(22) 已知地面的标高为15，有一条弯曲斜引道与标高为19的平台相连，所有的填筑坡面的坡度如图所示，求作各坡边线和坡面间的交线。（比例1:200）

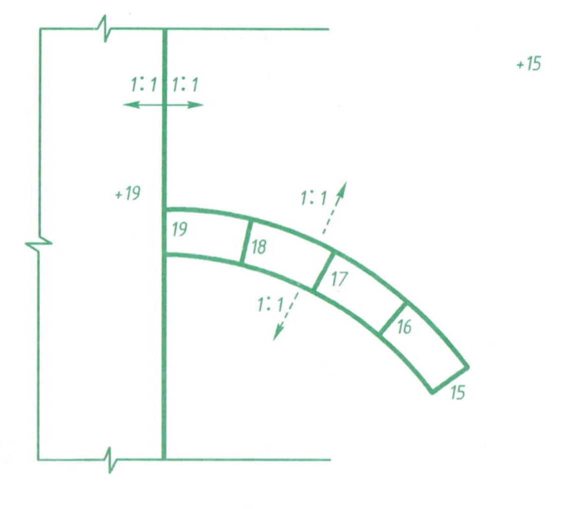

第七章　建　筑　图

1. 选择题

(1) 不属于建筑施工图的是（　　）。

A. 总平面图　　B. 建筑立面图

C. 配筋图　　D. 阳台详图

(2) 以下各项中立面图命名错误的是（　　）。

A. 左侧立面图　　B. I-I 立面图

C. 南立面图　　D. ①～⑤立面图

(3) 下列图中不需要标注定位轴线的是（　　）。

A. 建筑平面图　　B. 建筑立面图

C. 总平面图　　D. 建筑详图

(4) 总平面图中的室内地面标高指的是（　　）。

A. 底层窗台的标高　　B. 二层楼板的标高

C. 屋顶的标高　　D. 底层室内地面的标高

(5) 建筑立面图中，外墙面的装饰应（　　）。

A. 画出详图　　B. 用图例表示

C. 注写文字说明　　D. 画出建筑材料符号

(6) 在施工时，按建筑施工图的（　　）来确定放样。

A. 墙内线　　B. 墙外线

C. 地基基线　　D. 定位轴线

(7) 建筑剖面图的剖切位置和剖视方向应画在（　　）。

A. 底层平面图中　　B. 楼层平面图中

C. 屋顶平面图中　　D. 局部平面图中

(8) 我国各地的标高基准是以（　　）。其他各地的标高均以此为基准。

A. 上海附近的东海平均海平面定为绝对标高的零点

B. 海南附近的琼海平均海平面定为绝对标高的零点

C. 大连附近的渤海平均海平面定为绝对标高的零点

D. 青岛附近的黄海平均海平面定为绝对标高的零点

(9) 不能用的定位轴线编号是（　　）。

A. H、I、Z　　B. C、O、Q

C. X、Y、Z　　D. I、O、Z

(10) 建筑总平面图的单位是（　　）。

A. 米　　B. 分米

C. 厘米　　D. 毫米

(11) 下列附加轴线表示不正确的是（　　）。

A. 1/1　　B. 1/A

C. 1/10A　　D. A/2

(12) 在砖墙承重的民用建筑中，外墙定位轴线标注的位置距离内墙皮距离为（　　）。

A. 60mm　　B. 120mm

C. 240mm　　D. 370mm

(13) 在建筑总平面图中，用粗实线画出的图形是（　　）的底层平面轮廓，用细实线画出的是（　　）。

A. 原有建筑　　B. 拆除建筑物

C. 计划建筑的房屋　　D. 新建房屋

(14) 总平面图中拟建建筑物用（　　）表示。

A.　　B.　　C.　　D.

(15) 建筑施工图底层平面图的方位一般是用(　)表示。

A. 风向玫瑰图　B. 指北针　C. 青岛黄海平均海平面

(16) 房屋的二层建筑平面图，其水平剖切位置应在(　)。

A. 二层楼面处　B. 二层楼板下方

C. 二层窗口处　D. 二层顶面处

(17) 顶层楼梯平面图用(　)表示。

下　上　A　下　B　上　C

(18) 在建筑立面图中，建筑物的外轮廓用(　)表示。

A. 加粗线　B. 粗实线　C. 细实线　D. 虚线

(19) 索引符号 $\frac{5}{2}$ 的含义是(　)。

A. 详图为 2 号图纸的第 5 个图

B. 详图为 5 号图纸的第 2 个图

C. 详图为本图的第 5 个图

D. 详图为本图的第 2 个图

(20) 外墙节点详图是(　)的局部放大图。

A. 建筑平面图　B. 建筑立面图

C. 建筑剖面图　D. 建筑详图

(21) 配筋图中钢筋详图和钢筋截面分别用(　)表示。

A. 粗实线和圆圈　B. 粗实线和黑圆点

C. 细实线和圆圈　D. 细实线和黑圆点

(22) 在钢筋混凝土构件中，II 级钢筋的符号为(　)。

A. ϕ　B. ϕ　C. ϕ　D. ϕ

(23) 在结构详图中，构件代号 M 表示(　)。

A. 门　B. 米　C. 预留孔　D. 预埋件

(24) 某预制楼板的标注为 9Y-KB36-3A，其预制楼板所搭两承重墙定位轴线间距为(　)。

A. 9 000mm　B. 3 600mm　C. 36m　D. 1 800mm

(25) 一般情况下，(　)钢筋适合做钢筋弯钩。

A. 一级　B. 二级　C. 三级　D. 四级

(26) 结构施工图中圈梁的代号为(　)。

A. KB　B. J　C. QL　D. GL

(27) 钢筋代号⑤ϕ10@200 中的⑤是指(　)。

A. 钢筋的编号　B. 钢筋的直径

C. 钢筋的间距　D. 钢筋的根数

(28) 建筑给排水系统图是采用(　)原理绘制的。

A. 正等测轴测图　B. 正面斜二测轴测图

C. 水平斜二测轴测图　D. 正面斜等轴测图

(29) 室内给排水施工图表示建筑内部的给水工程和排水工程的(　)。

A. 管道总平面图、纵断面图和详图

B. 平面图、纵断面图和详图

C. 管道总平面图、系统图和详图

D. 平面图、 系统图和详图

(30) 热水采暖图的读图顺序是（　　）。

A. 散热器的回水支管 —→ 散热器 —→ 供热总管

B. 散热器 —→ 散热器的回水支管 —→ 供热总管

C. 供热总管 —→ 散热器 —→ 散热器的回水支管

(31) 在采暖系统图中，当局部管道被遮挡、管线重叠时，可采用（　　）。

A. 断开画法，在断开处用拉丁字母表示连接

B. 用细实线表示连接

C. 用粗实线表示连接

D. 用点画线表示连接

(32) 采暖施工图中对于多于一个的设备和管道要进行系统编号，采暖立管的系统编号用字母（　　）加阿拉伯数字表示，采暖入口和系统编号用字母（　　）加阿拉伯数字表示。

A. L　　B. W　　C. R

(33) 室外给排水施工图表示一个区域或一个厂区的给水工程设施和排水工程设施， 主要包括（　　）。

A. 平面图、 系统图和详图

B. 平面图、 纵断面图和详图

C. 管道总平面图、 系统图和详图

D. 管道总平面图、 纵断面图和详图

(34) 室内排气系统中的通气管一般要高出坡屋面（　　）。

A. 0.3m　　B. 0.5m　　C. 0.7m　　D. 1m

(35) 给水系统图的阅读顺序是（　　）。

A. 引入管→室外管网→立管→水平干管→支管→配水龙头（或其他用水设备）

B. 室外管网→引入管→水平干管→立管→支管→配水龙头（或其他用水设备）

C. 配水龙头(或其他用水设备)→支管→立管→水平干管→引入管→室外管网

(36) 电气施工图中，分配器的图示符号是（　　）。

A.　　B.　　C.　　D.

(37) 下列图形符号中， 防水吊线灯为（　　）。

A.　　B.　　C.　　D.

(38) 下列图形符号中， 落地接线箱的符号是（　　）。

A.　　B. FD　　C.　　D.

(39) 下列图形符号中，电镀表的符号是（ ）。

A.

B.

C.

D.

(40) 在室内给水系统中，上行下给式系统为（ ）。

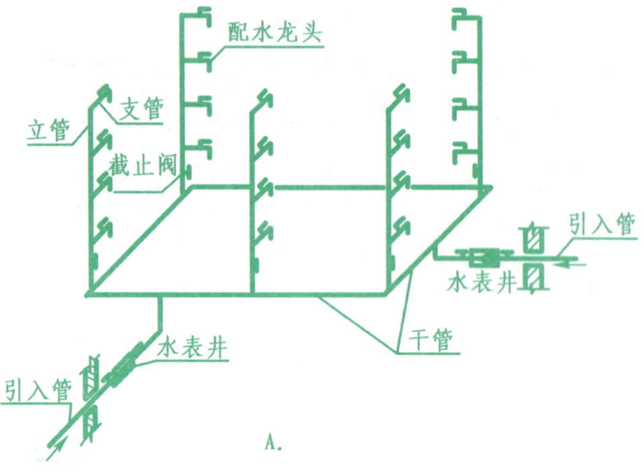

A.

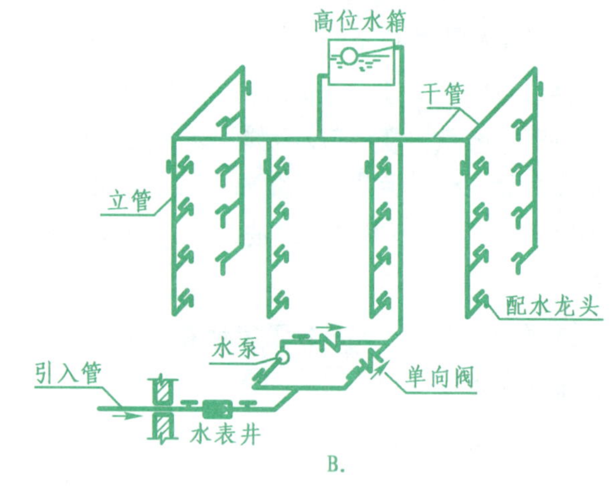

B.

2. 作图题

(1) 已知单层平房的平面图、剖面图。要求：①补出①-③立面图。②补全平面图中的轴线编号、门窗编号、通风道、标高、1-1剖面图的剖切符号与编号及漏标的细部尺寸。

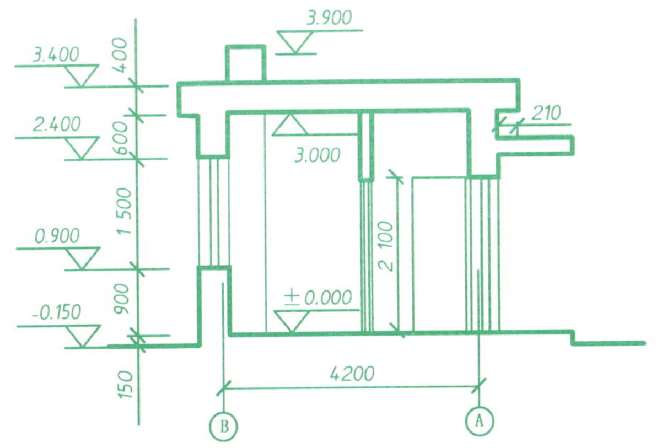

1-1剖面图 1:100

①-③立面图 1:100

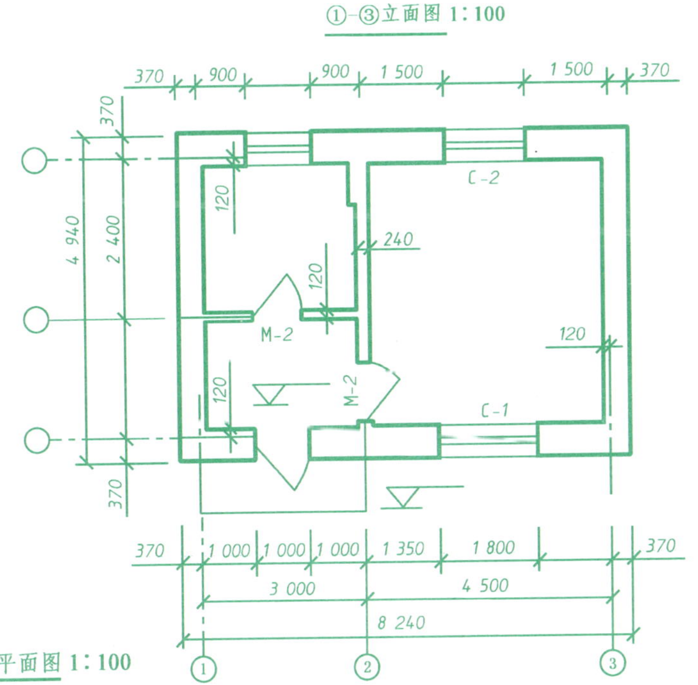

平面图 1:100

(2) 补全房屋平面图的外部尺寸、轴线编号、门窗编号及室内地面标高，画出2-2剖面图并标注尺寸与标高。

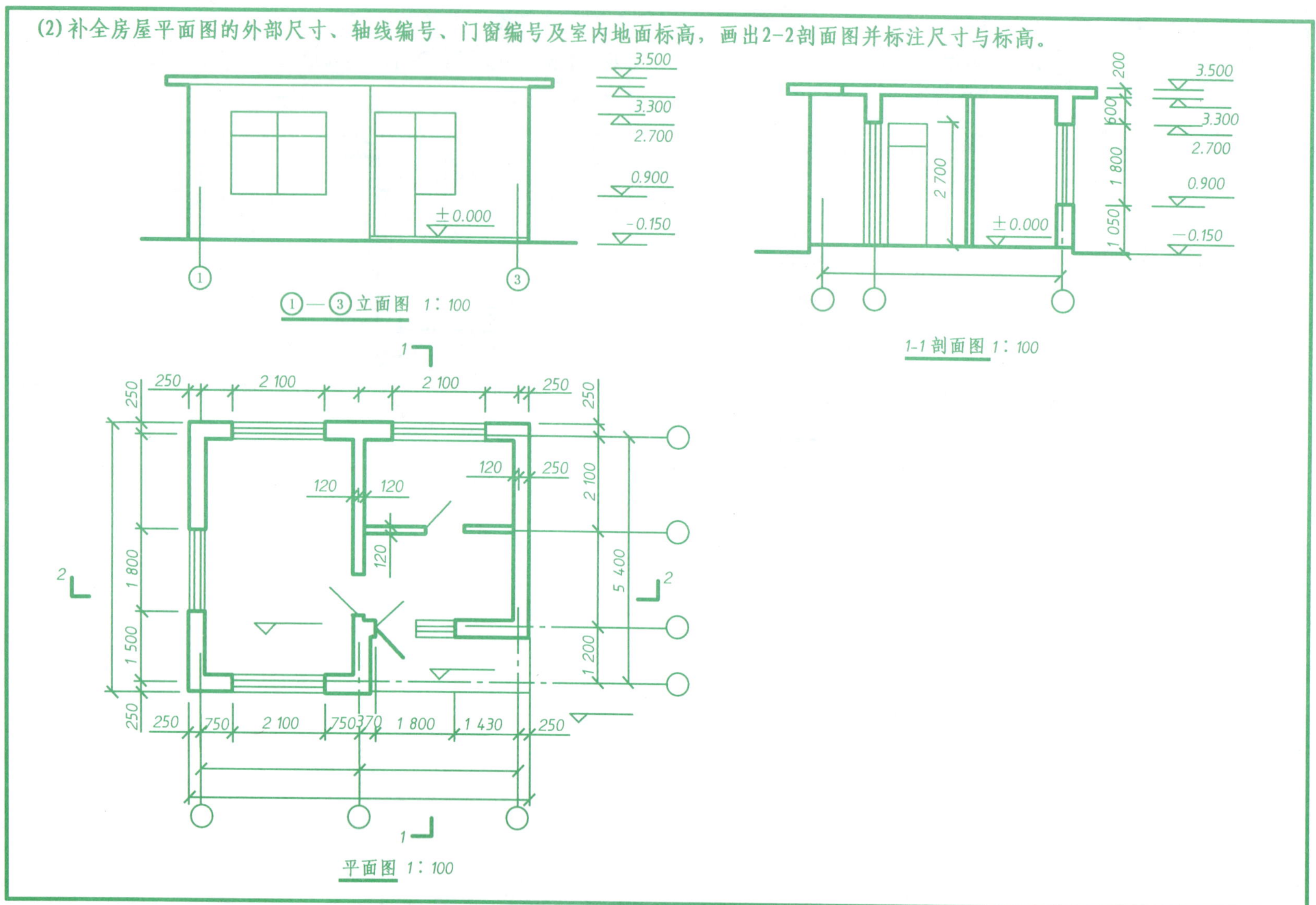

(3) 如图所示，用 1∶100 比例画出该房屋 2-2 剖面图，并标注轴线编号、开间尺寸、高度方向尺寸和标高。

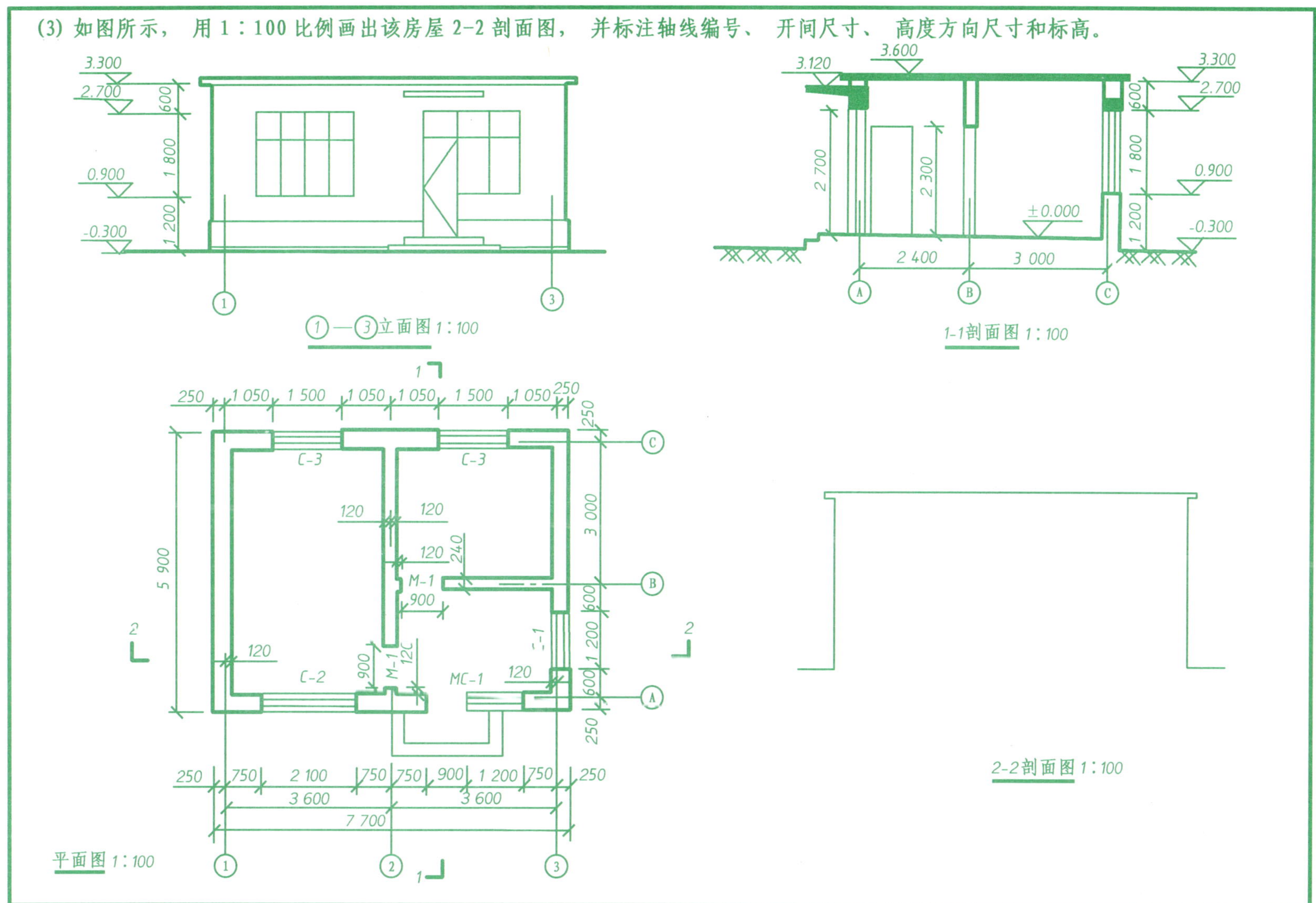

(4)画出该房屋的1-1剖面图，并标注平面图和剖面图的外部尺寸(比例1：100)、标高与门窗编号。

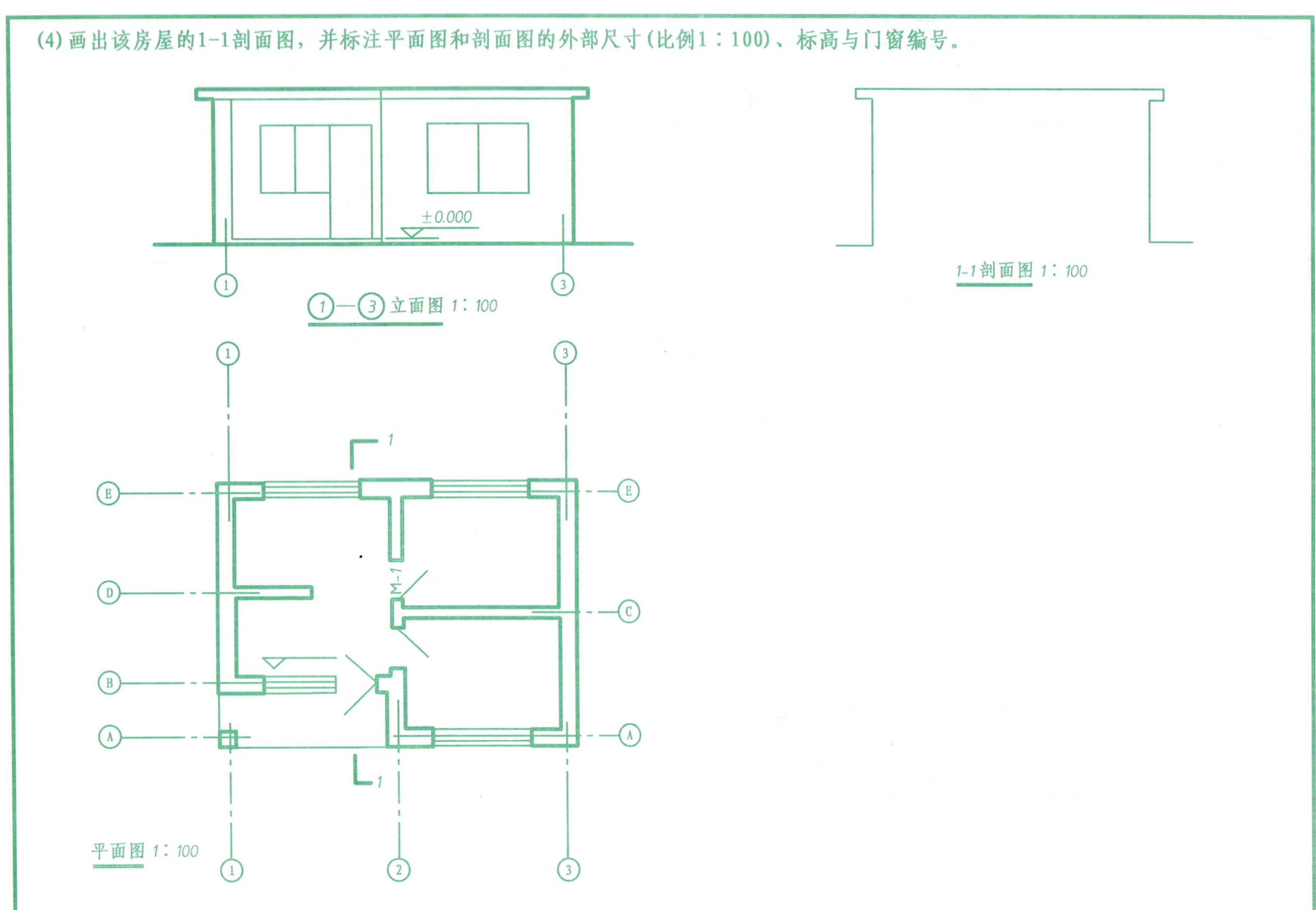

(5)已知建筑平面图如图所示，并知门厅、管理室、理发室的地面标高均为±0.000，更衣室、淋浴室、卫生间等房间比门厅低20mm，室外台阶平台比门厅低20mm。

要求：①注写定位轴线的编号，注全总尺寸、轴间尺寸、细部尺寸中漏注的6处尺寸，并根据已知条件注写标高。

②该浴室管理室的窗户朝正南向，在平面图的左下角画出指北针。

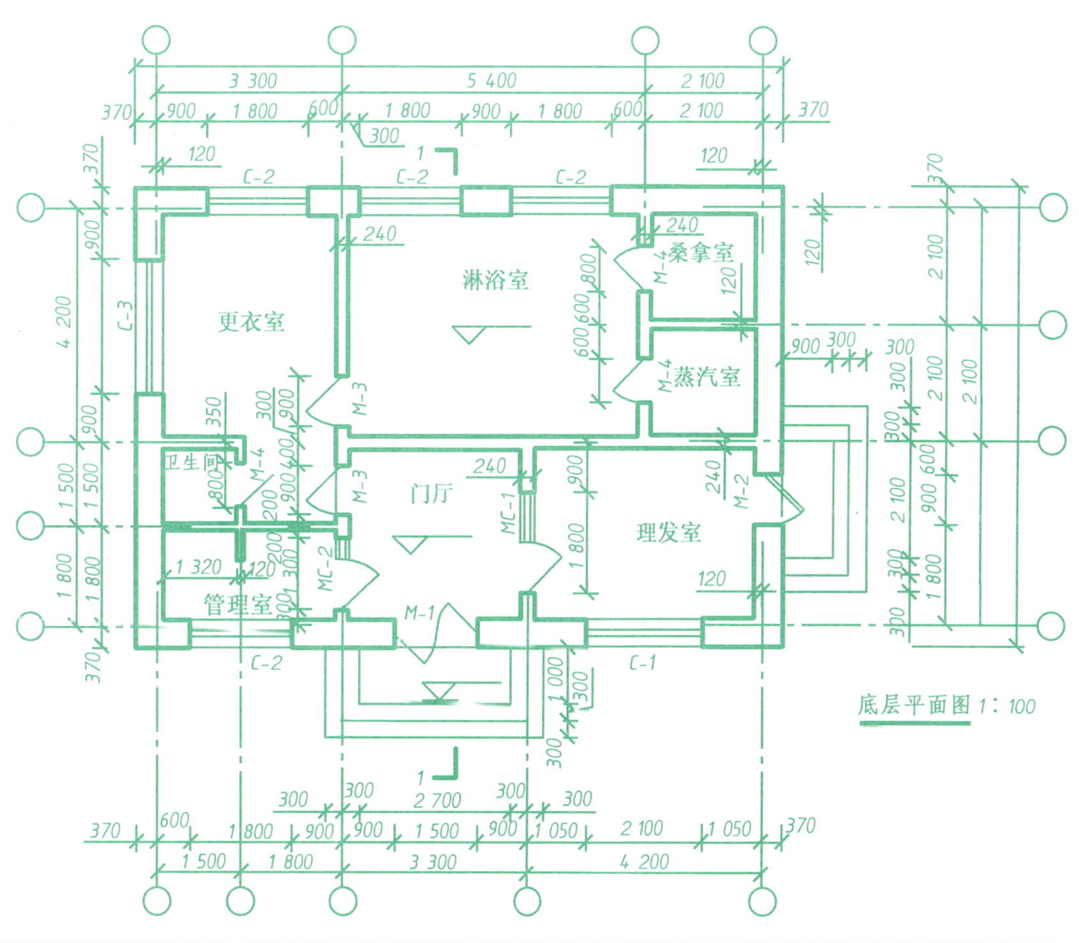

底层平面图 1∶100

(6) 下图为某二层住宅的底层平面图。客厅、餐厅、走廊的地面标高均为 ± 0.000，厨房、卫生间的地面比客厅地面低20mm，室外平台比客厅低20mm，台阶的每一级踏步高为150mm。

要求：①注写定位轴线的编号，注全总尺寸、轴间尺寸、细部尺寸中漏注的尺寸，根据已知高度注写标高。

②该住宅客厅、餐厅的窗朝正南向，在平面图的左下角画上指北针。

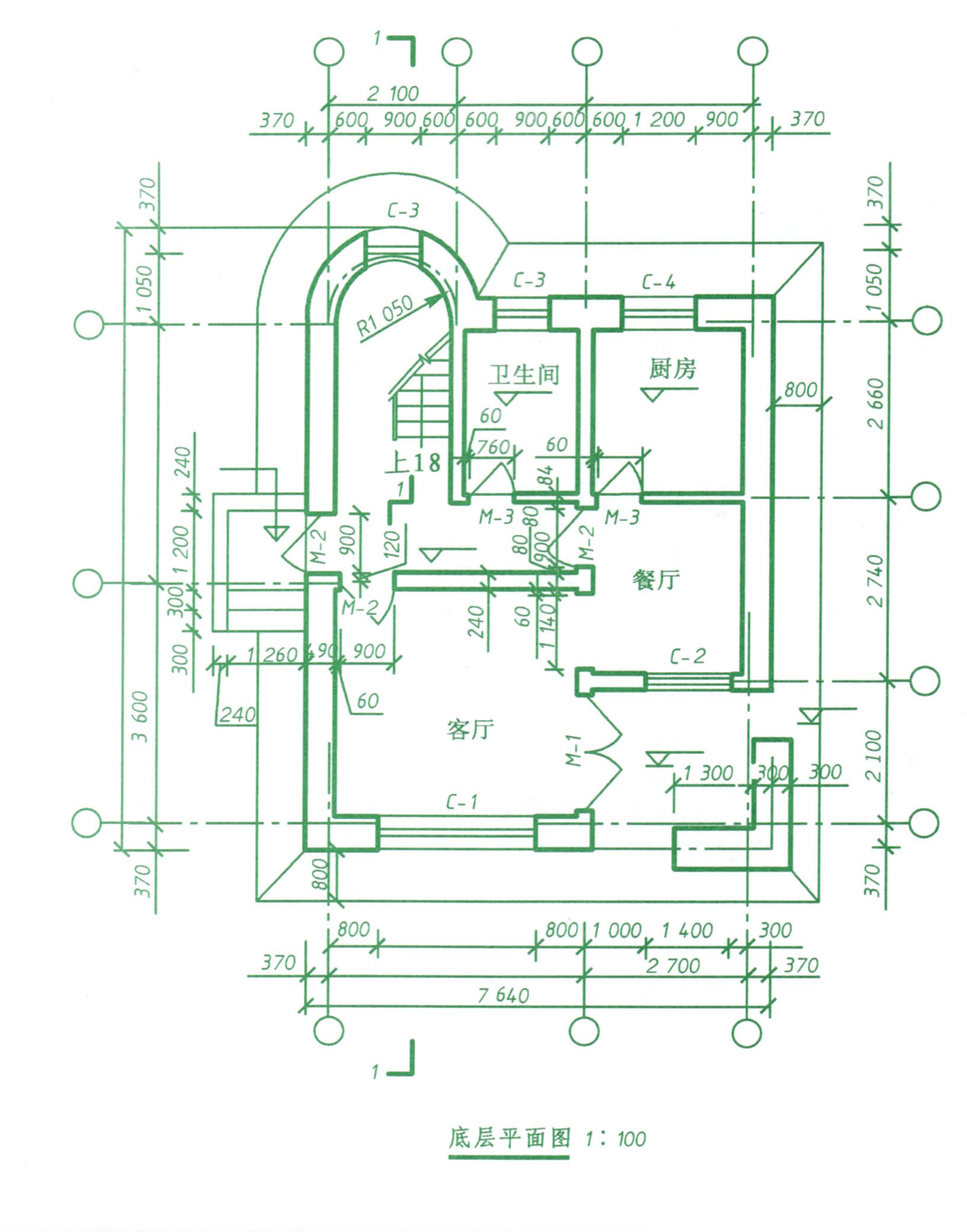

底层平面图 1：100

(7)已知钢筋混凝土梁的配筋立面图、1-1断面图。

要求：①画出2-2断面图(标出钢筋编号)。

②填写下列钢筋名称。

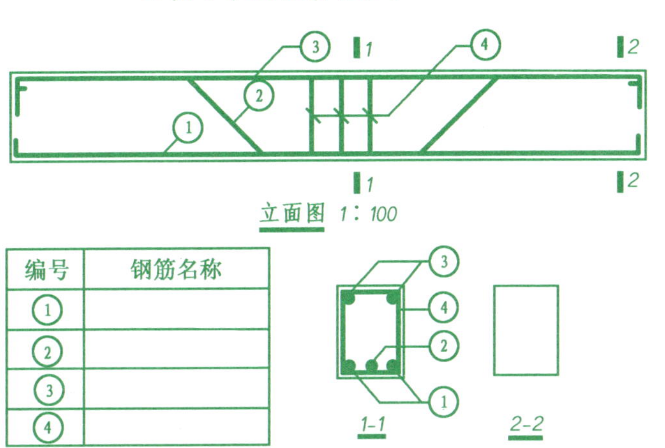

编号	钢筋名称
①	
②	
③	
④	

(8)已知钢筋混凝土板的受力筋①、②的平面布置如图所示，分布筋③采用φ6@200，试在板的断面中画出配筋，并注写钢筋编号、等级、直径和间距。

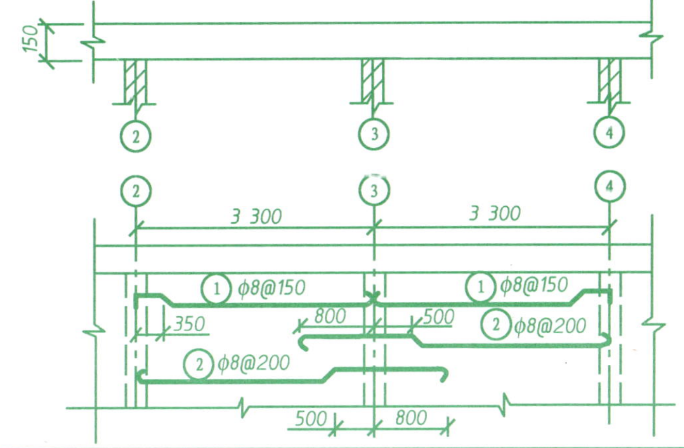

(9)分别画出钢筋混凝土梁的1-1断面、②号筋的详图(比例同立面图)。

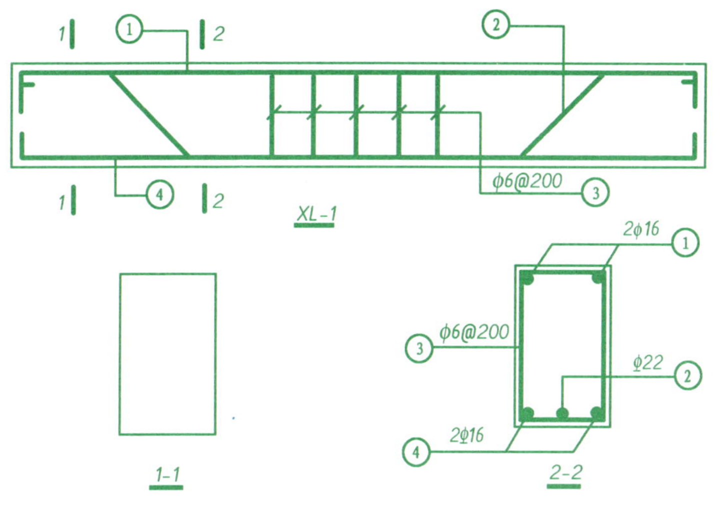

(10)按与图示相同的比例画出简支梁2-2断面图和①钢筋的详图并标注，另将相关内容填写附表内。

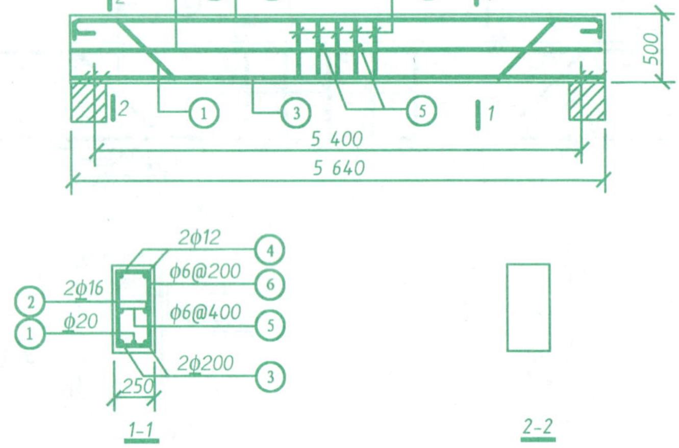

①钢筋详图

附表

钢筋编号	①	②	③	④	⑤	⑥
直　径						
级　别						
数　量						

(11)已知钢筋混凝土梁配筋图1-1断面图和钢筋详图受力弯筋为直径16mm的Ⅱ级钢筋，其余均为Ⅰ级钢筋，受力直筋为直径12mm、架立筋直径为10mm、箍筋直径为8mm。画出该钢筋梁的立面图及2-2断面图并标注相应内容（不标长度）。

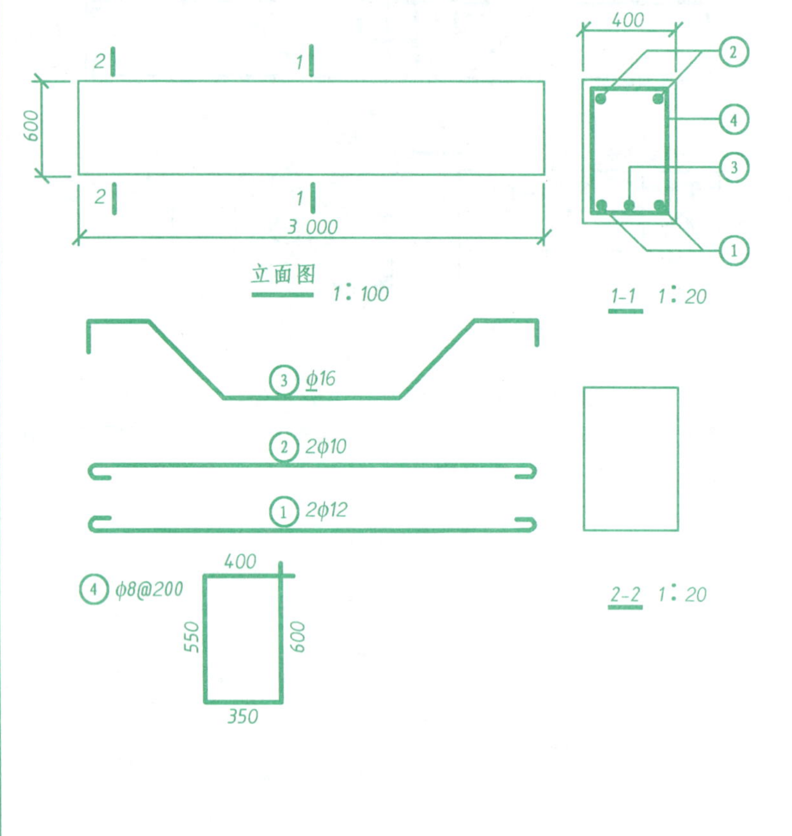

(12)完成简支梁立面图和钢筋详图（标注其长度），并回答下列问题。

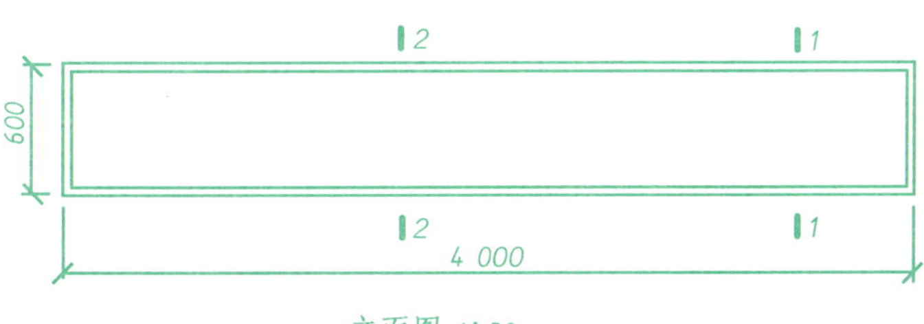

立面图 1∶30

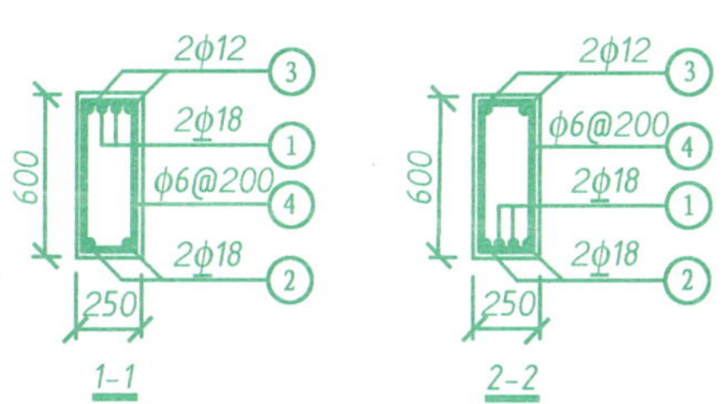

1.2φ12 含义 ______________________

2. 2φ18 含义 ______________________

3. φ6@200 含义 ______________________

(13)已知钢筋混凝土梁中各种钢筋详图和 2-2 断面图，试补画钢筋混凝土的立面图和 1-1 断面图，并填写钢筋表中所缺的项。

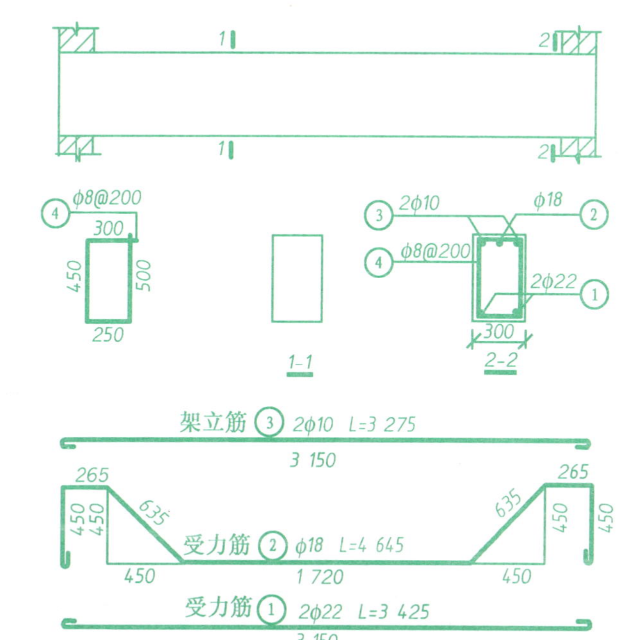

钢 筋 表

钢筋编号	钢筋规格	钢筋简图	长度(mm)	根数（根）	总长(mm)	总质量(kg)
①	φ22	3 150	3 425		6 850	20.40
②	φ18	265 635 720 635 265 450 450	4 645		4 645	9.25
③	φ10	3 150	3 275		6 550	404
④	φ8	300 450 500 250	1 500		25 500	10.07

(14)已知钢筋混凝土梁的立面图，梁宽为250mm，架立筋是Ⅰ级钢筋，两根且直径为10mm；箍筋是Ⅰ级钢筋，直径为6mm且间距为200mm；弯起筋是Ⅱ级钢筋，一根且直径为25mm；受力筋是Ⅱ级钢筋，两根且直径为20mm。试画出该梁的1-1、2-2断面图，并在立面图和断面图中对钢筋加以编号和标注（数量、等级、直径和长度）。

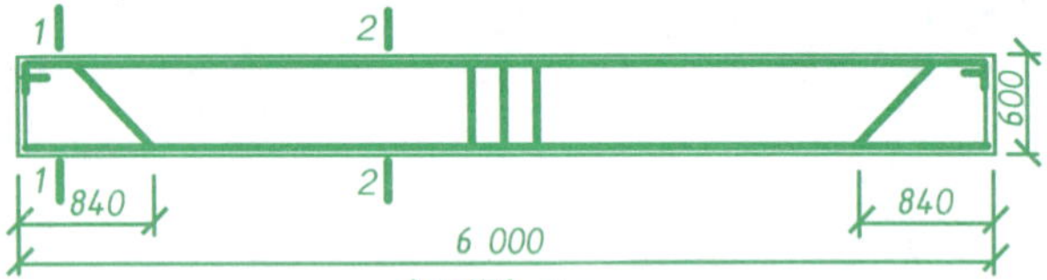

1 2 600 840 840 6 000

立面图 1:50

1-1 1:25

2-2 1:25

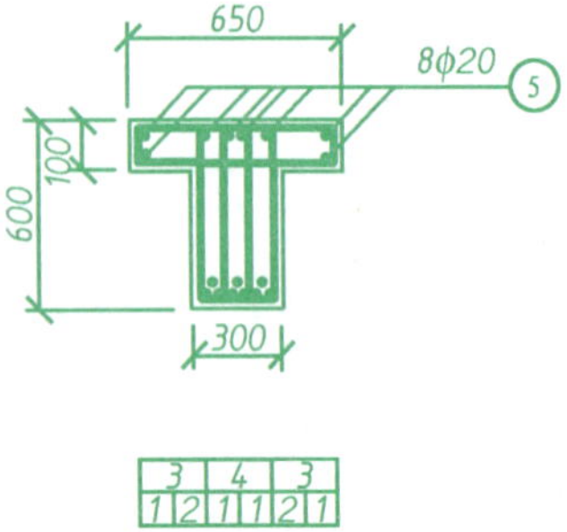

(15)已知T形梁的立面图和1-1断面图，试画出2-2断面图，并填写钢筋表。

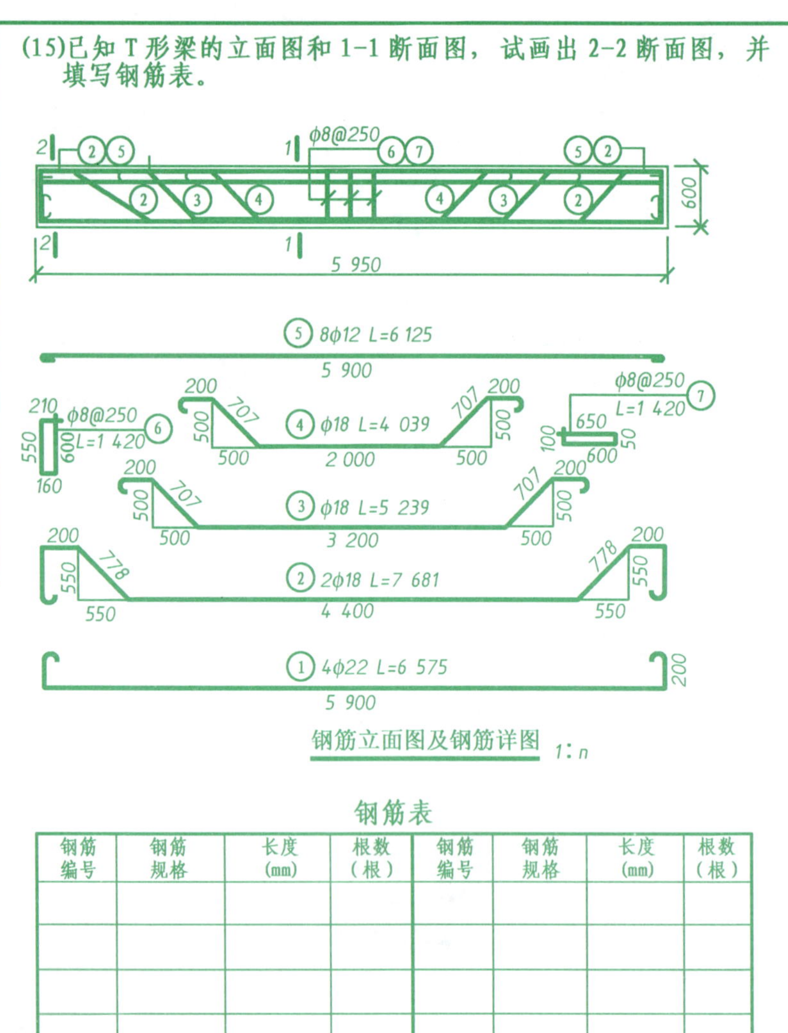

钢筋立面图及钢筋详图 1:n

650

8φ20 ⑤

100 600

300

3	4	3
1 2 1	1 2 1	

1-1

1:2n

2-2

1:2n

钢筋表

钢筋编号	钢筋规格	长度(mm)	根数（根）	钢筋编号	钢筋规格	长度(mm)	根数（根）

第八章　透视与阴影

1. 阴影

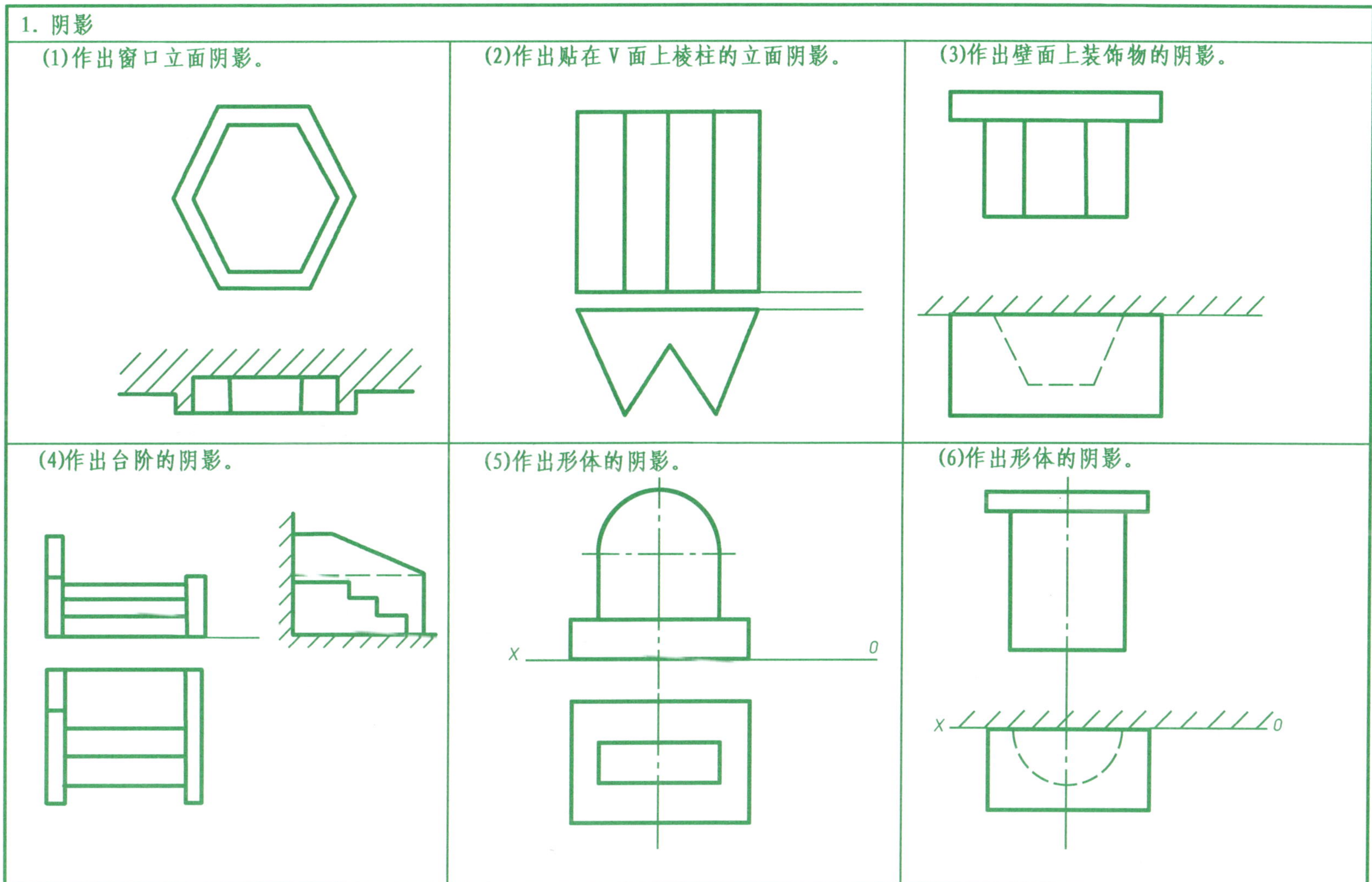

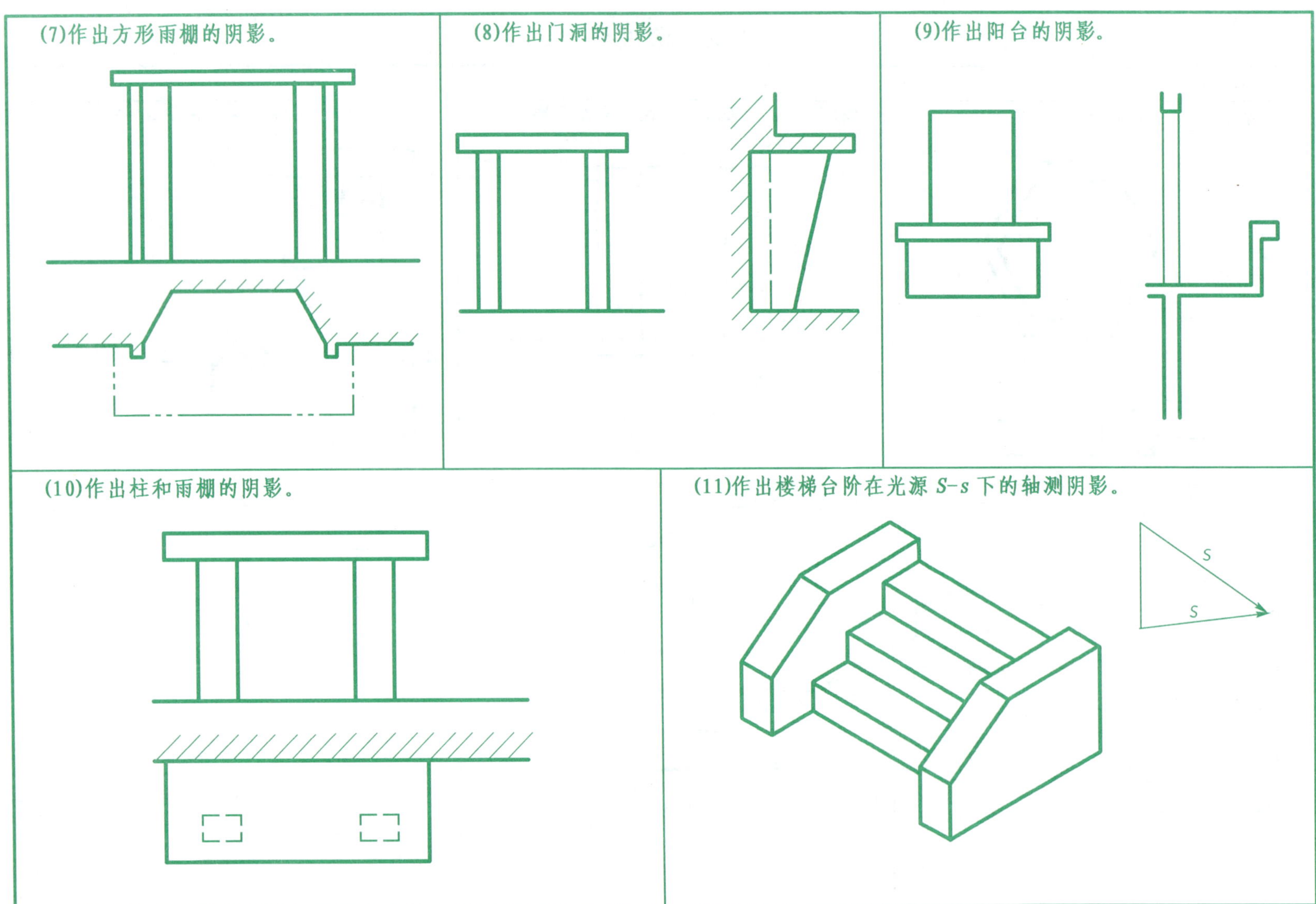
(7)作出方形雨棚的阴影。
(8)作出门洞的阴影。
(9)作出阳台的阴影。
(10)作出柱和雨棚的阴影。
(11)作出楼梯台阶在光源 S-s 下的轴测阴影。
S
s

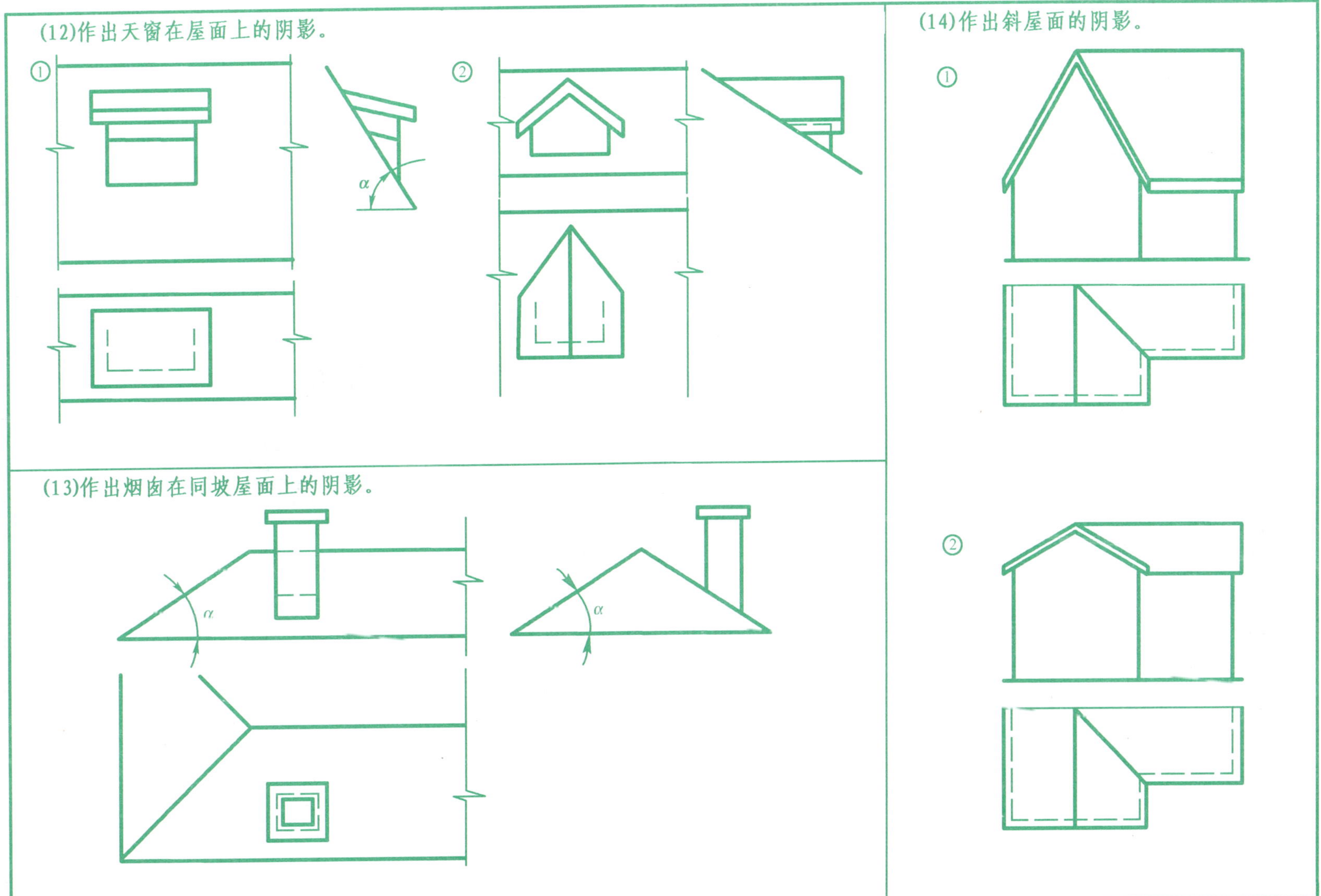
(12)作出天窗在屋面上的阴影。
①
α
②
(13)作出烟囱在同坡屋面上的阴影。
α
α
(14)作出斜屋面的阴影。
①
②

2. 透视

(1)根据建筑物的两面图，用建筑师法作出其两点透视。

(2)根据所给条件，用建筑师法作出坡顶房屋的两点透视。

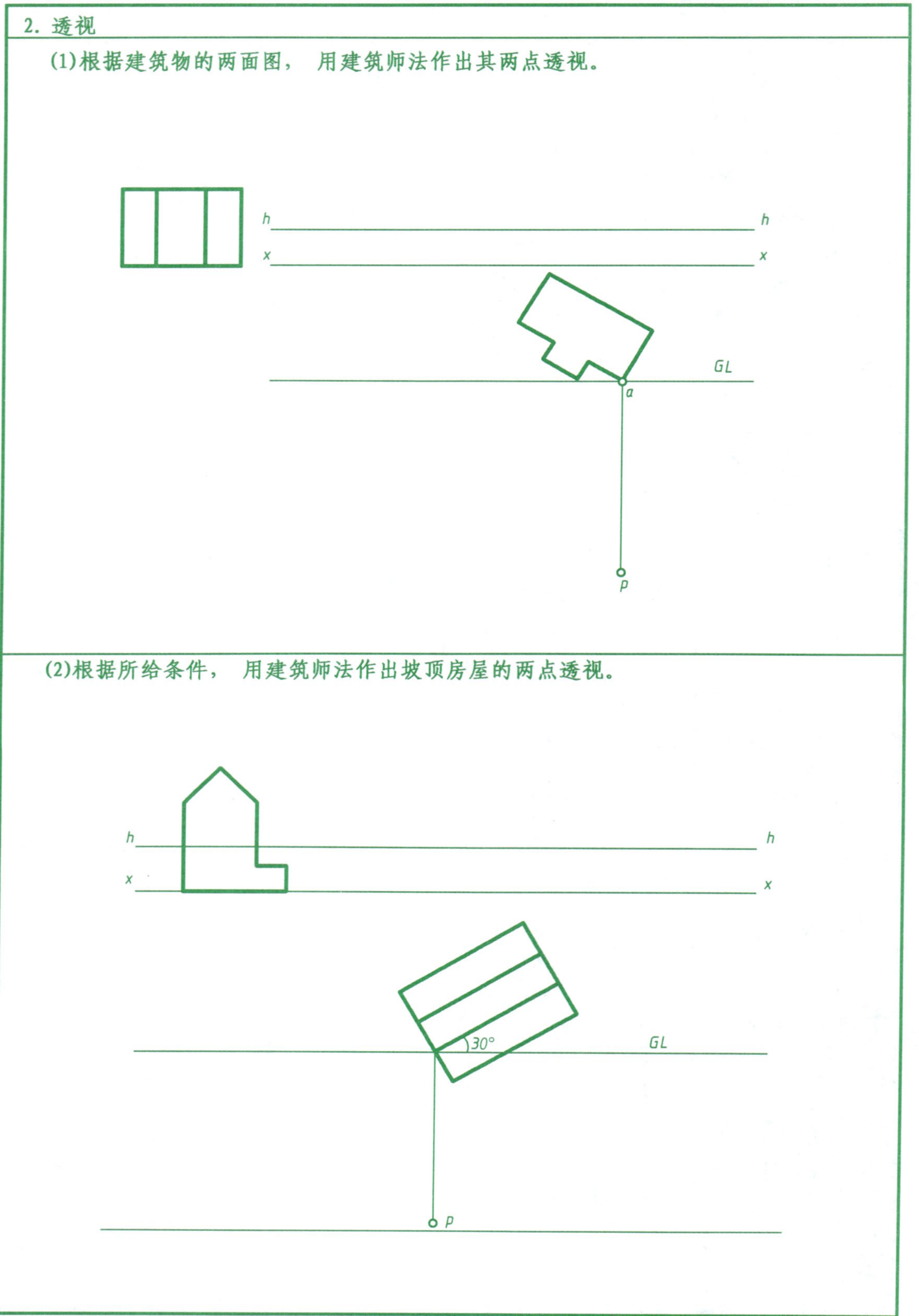

(3)根据所给条件，用建筑师法作出台阶的两点透视。

(4)根据所给条件，用建筑师法补画烟囱、台阶和门洞的两点透视。

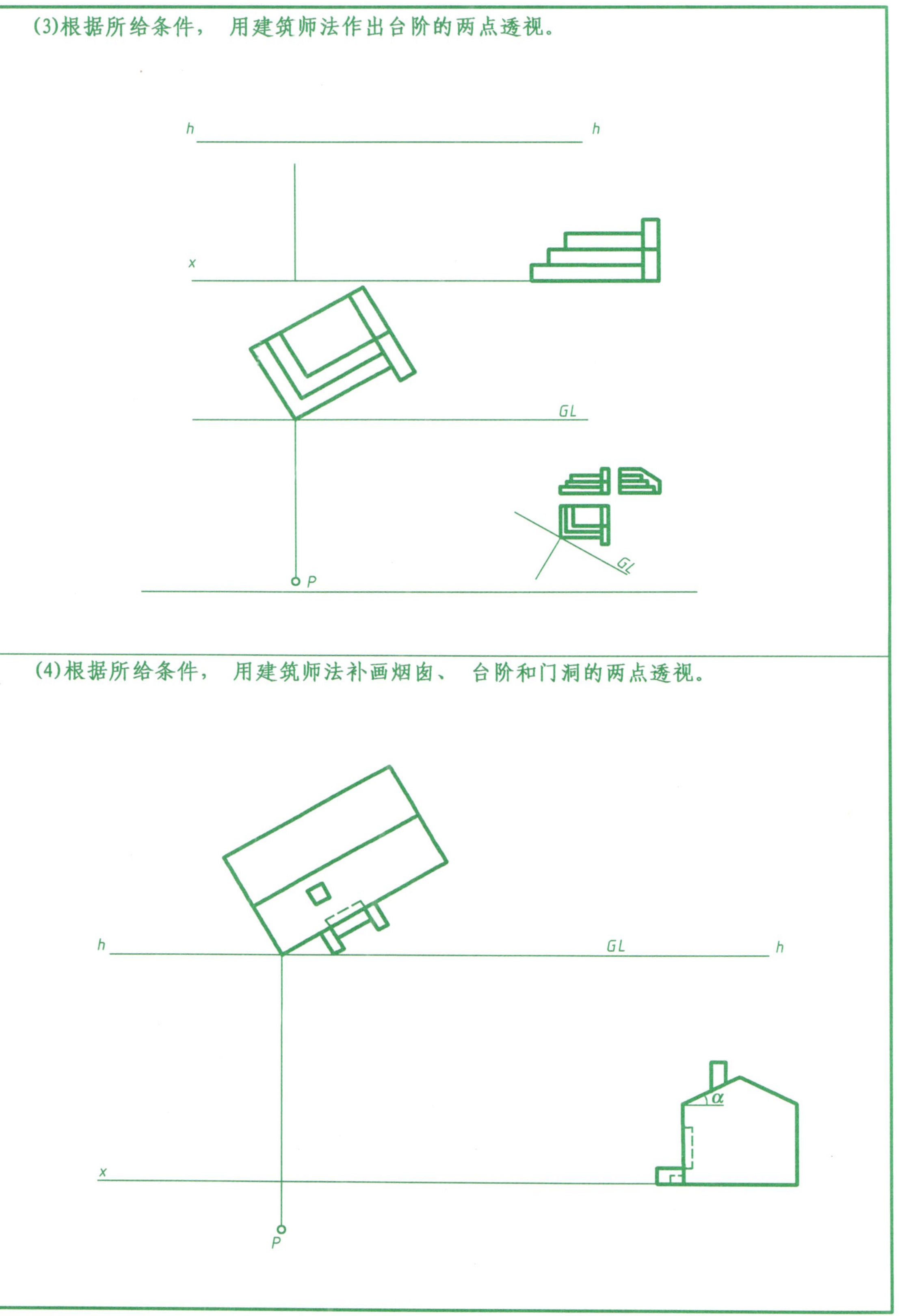

(5)用可达主向灭点作出建筑物建筑师法的两点透视。
f1
GL
h
F1
h
x
X
p
(6)用建筑师法作出坡屋面和烟囱的两点透视。
h
α
x
f2
GL
f1
p

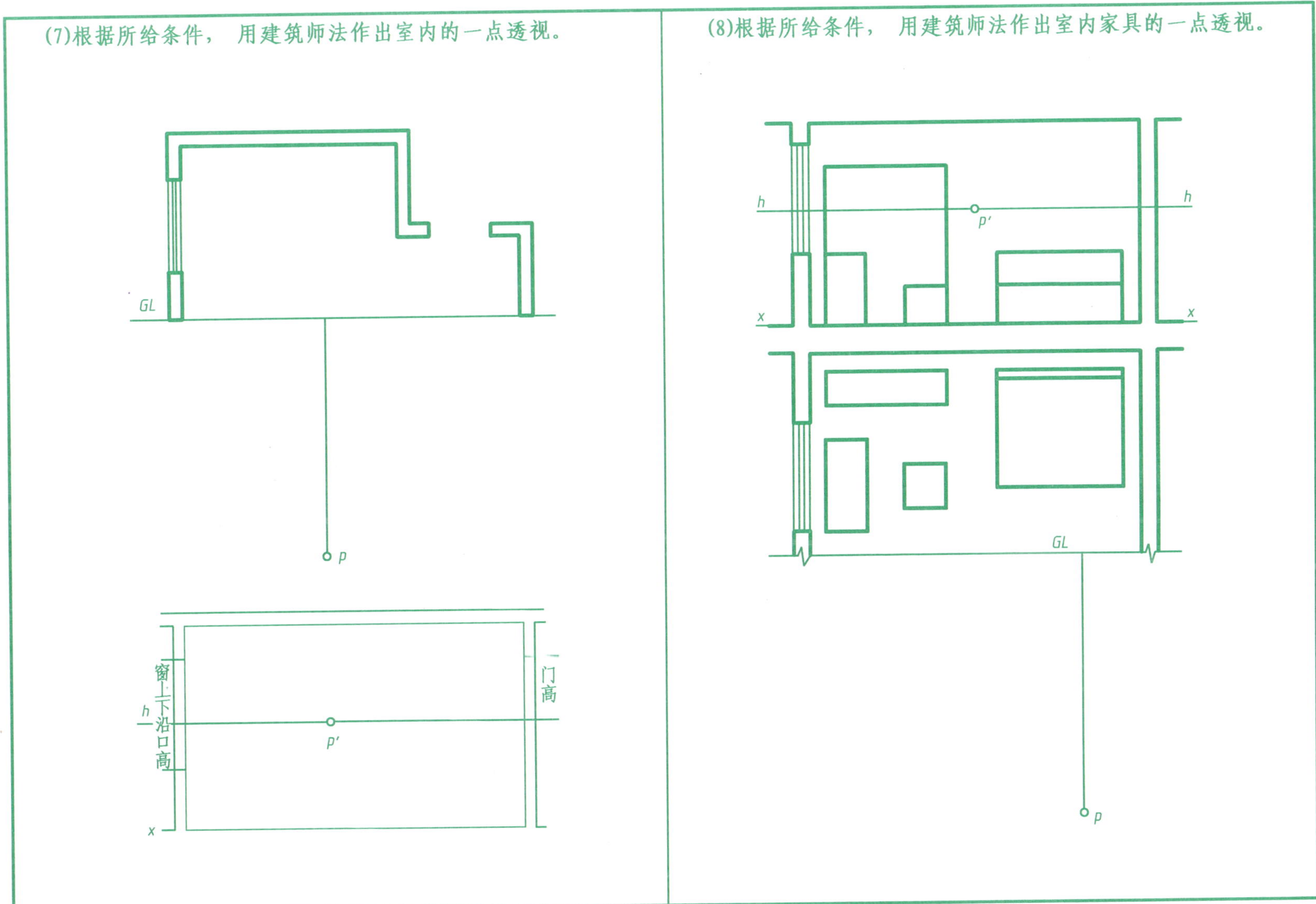
(7)根据所给条件，用建筑师法作出室内的一点透视。
GL
p
h
p'
x
窗上下沿口高
门高
(8)根据所给条件，用建筑师法作出室内家具的一点透视。
h
h
p'
x
x
GL
p

(9)用量点法作门厅的透视图。

(10)根据所给条件，用建筑师法作出圆拱门的一点透视。

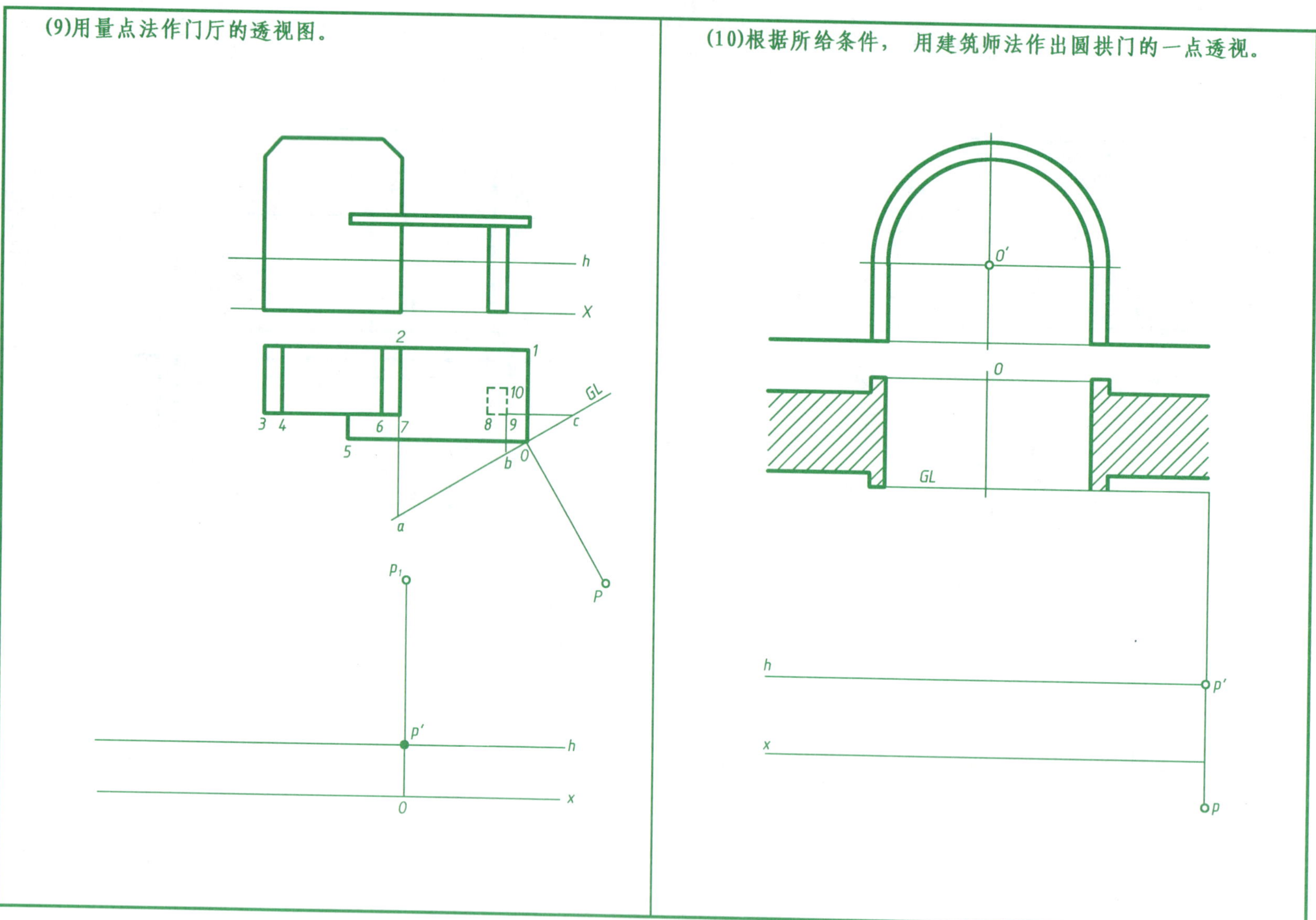

(11)作出建筑物在水中的倒影。

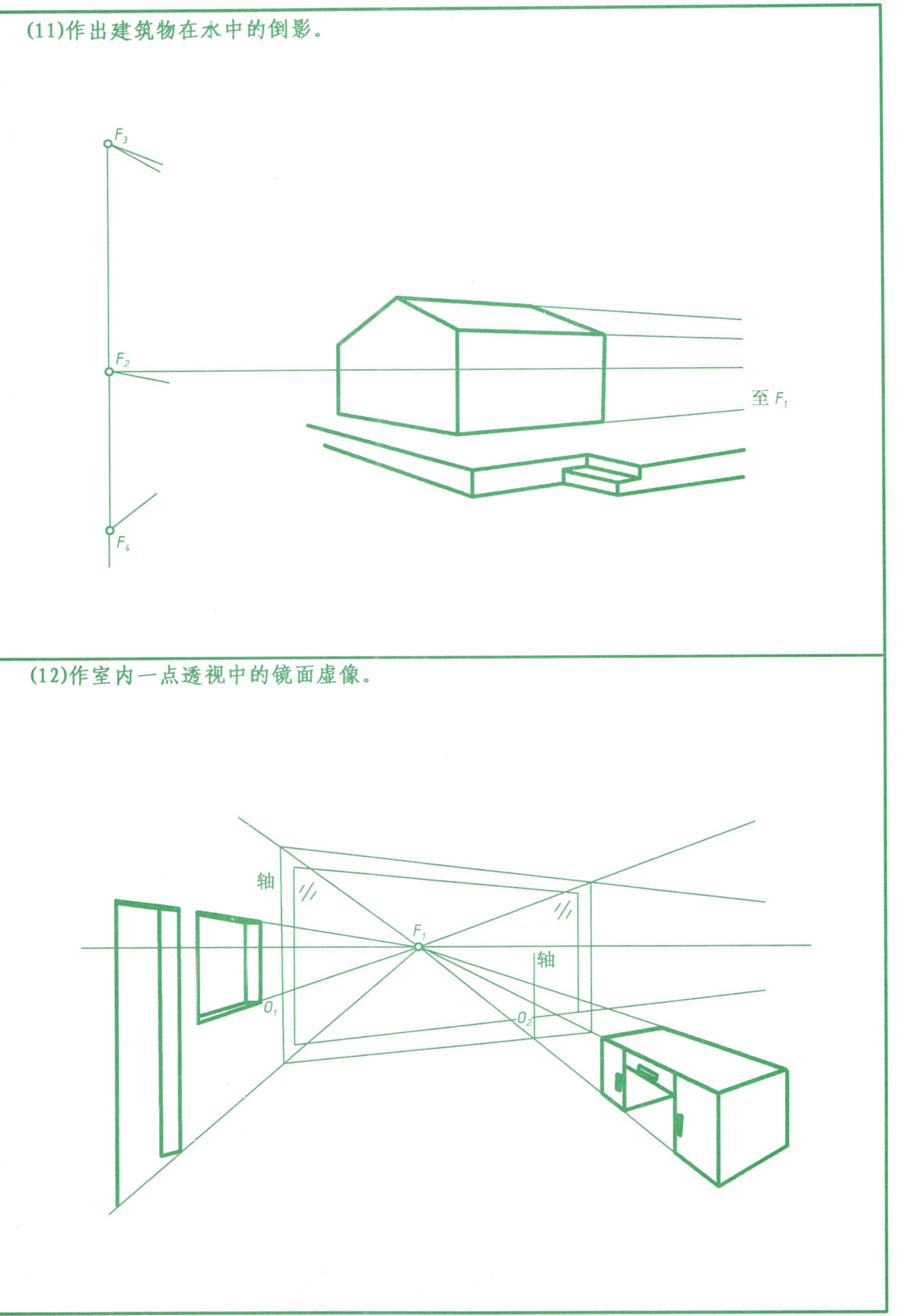

(12)作室内一点透视中的镜面虚像。

(13)作出雨棚、门洞、台阶在光源 S-s 下的透视阴影。

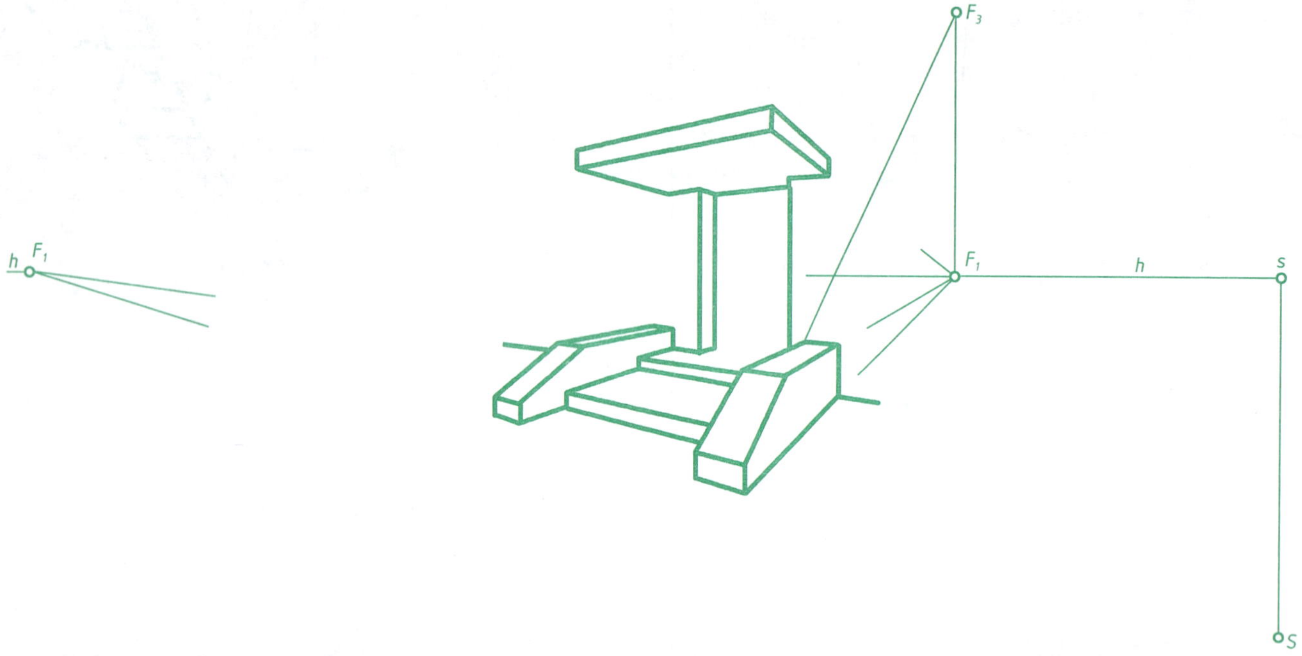

F_3

h F_1

F_1 h s

S

第二部分　题　解

(1)求直线 *MN* 与平面 *ABC* 的交点，并判别直线的可见性。

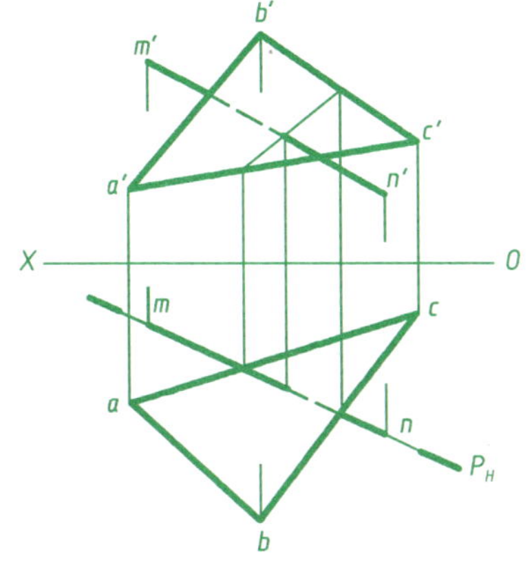

(2)求两平面的交线，并判别可见性。

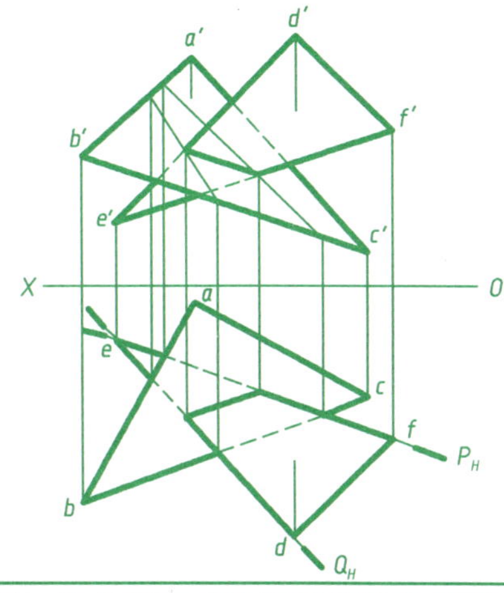

(3)已知平面四边形 *ABCD* 的 *BC* 边平行于 *V* 面，完成四边形的水平投影。

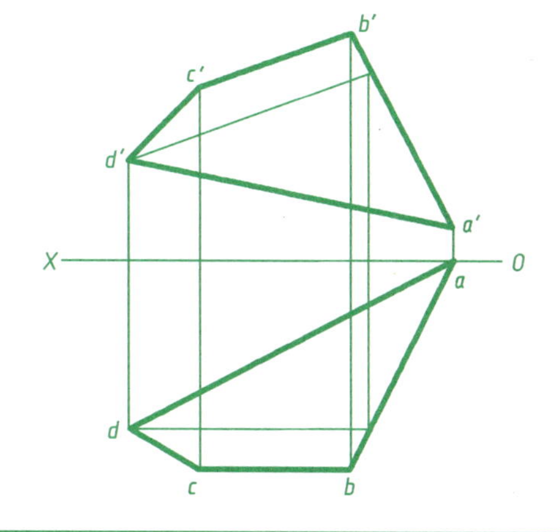

(4)已知等腰△ABC 的底边 *AB*，其高 *CD* 为水平线，*CD*=*AB*，完成△*ABC* 的两面投影。

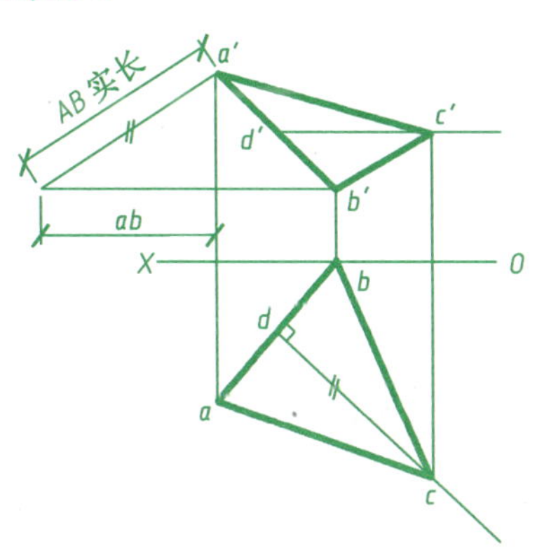

(5)已知 *AB* 为平面对水平面的最大斜度线，求作平面，并求该平面对水平面的倾角 *α*。

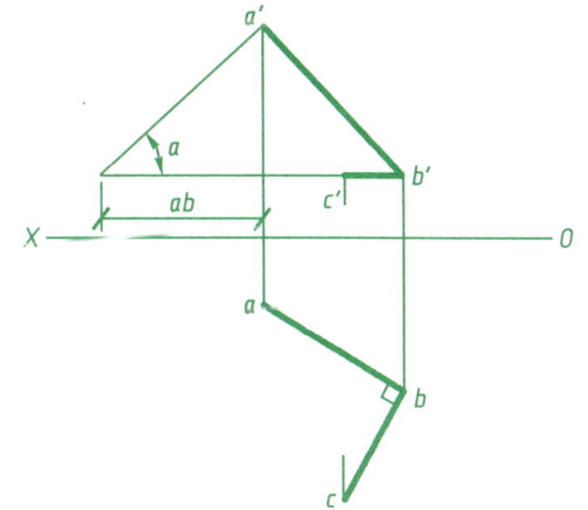

(6)已知平面四边形 *ABCD* 的 *CD* 边与 *V* 面倾角 *β*=30°，完成其水平投影。

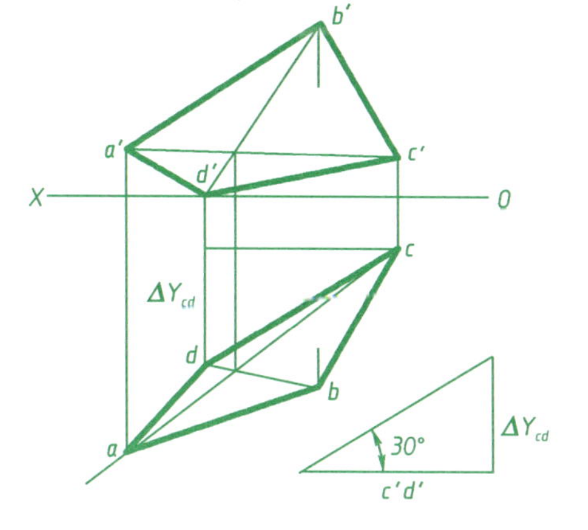

(7)过点 E 作直线 EF，使其平行于平面 P，且与直线 AB、CD 都相交。

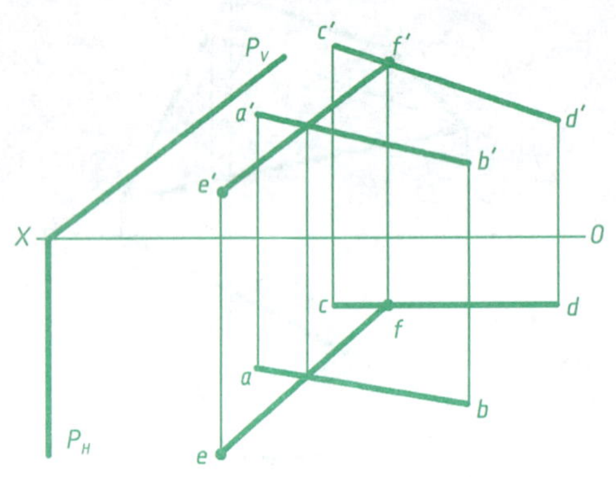

(8)已知等腰三角形底边 $BC(bc // OX)$，高 AD 长 25mm，且与正面的倾角为 30°，完成该三角形的两面投影。

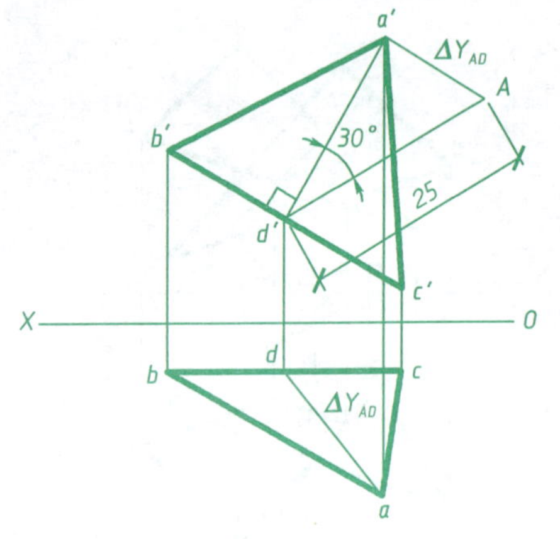

(9)已知 AB 为平面对正面的最大斜度线，平面对正面的倾角为 45°，求作平面 ABC 的两面投影，并作 AB 的实长。

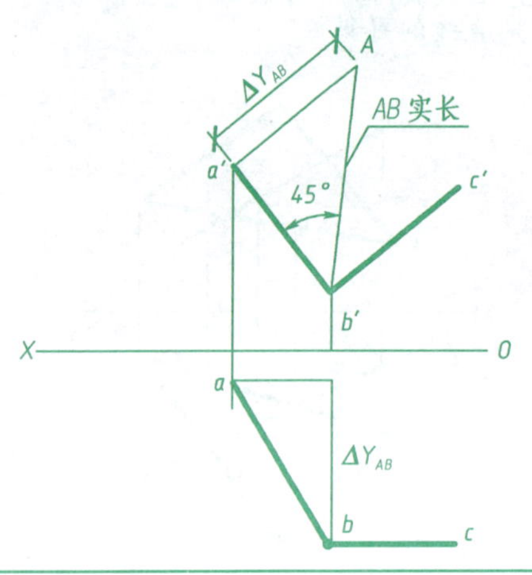

(10)已知点 A 到直线 BC 的距离为 10mm，求作 a。

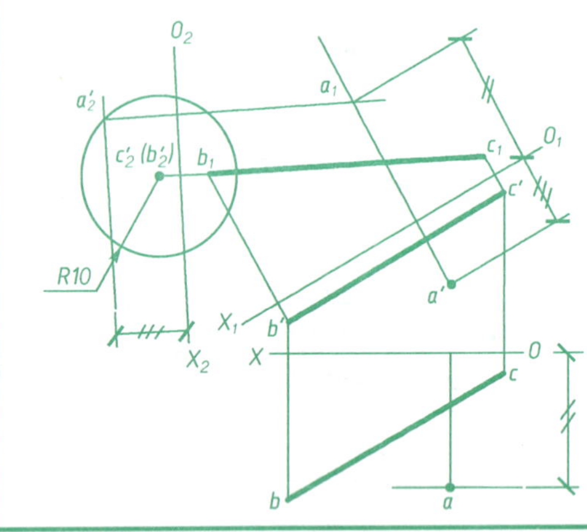

(11)已知点 K 到△ABC 平面的距离为 15mm，作出 k' 及距离 KM 的两面投影。

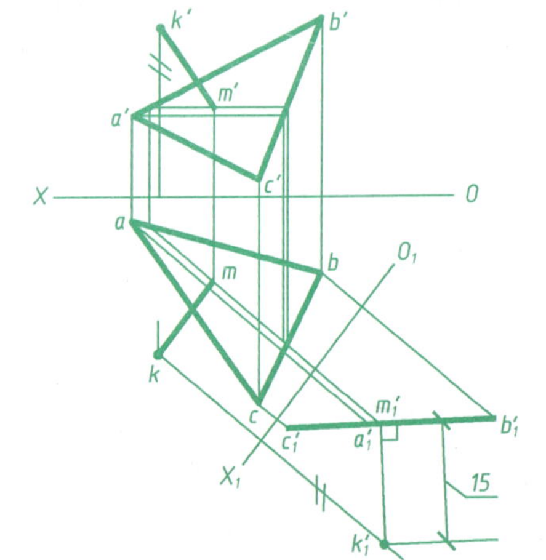

(12)作直线 AB，已知点 A 属于直线 ED，且距 E 点 12mm，点 B 属于直线 FG，且 $AB \perp FG$，求作直线 AB 的 V、H 面投影。

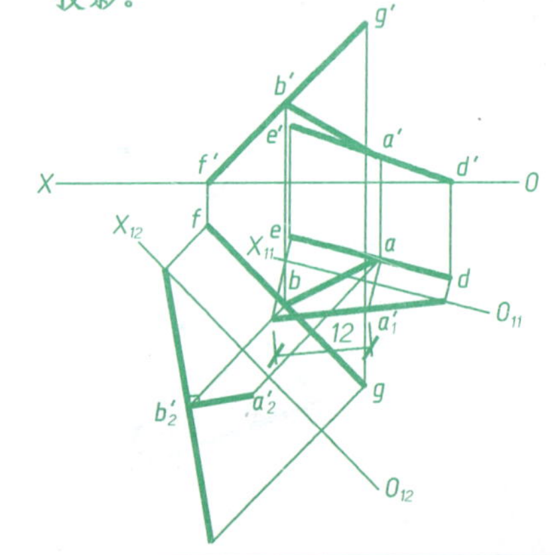

(13)已知直线 AB 与 CD 垂直相交，求作 CD 的正面投影。

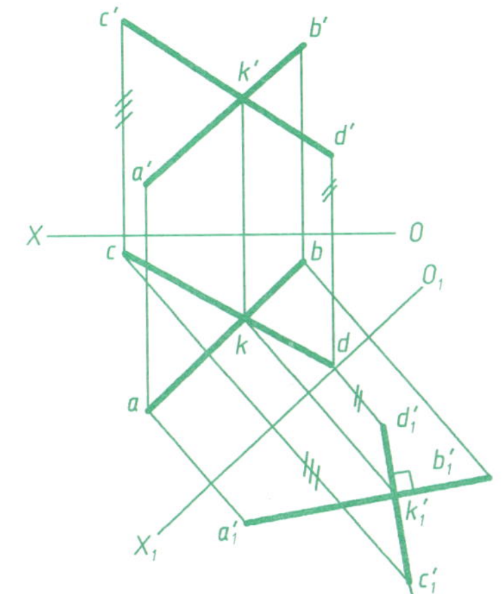

(14)求点 K 到直线 AB 距离的投影及其实长。

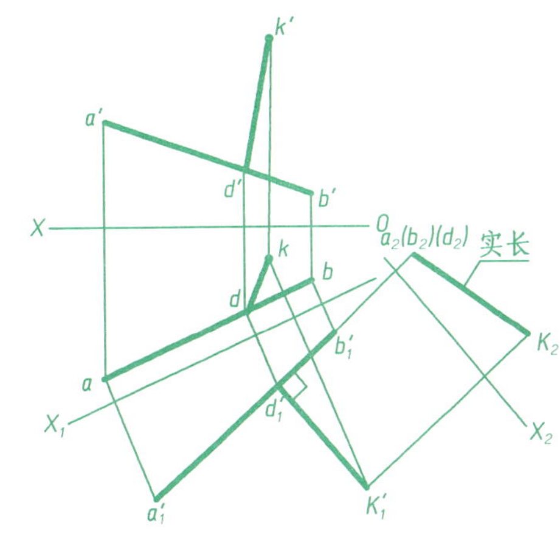

(15)已知∠ABC 等于 90°，求作 AB 的水平投影。

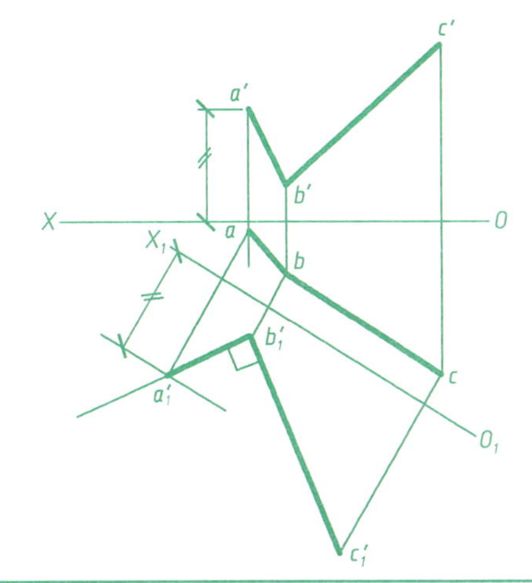

(16)已知正方形 ABCD 的顶点 A，BC 属于 MN 直线，求作正方形的两面投影。

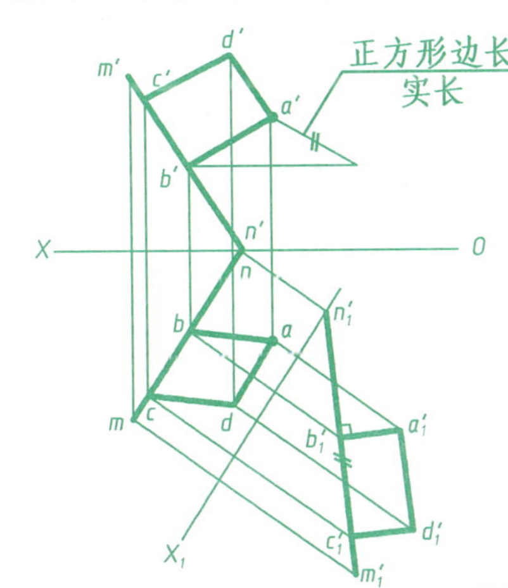

(17)在直线 EF 上取点 K，使其距△ABC 距离为 10mm。

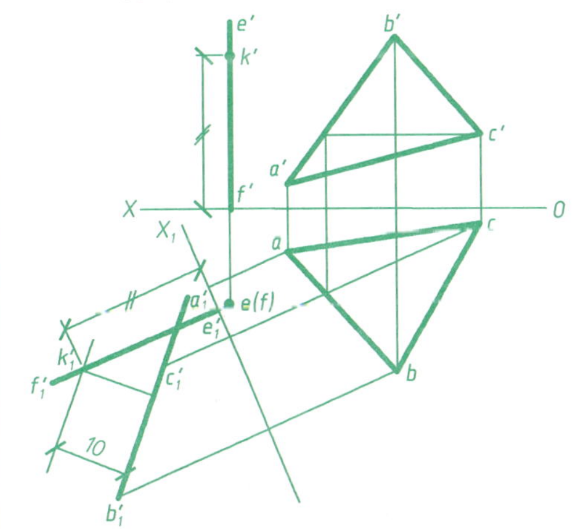

(18)求平面△ABC 对 H 面的倾角 α 及实形。

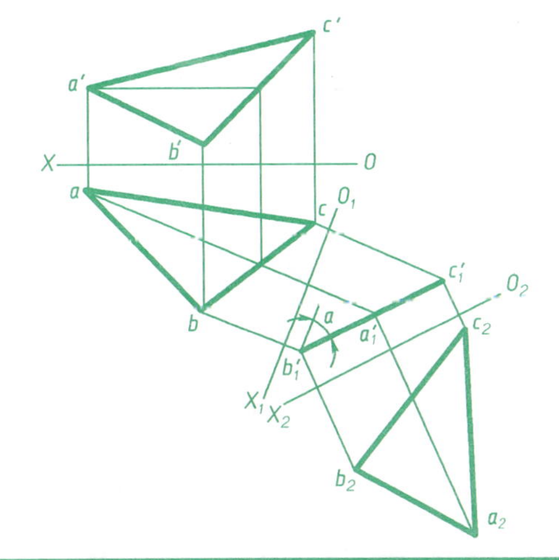

(19)过点 A 作△ABC∥△DEF，并求两平面间的距离。

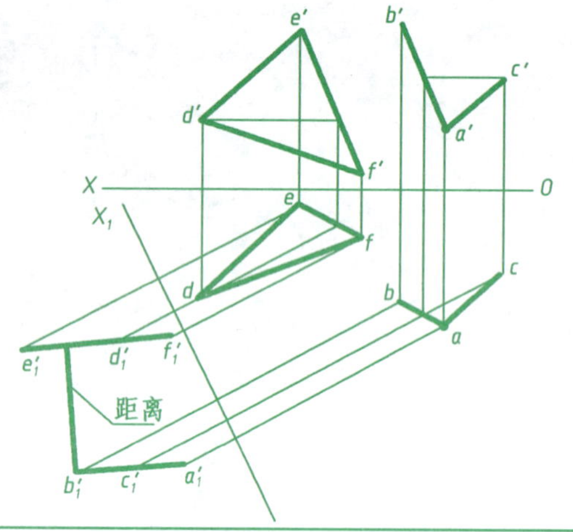

(20)在△ABC上作一点 F，使其与水平面距离为7mm，与点E距离为14mm。

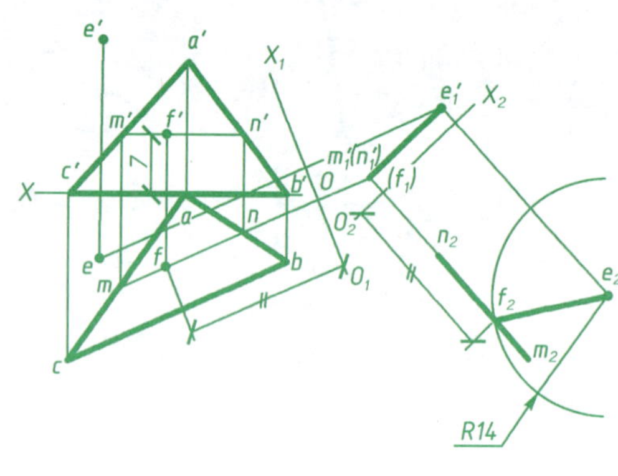

(21)求点 K 到△ABC平面的距离，画出该距离 V、H两面投影，并判断可见性。

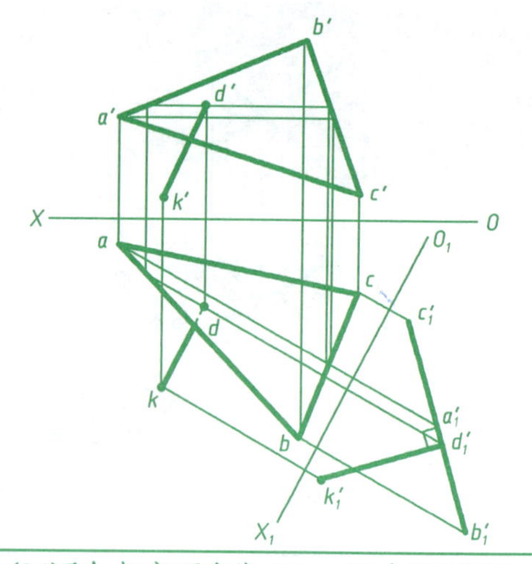

(22)已知直线 AB 平行于△CDE，且距离为10mm，求作 ab。

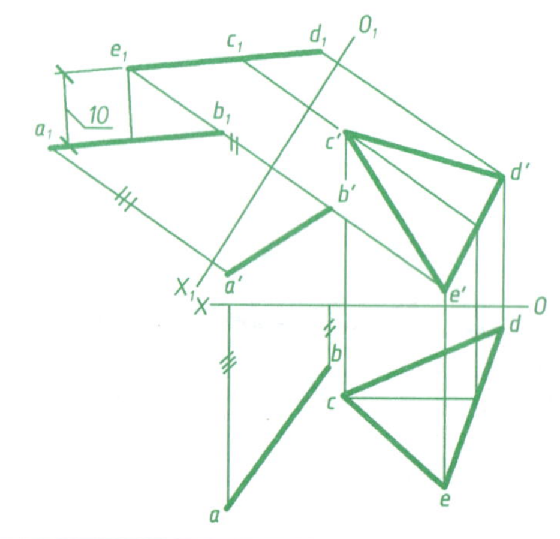

(23)已知直角△ABC的直角边 AB，且知斜边 BC与直线 MN平行，补全△ABC 的投影。

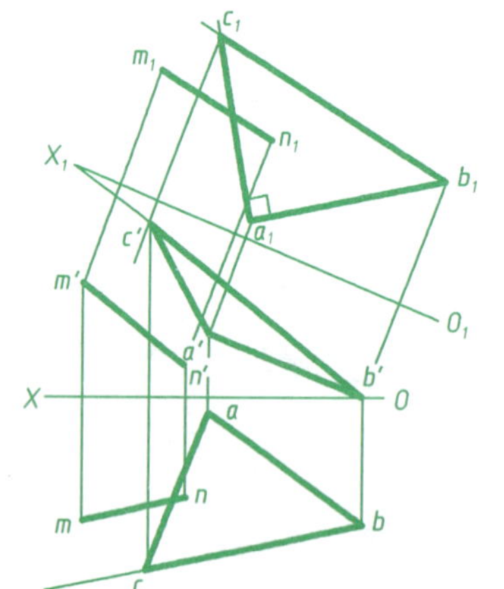

(24)已知相交两直线 AB、CD对 H面的倾角相等，完成 CD的水平投影。

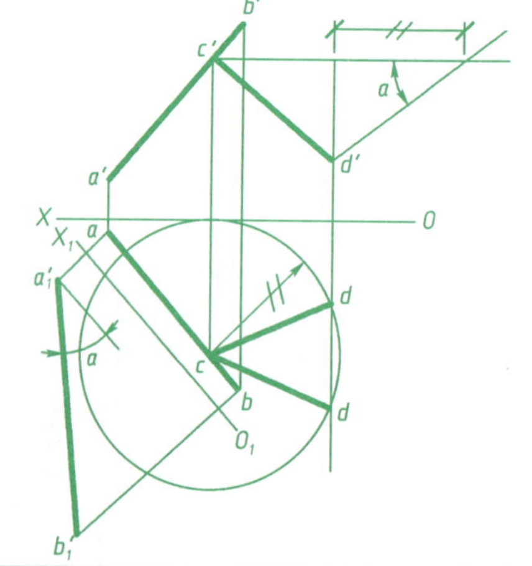

(25)求作直线 AB、 CD 的公垂线 EF 的 V、H 两面投影。

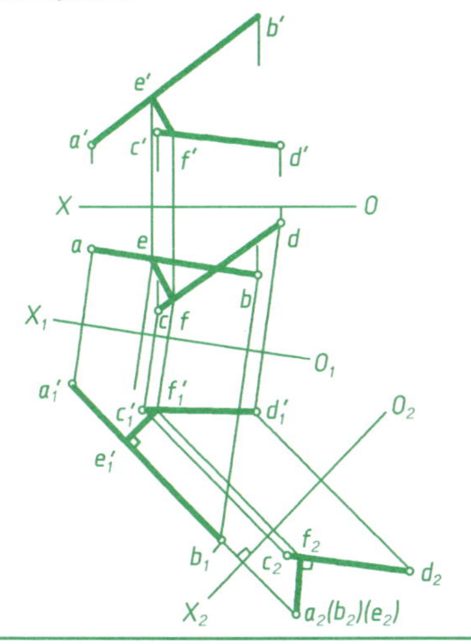

(26)在△ABC平面上过A点作直线AD与BC相交，且成60°角。

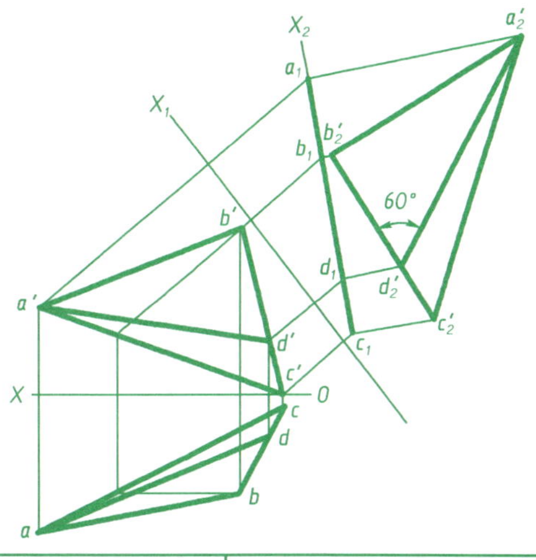

(27)在△ABC平面上作一直线MN，使其与AB平行且距离为10mm。

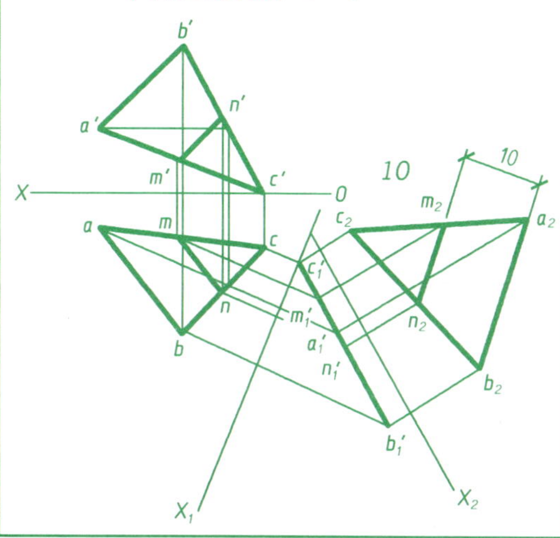

(28)求作挡土墙两表面 ABCD 与 CDEF 夹角 θ 的真实大小。

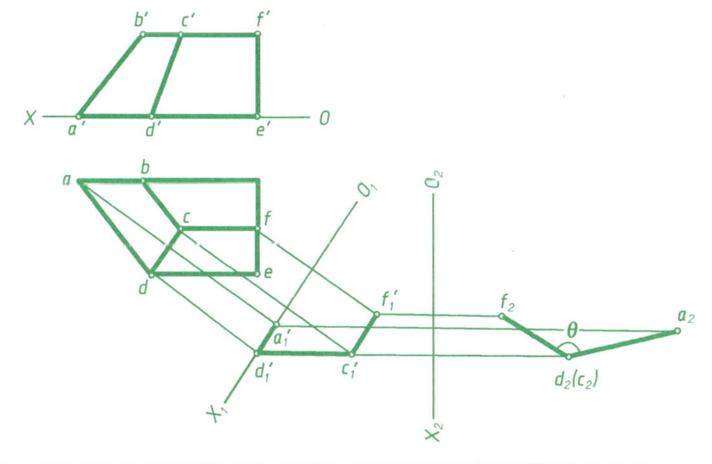

(29)求两平行线间距离的投影及实长。

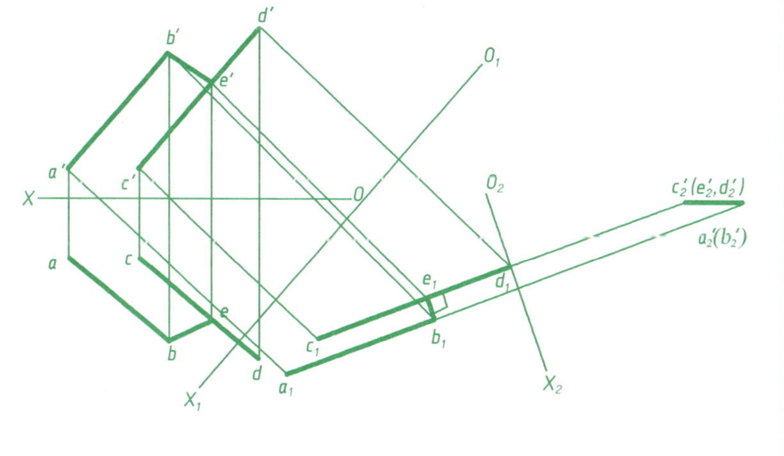

1. 完成被切割平面立体的三面投影

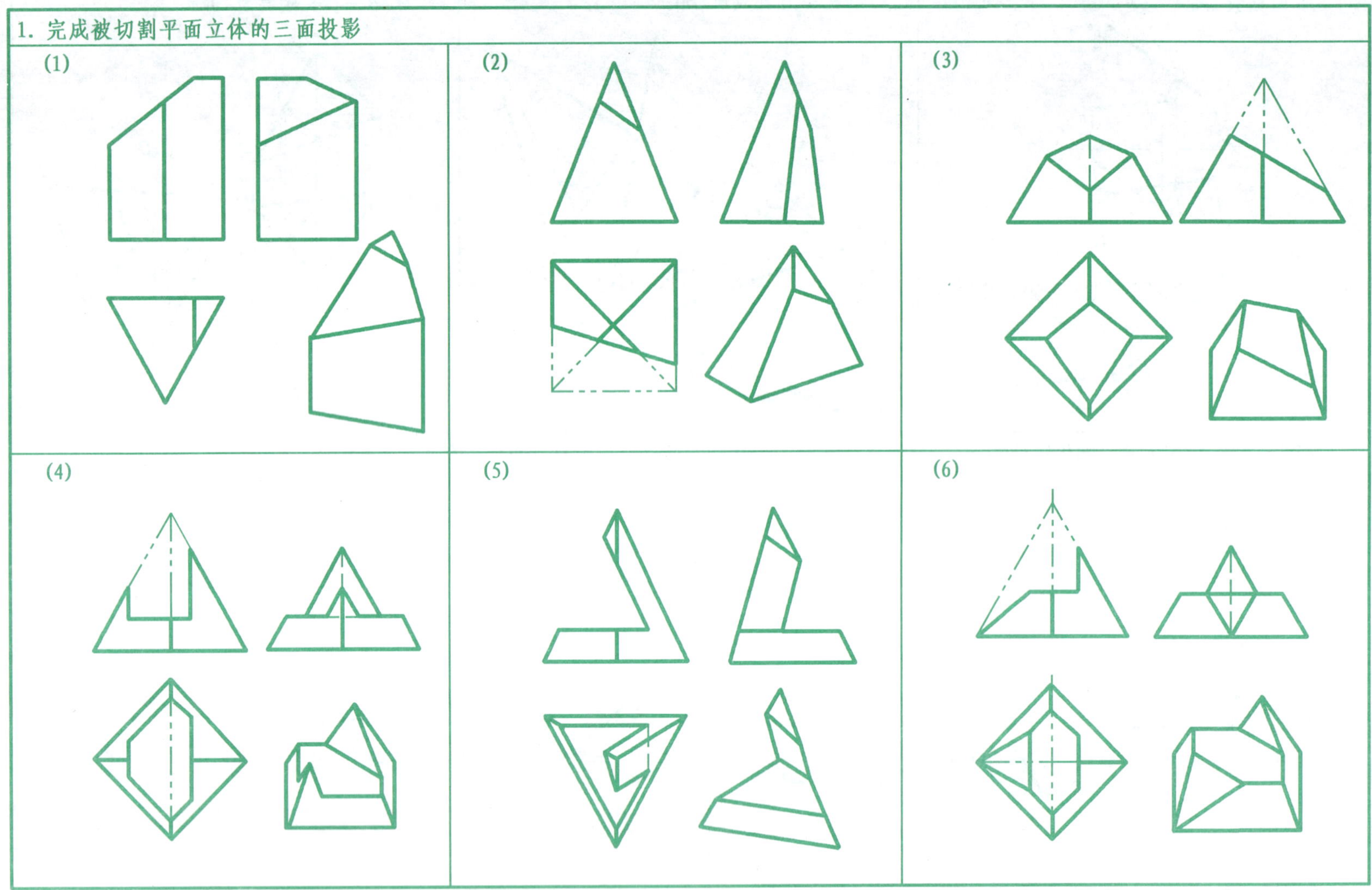

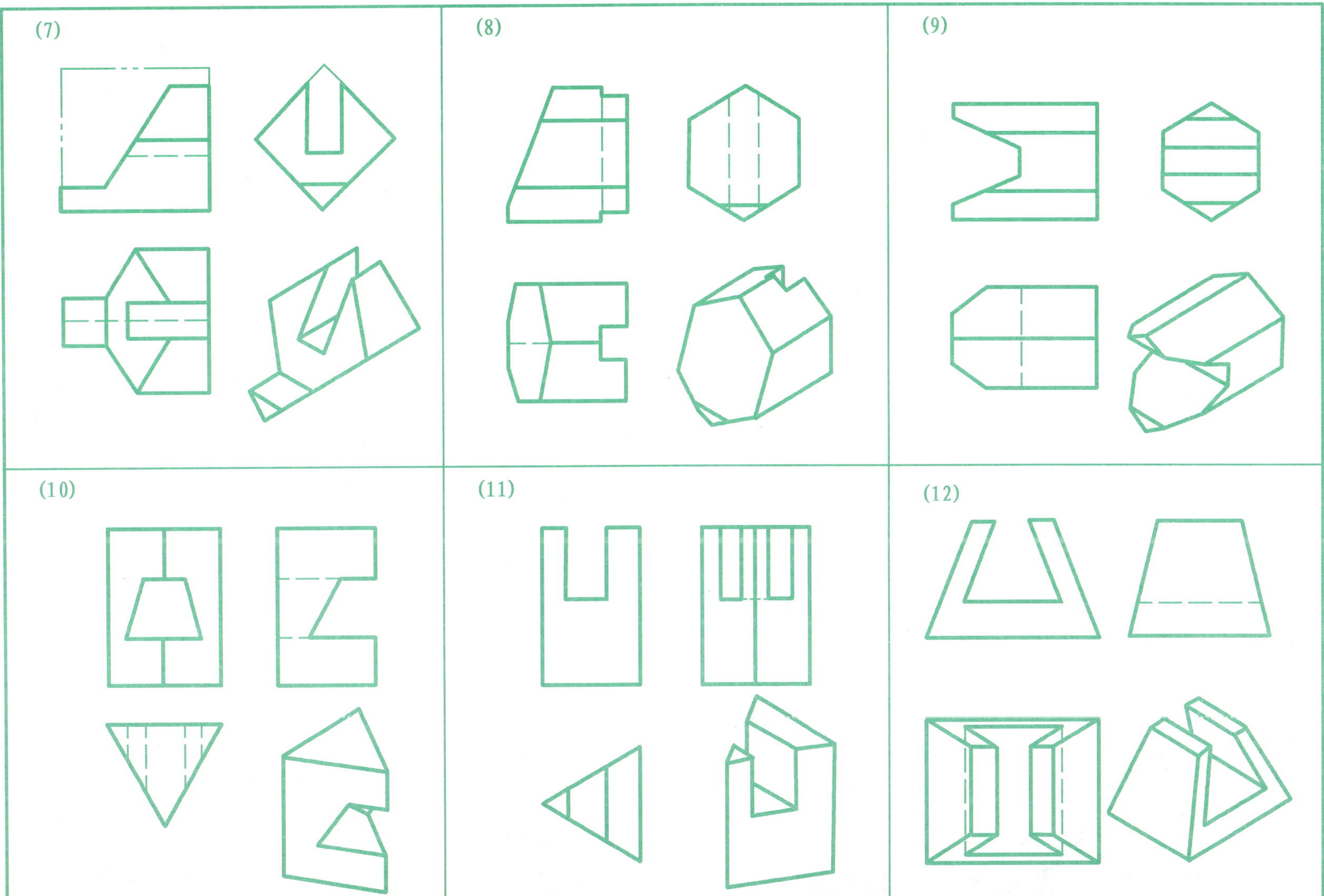
(7)
(8)
(9)
(10)
(11)
(12)

2. 已知圆柱、圆管切割体的两面投影，求作所缺的投影

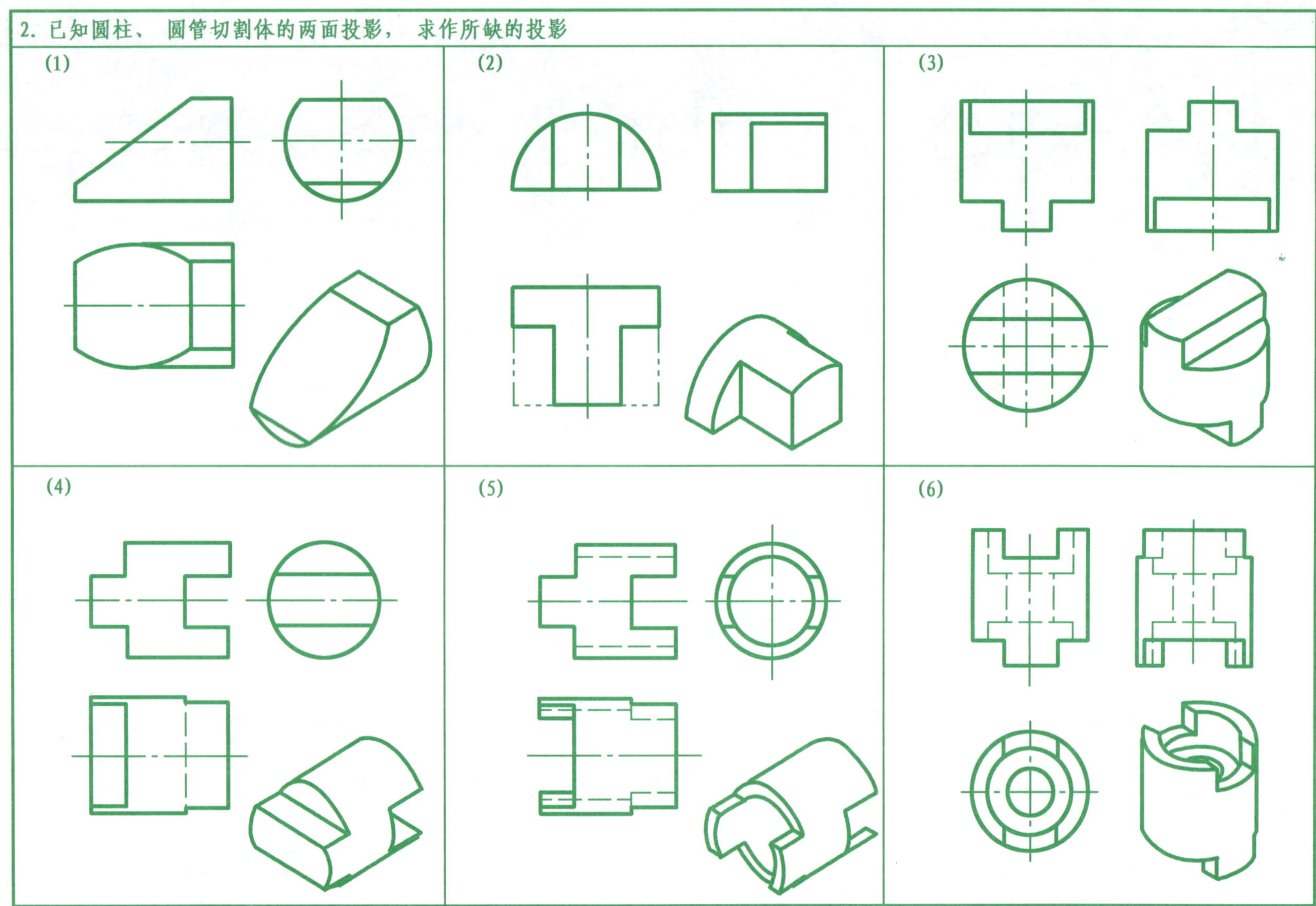

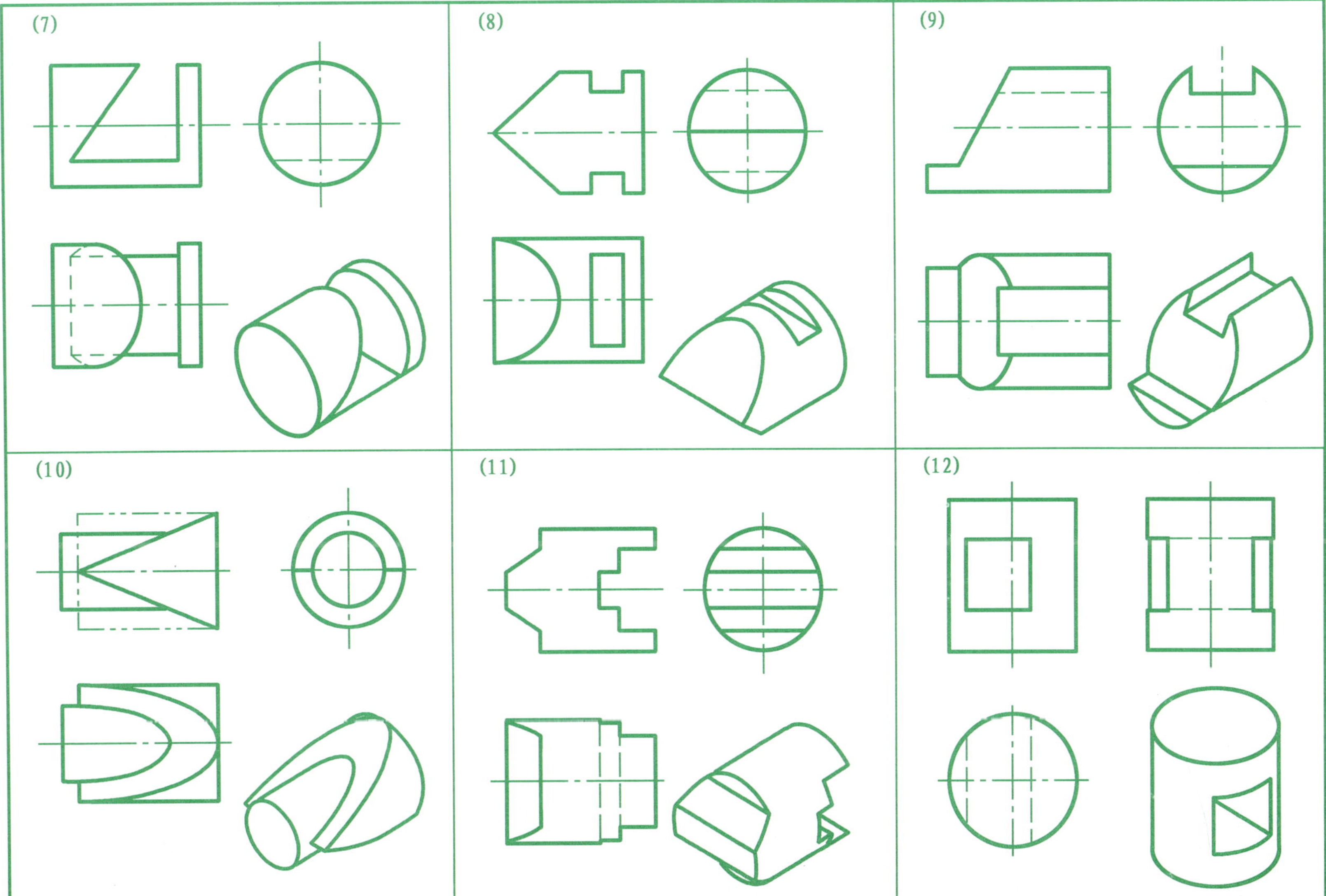
(7)
(8)
(9)
(10)
(11)
(12)

3. 已知圆锥切割体的某面投影，求作另两面投影

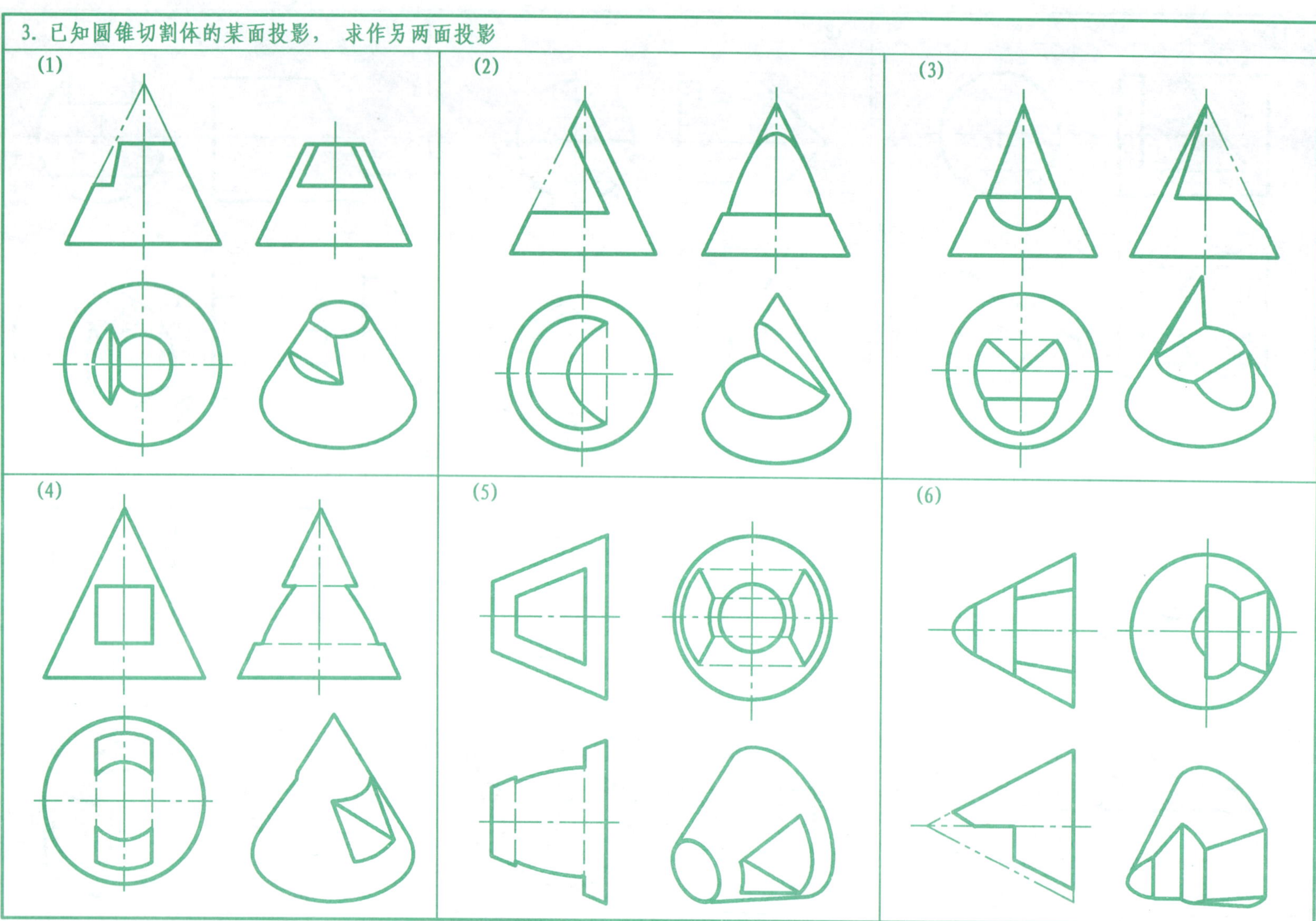

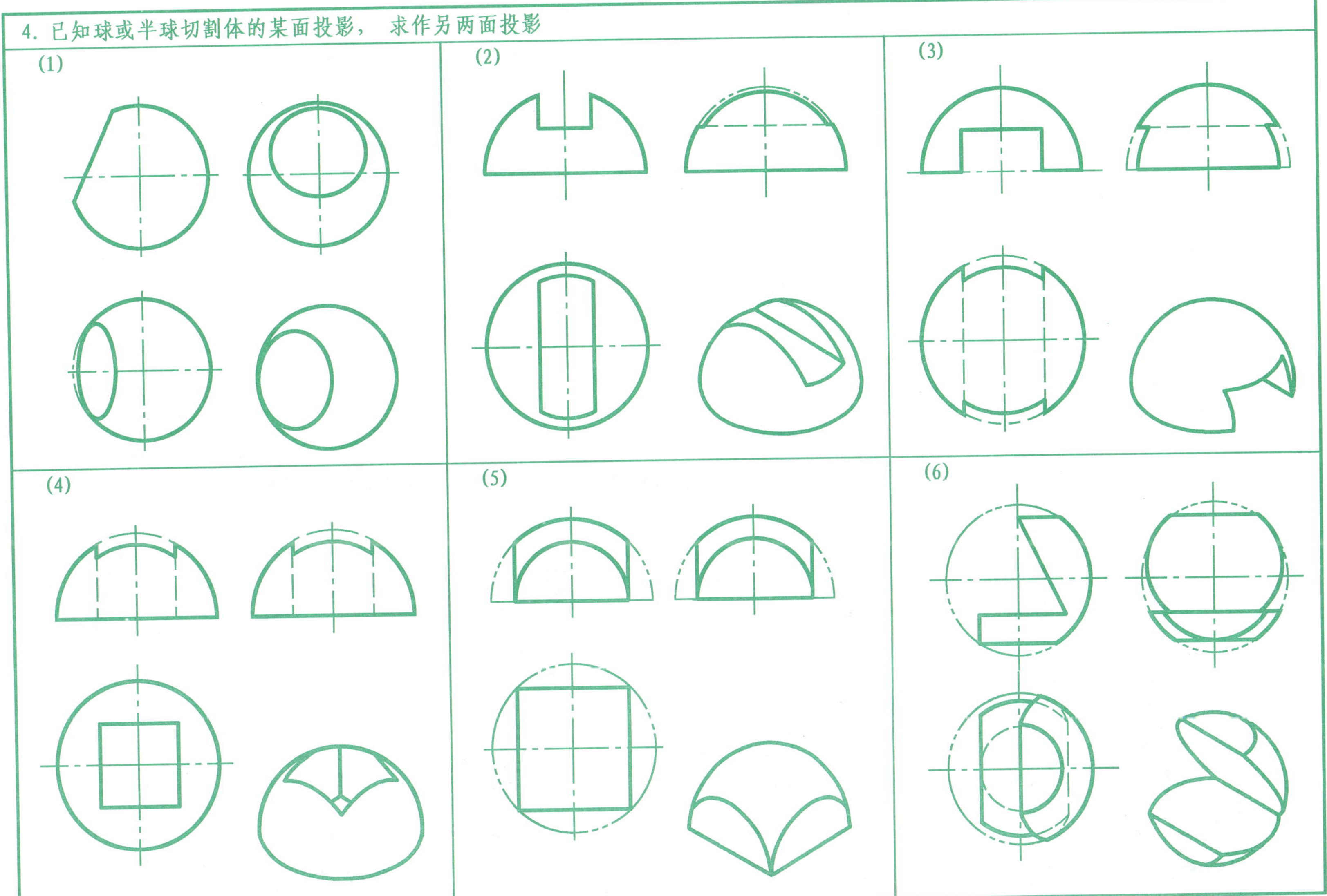
4. 已知球或半球切割体的某面投影， 求作另两面投影
(1)
(2)
(3)
(4)
(5)
(6)

5. 求两平面立体的相贯线

(1)补全三棱柱与三棱锥相交体 *V* 面投影中所缺的图线，并画出 *H* 面投影。

(2)补全四棱柱与三棱锥相交体 *W* 面投影中所缺的图线，并画出 *H* 面投影。

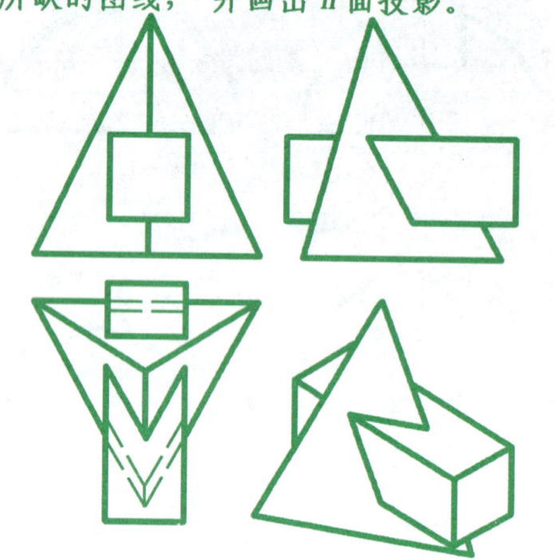

(3)完成三棱柱与四棱柱相交体的 *V* 面投影。

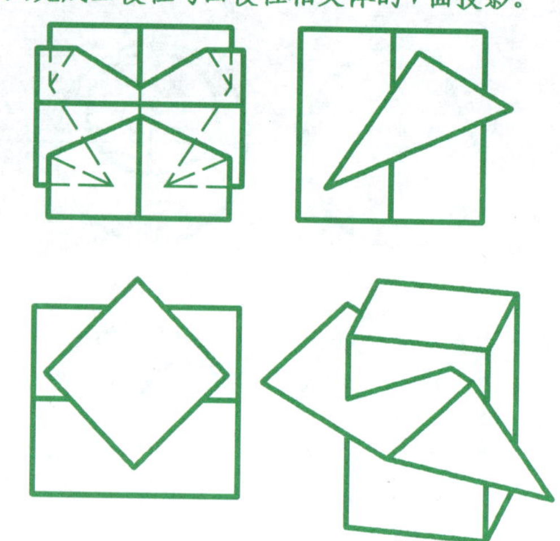

(4)补全四棱柱与八棱锥相交体 *V*、*W* 面投影中所缺的图线。

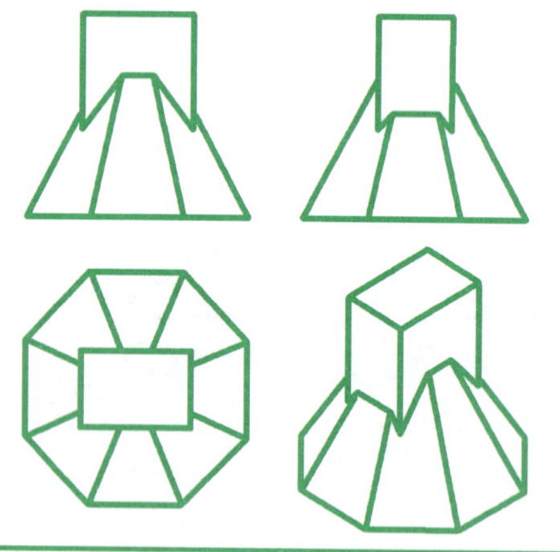

(5)补全四棱柱与四棱台相交体 *V*、*H* 面投影中所缺的图线。

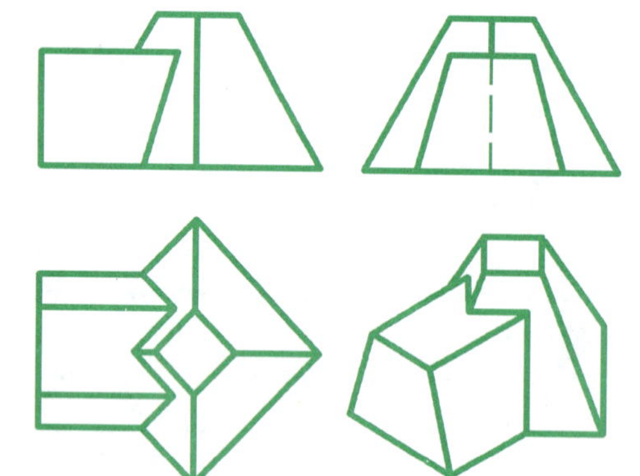

(6)补全相交两立体三面投影中所缺的图线。

6. 求平面立体与曲面立体的相贯线

(1)完成相交两立体的正面投影和侧面投影。

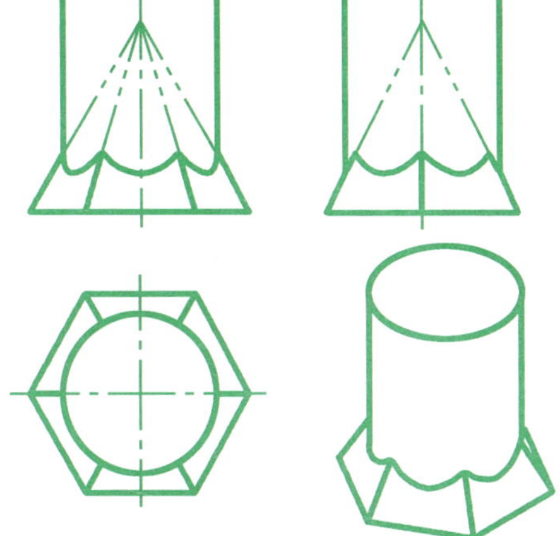

(2)完成相交两立体的水平投影。

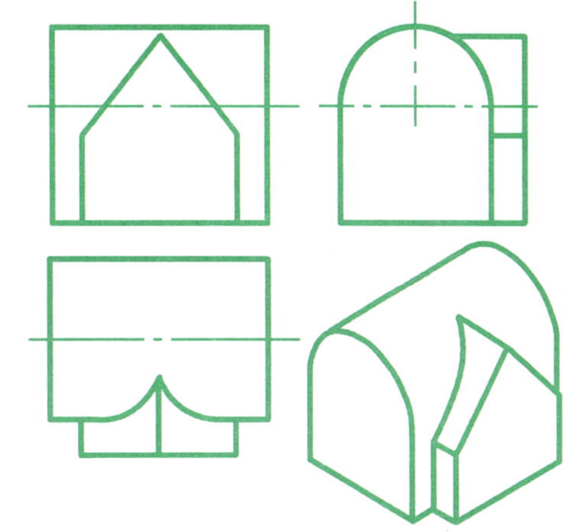

(3)完成相交两立体的正面投影和水平投影。

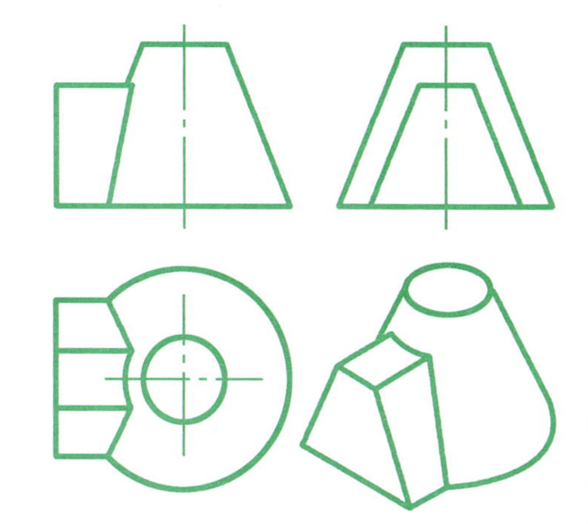

(4)完成相交两立体的正面投影和侧面投影。

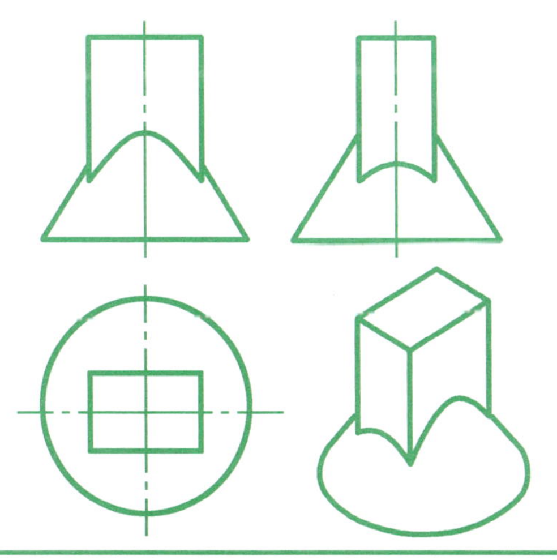

(5)完成相交两立体的水平投影、 画出侧面投影。

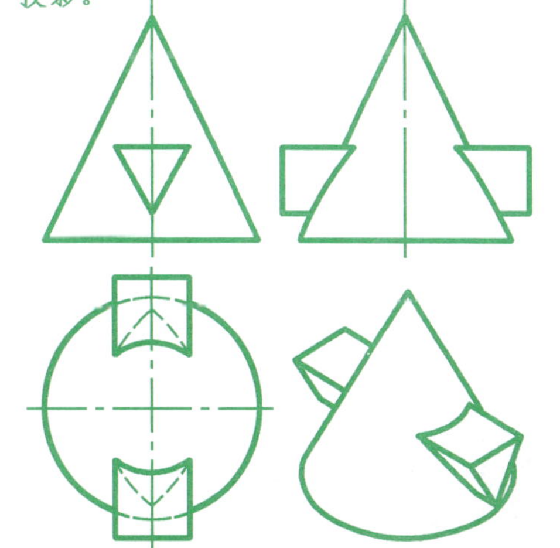

(6)完成相交两立体的正面投影， 画出侧面投影。

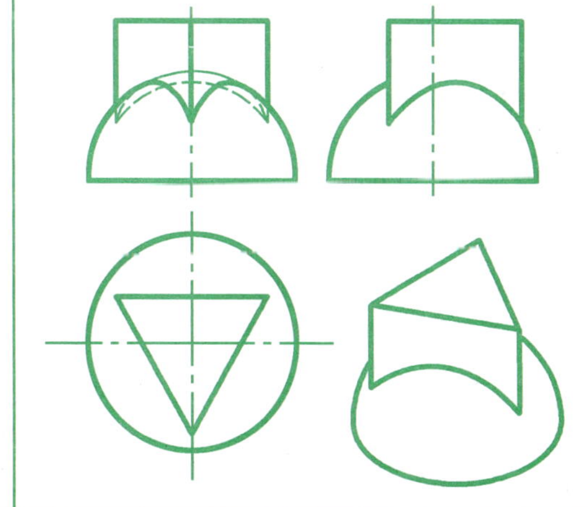

7. 求两曲面立体，平面立体与曲面立体的相贯线——二补三

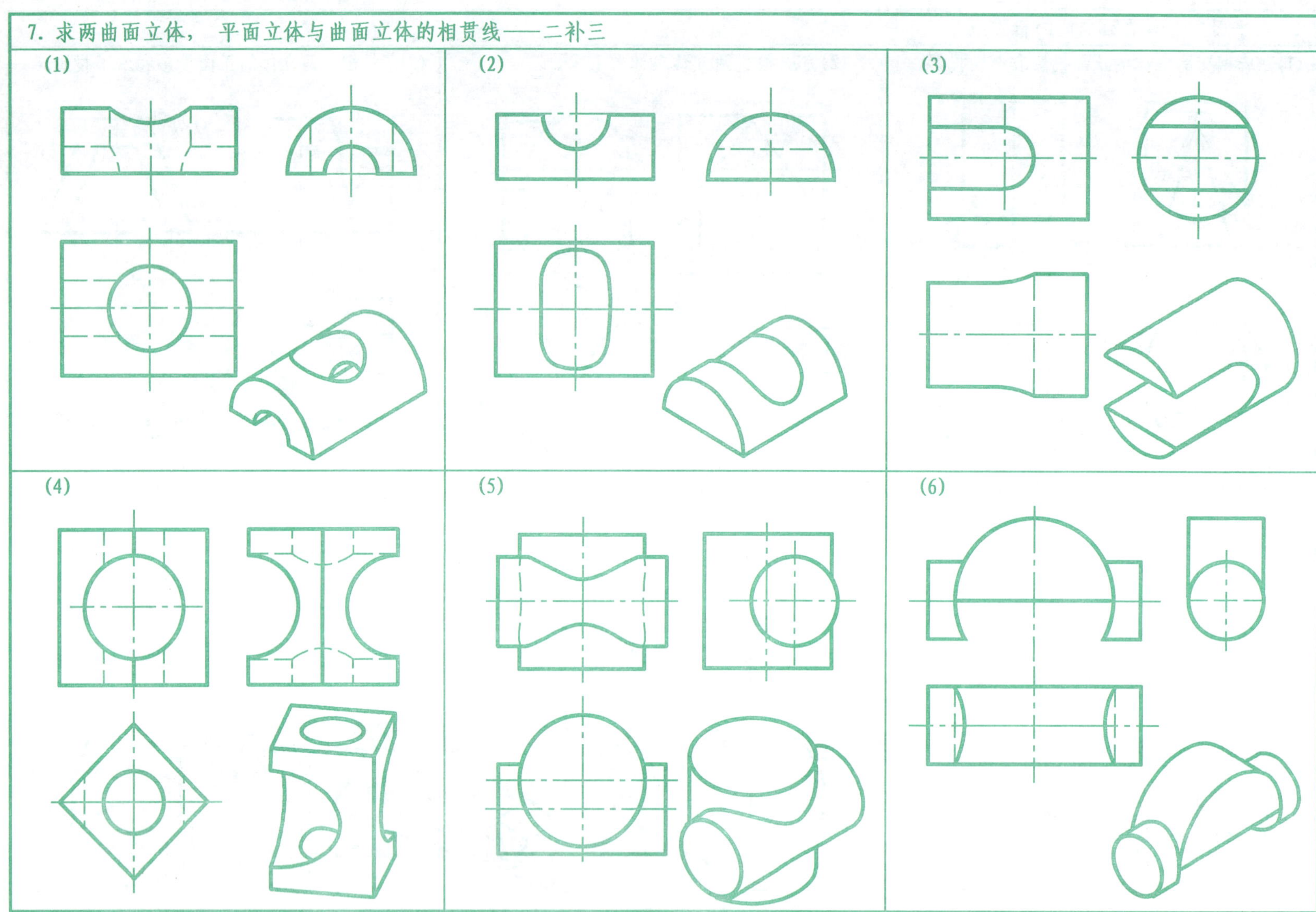

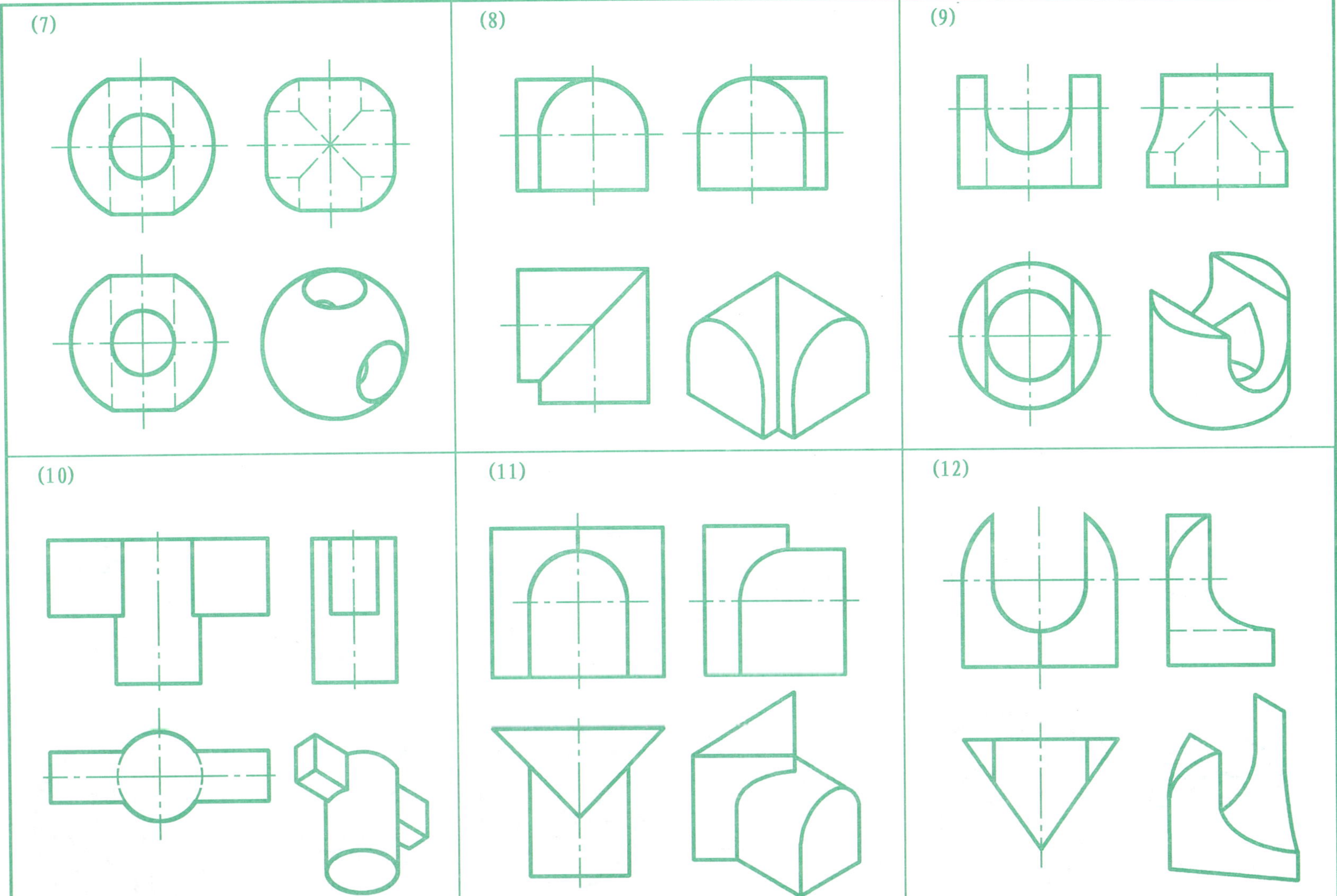

(7)
(8)
(9)
(10)
(11)
(12)

(13)
(14)
(15)
(16)
(17)
(18)

8. 求曲面立体的相贯线——补线、补投影

(1)完成带有圆柱形切口圆锥的 *H*、*W* 面投影。

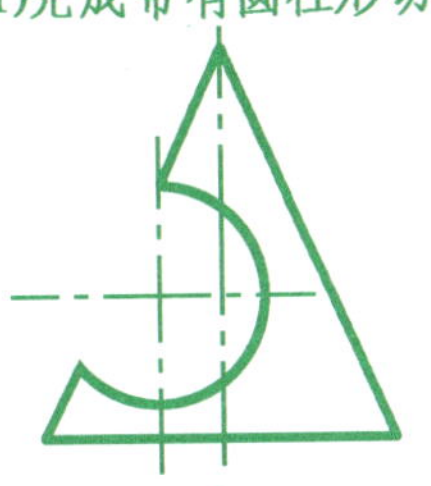

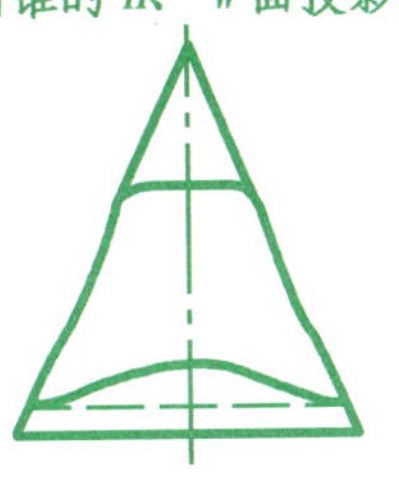

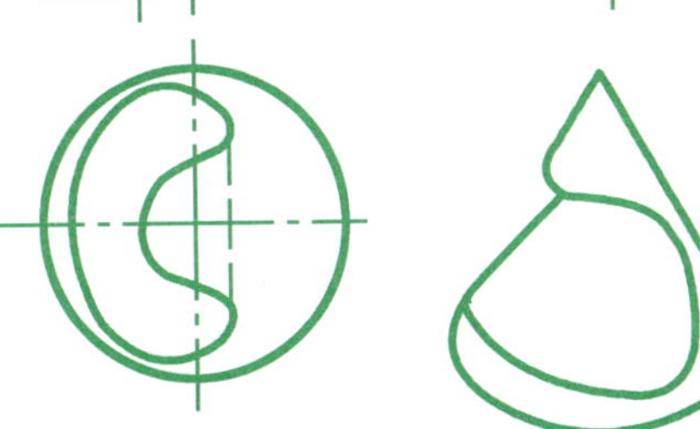

(2)完成球和圆锥相交体的三面投影。

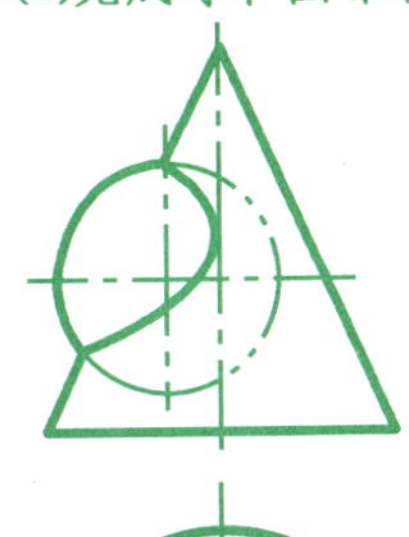

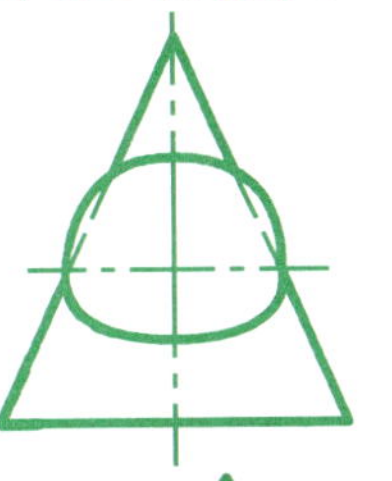

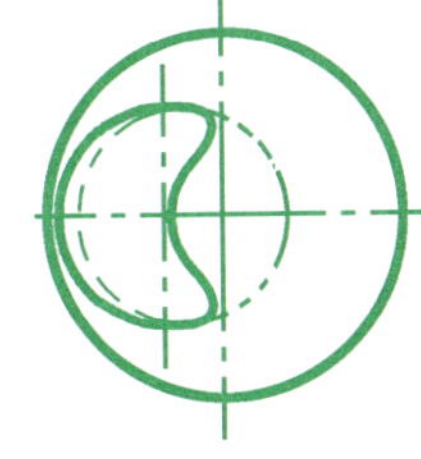

(3)完成半球和圆锥相交体的三面投影。

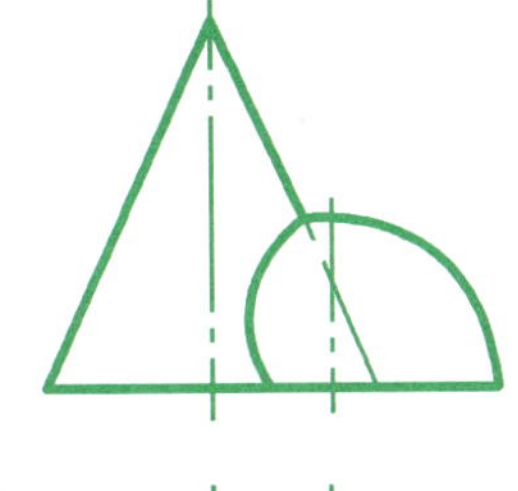

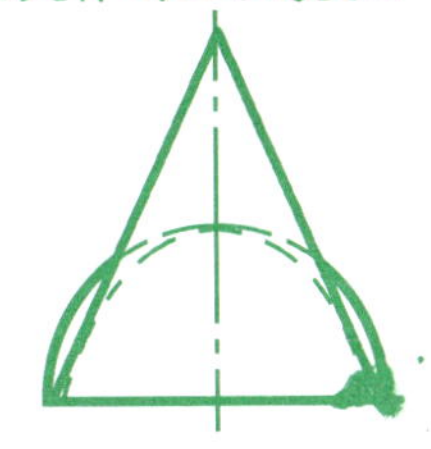

(4)完成带有圆柱孔圆锥的 *V*、*H* 面投影。

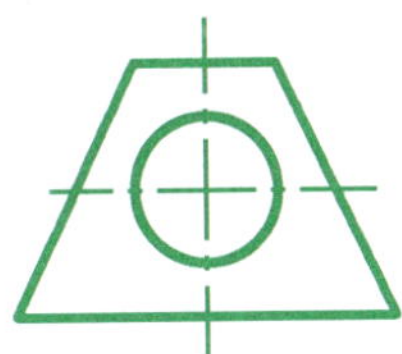

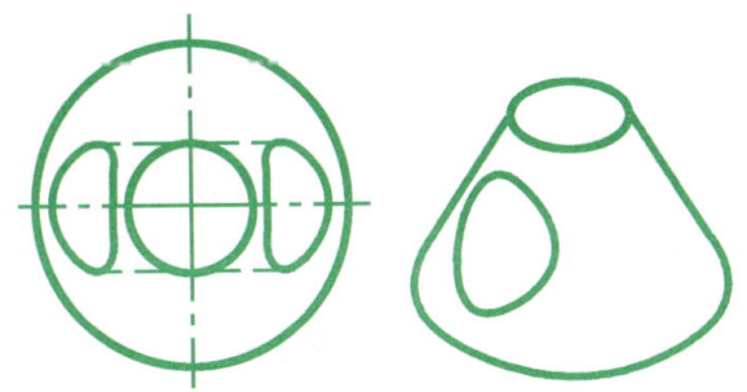

(5)完成圆柱和圆锥相交体的 *V*、*H* 面投影。

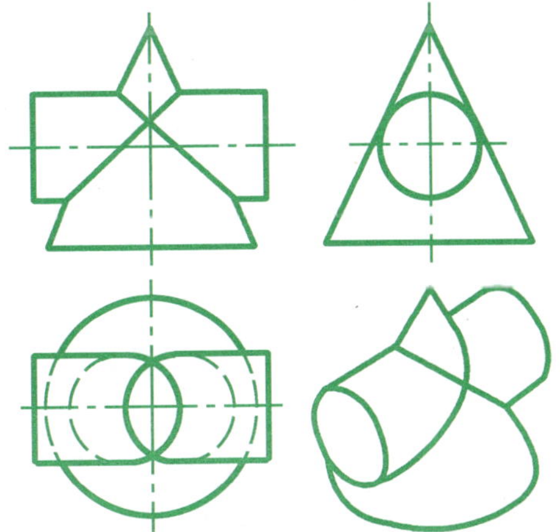

(6)完成半球和圆柱相交体的 *V*、*W* 面投影。

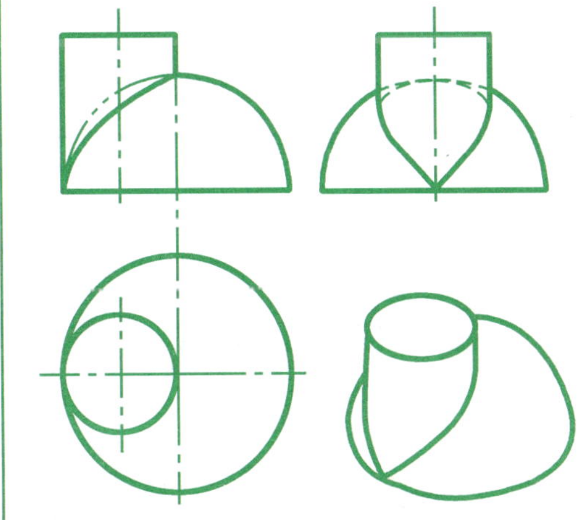

1. 根据立体的正投影，画出正等轴测投影

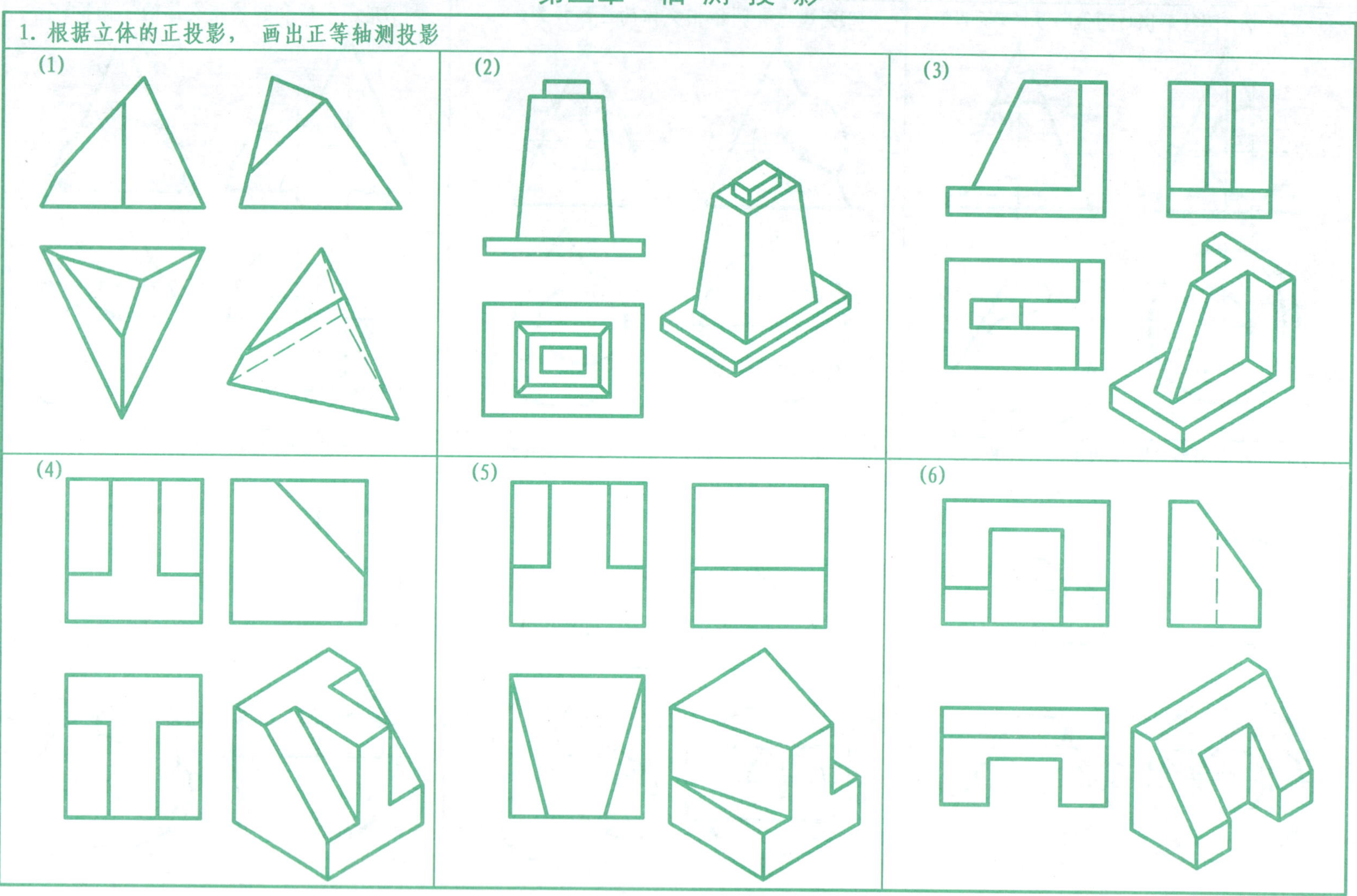

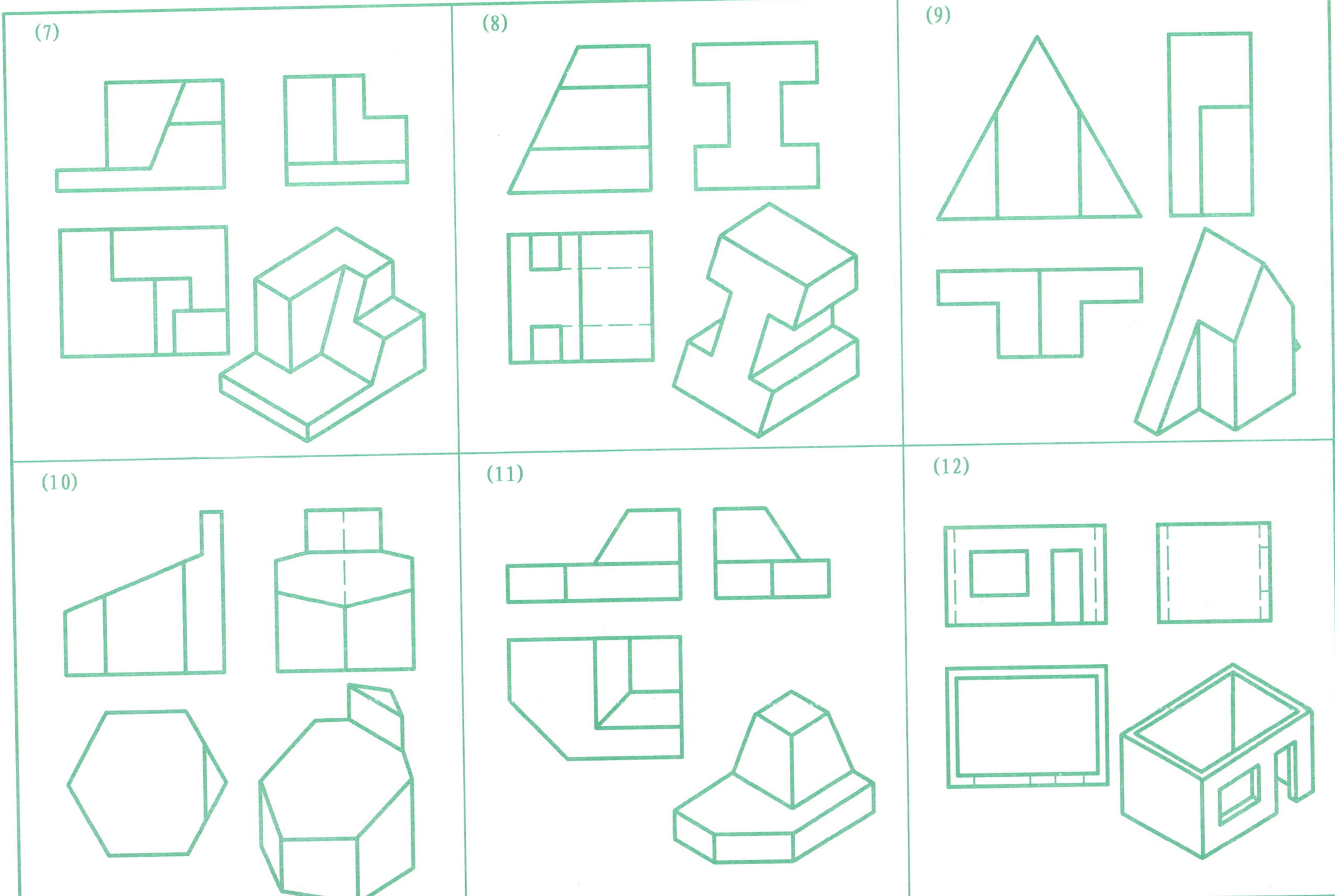
(7)
(8)
(9)
(10)
(11)
(12)

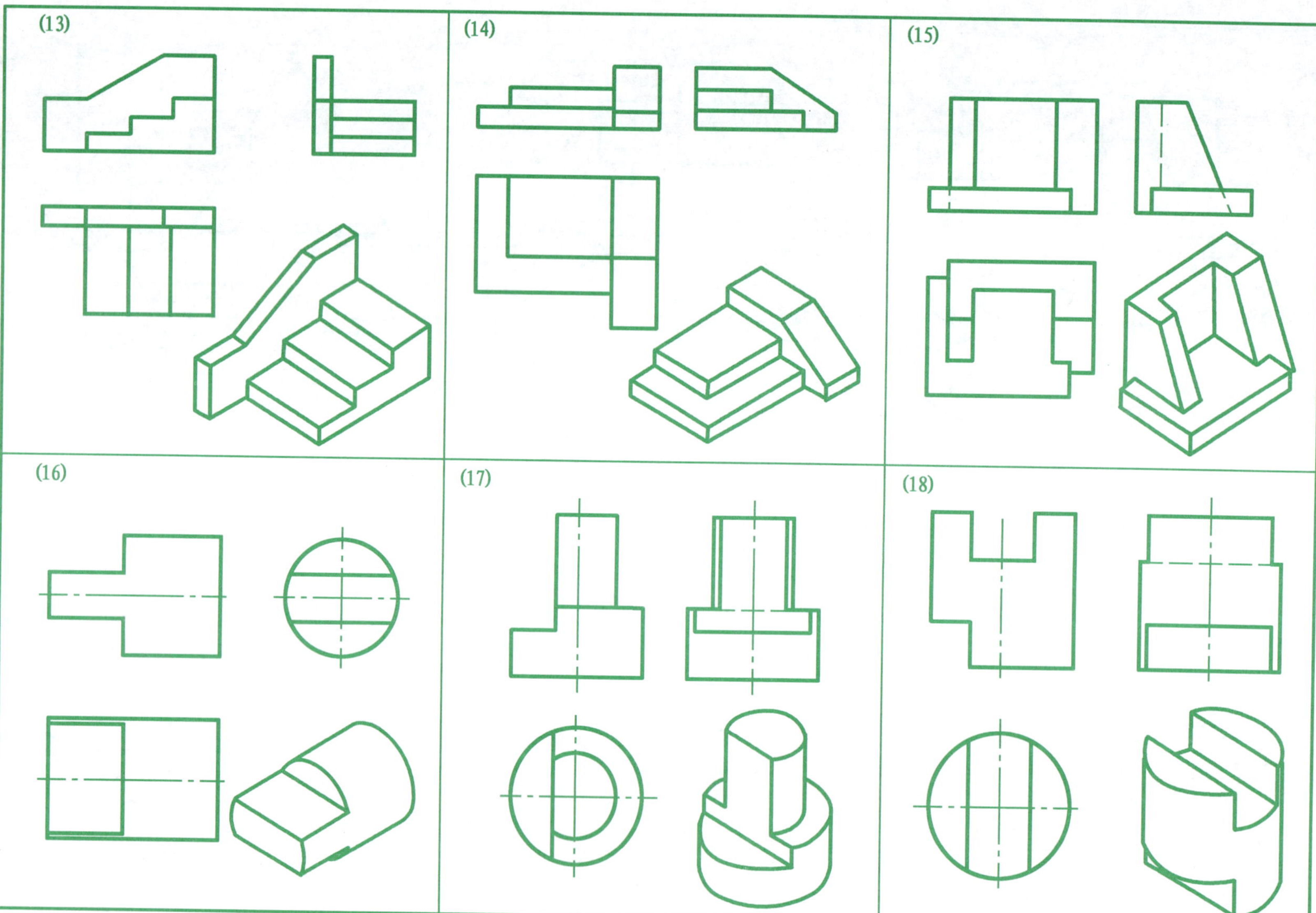
(13)
(14)
(15)
(16)
(17)
(18)

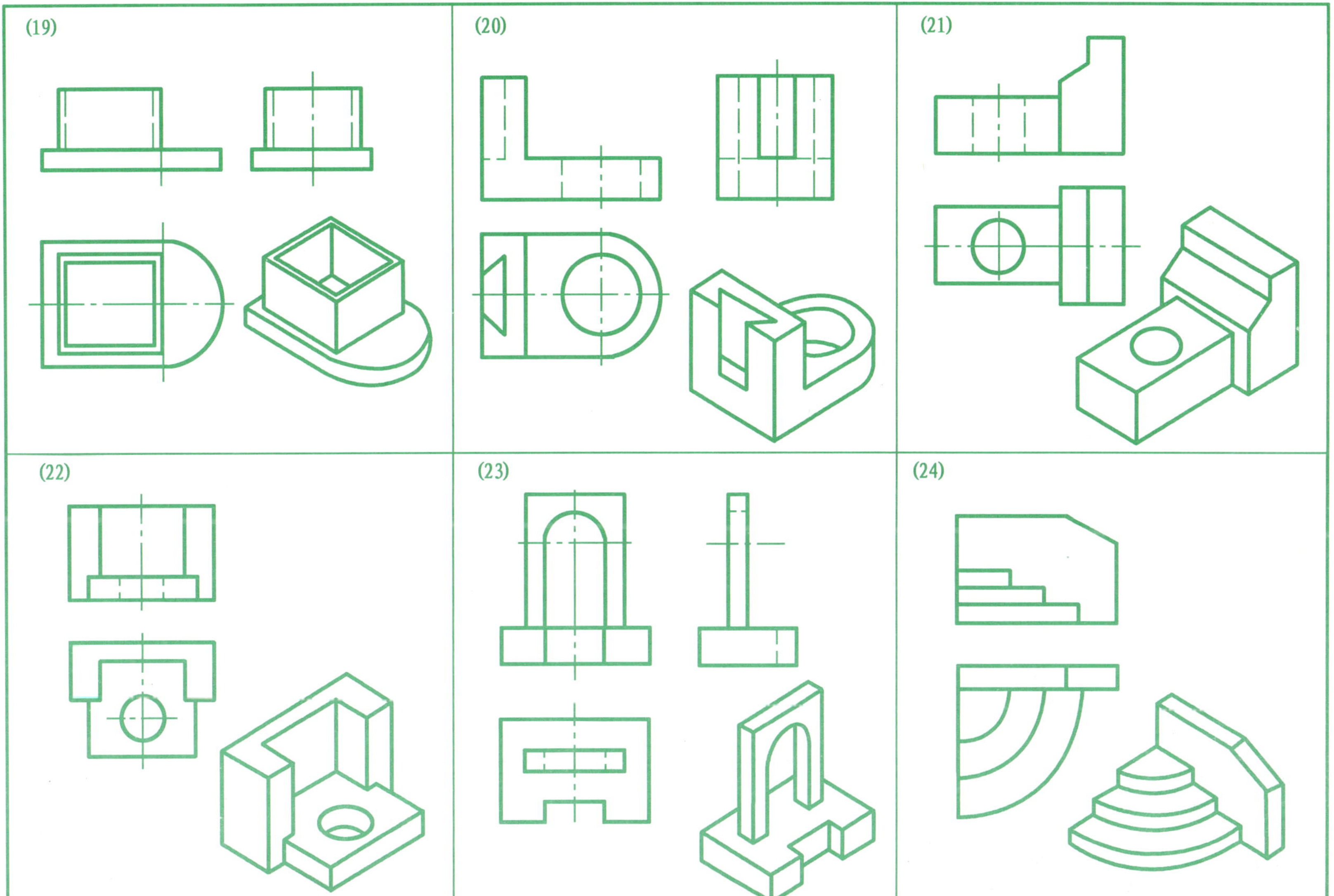
(19)
(20)
(21)
(22)
(23)
(24)

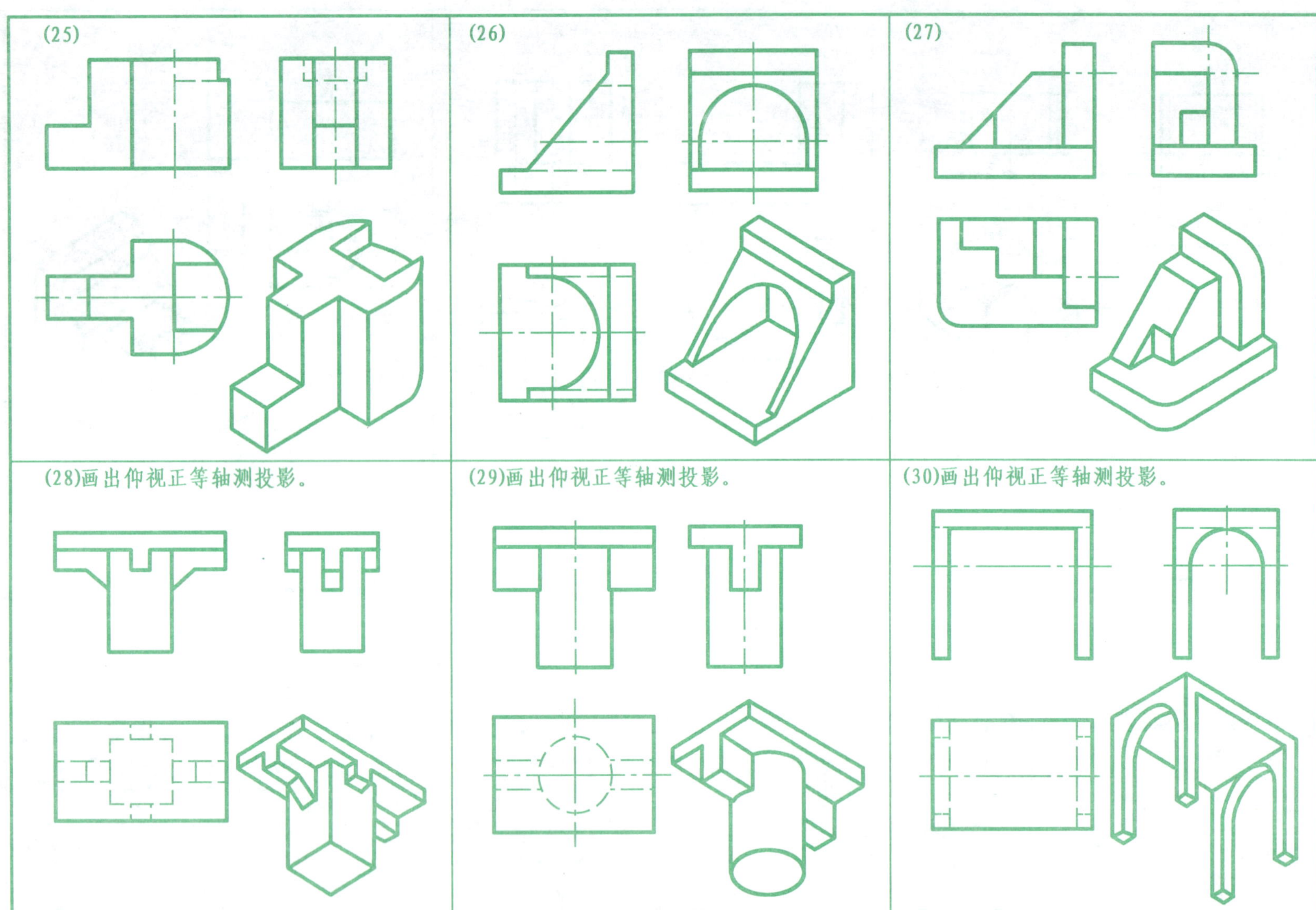
(25)
(26)
(27)
(28)画出仰视正等轴测投影。
(29)画出仰视正等轴测投影。
(30)画出仰视正等轴测投影。

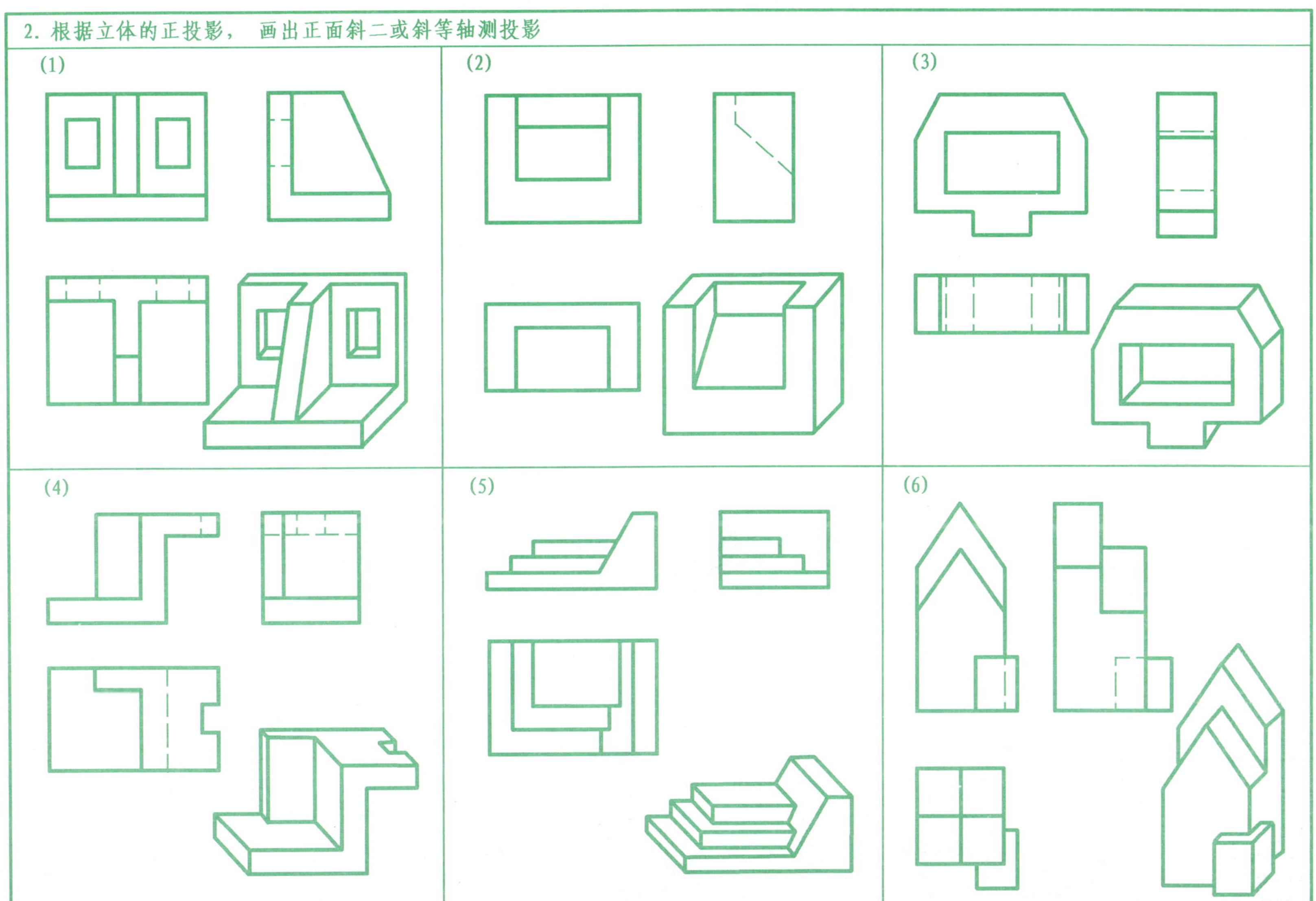
2. 根据立体的正投影， 画出正面斜二或斜等轴测投影
(1)
(2)
(3)
(4)
(5)
(6)

(7)
(8)
(9)
(10)
(11)
(12)

(13)
(14)
(15)
(16)
(17)
(18)

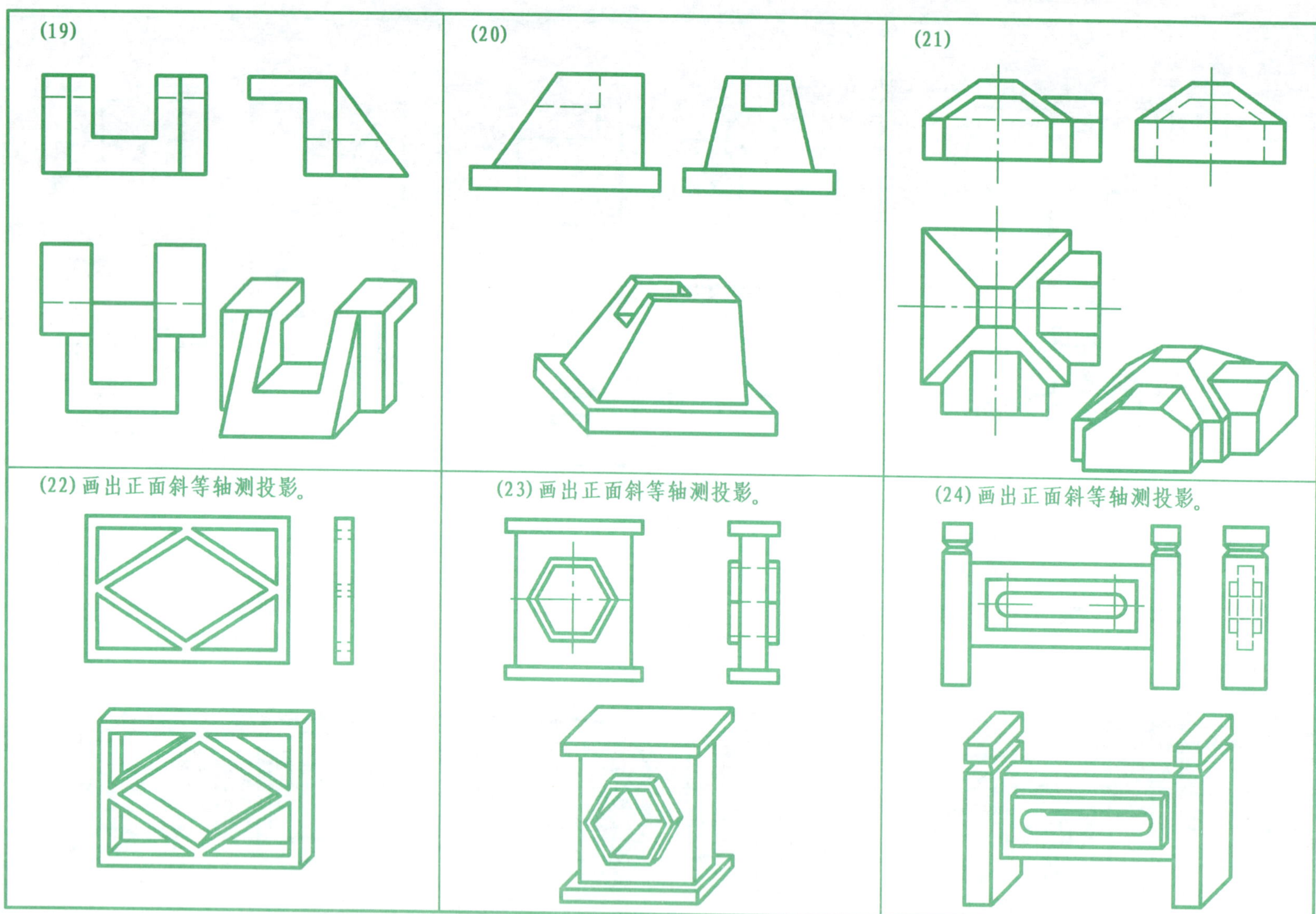
(19)
(20)
(21)
(22) 画出正面斜等轴测投影。
(23) 画出正面斜等轴测投影。
(24) 画出正面斜等轴测投影。

3. 根据立体的正投影，画出水平斜等轴测投影
(1)
(2)
(3)
(4)
(5)
(6)
1
1
1-1

第四章　组合体视图

一、画组合体视图及尺寸标注

1. 根据立体的轴测图和所给的视图，画出另外两视图

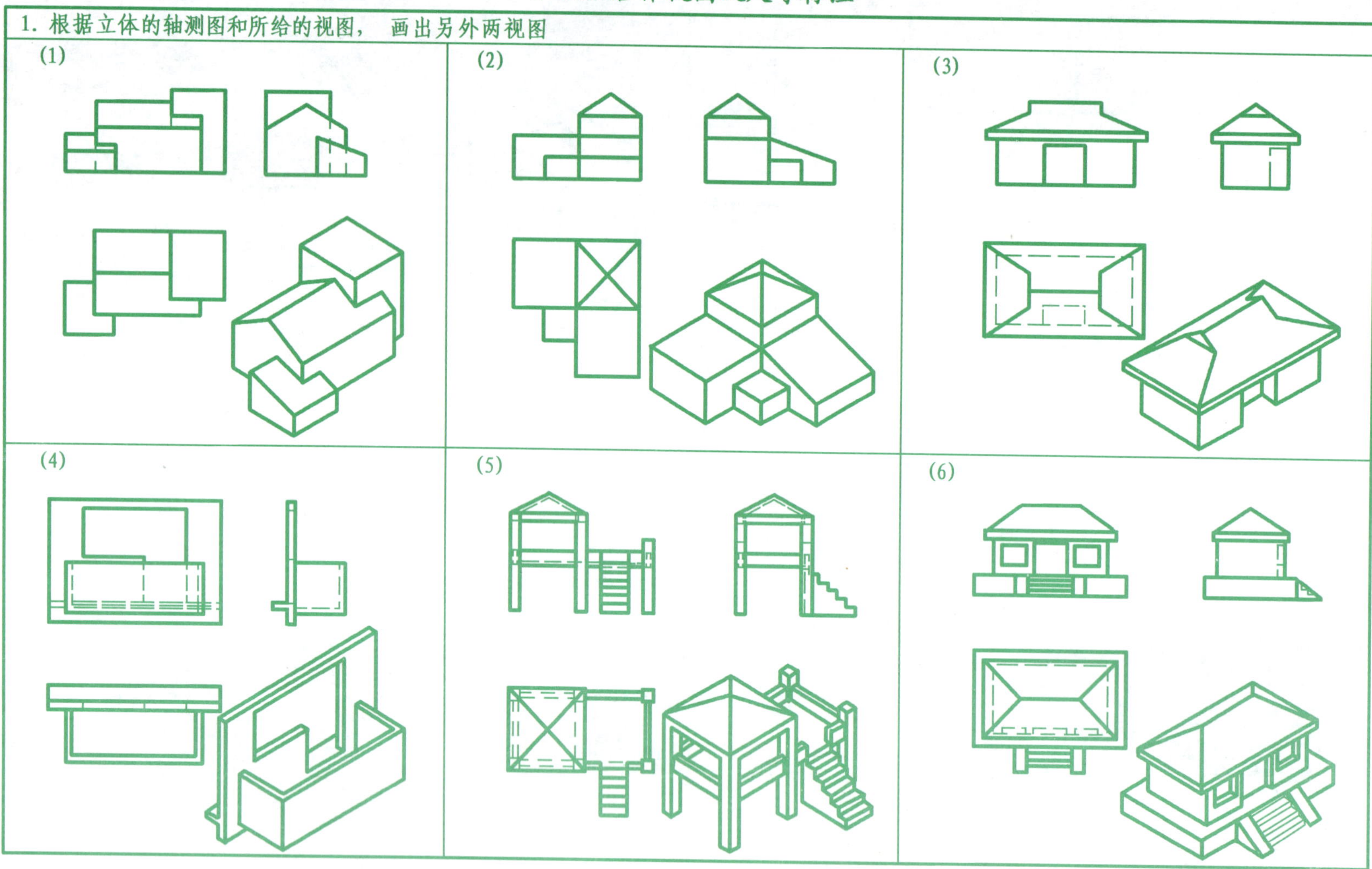

2. 根据组合体的轴测图， 画出组合体的三视图

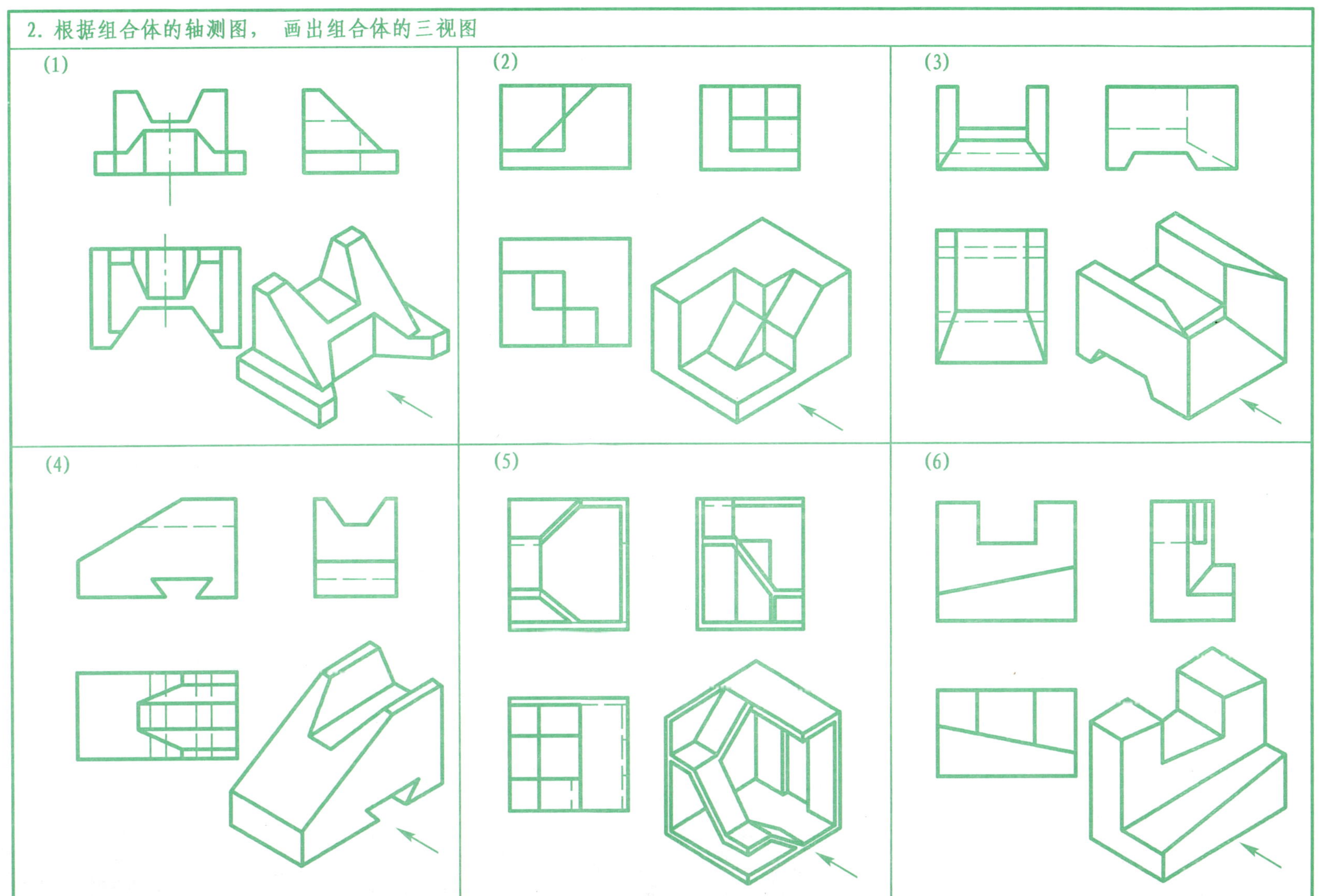

3. 根据组合体的轴测图和所给的视图画三视图，并标注尺寸（尺寸在轴测图上按轴线方向 1：1 量取，取整数）

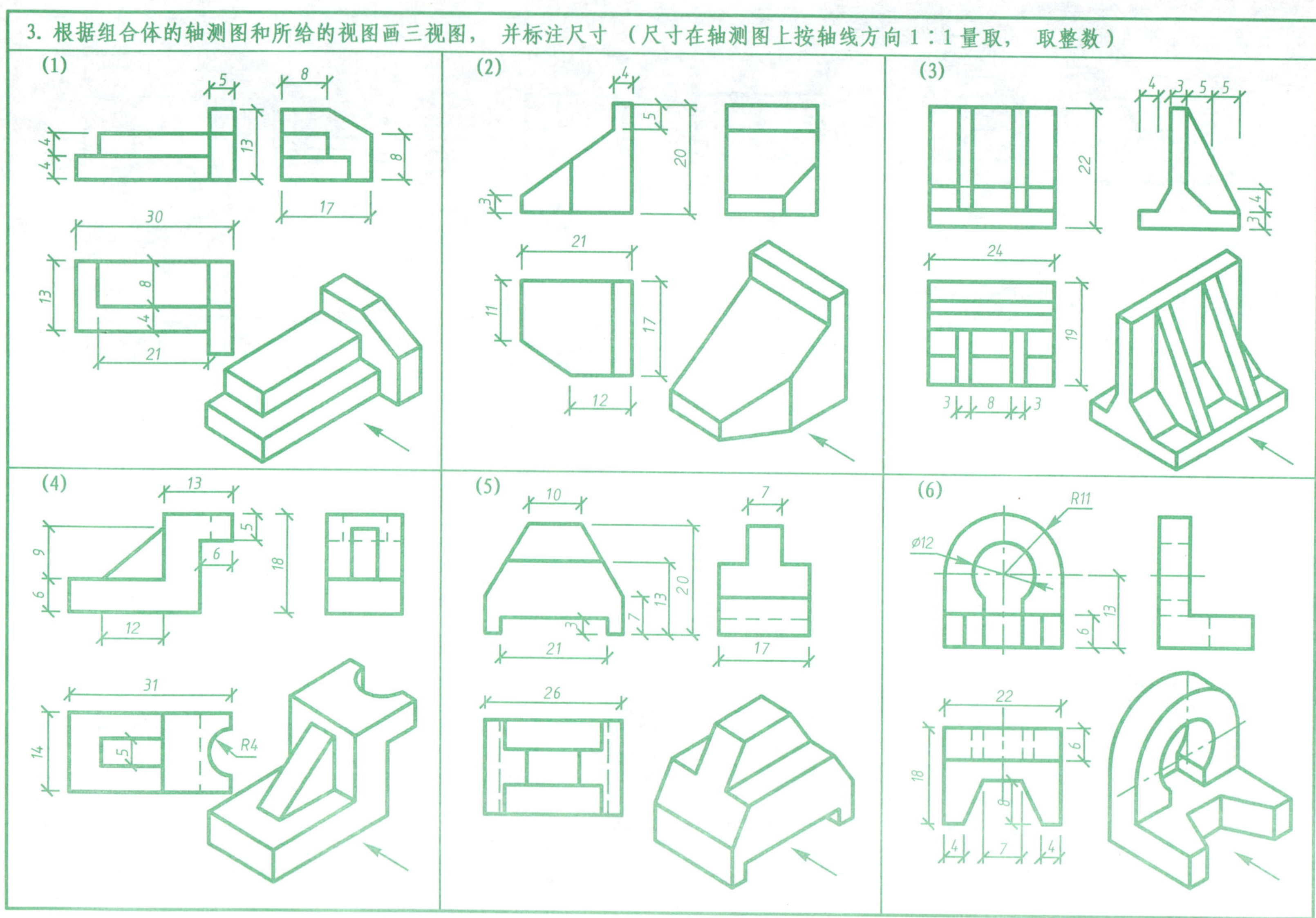

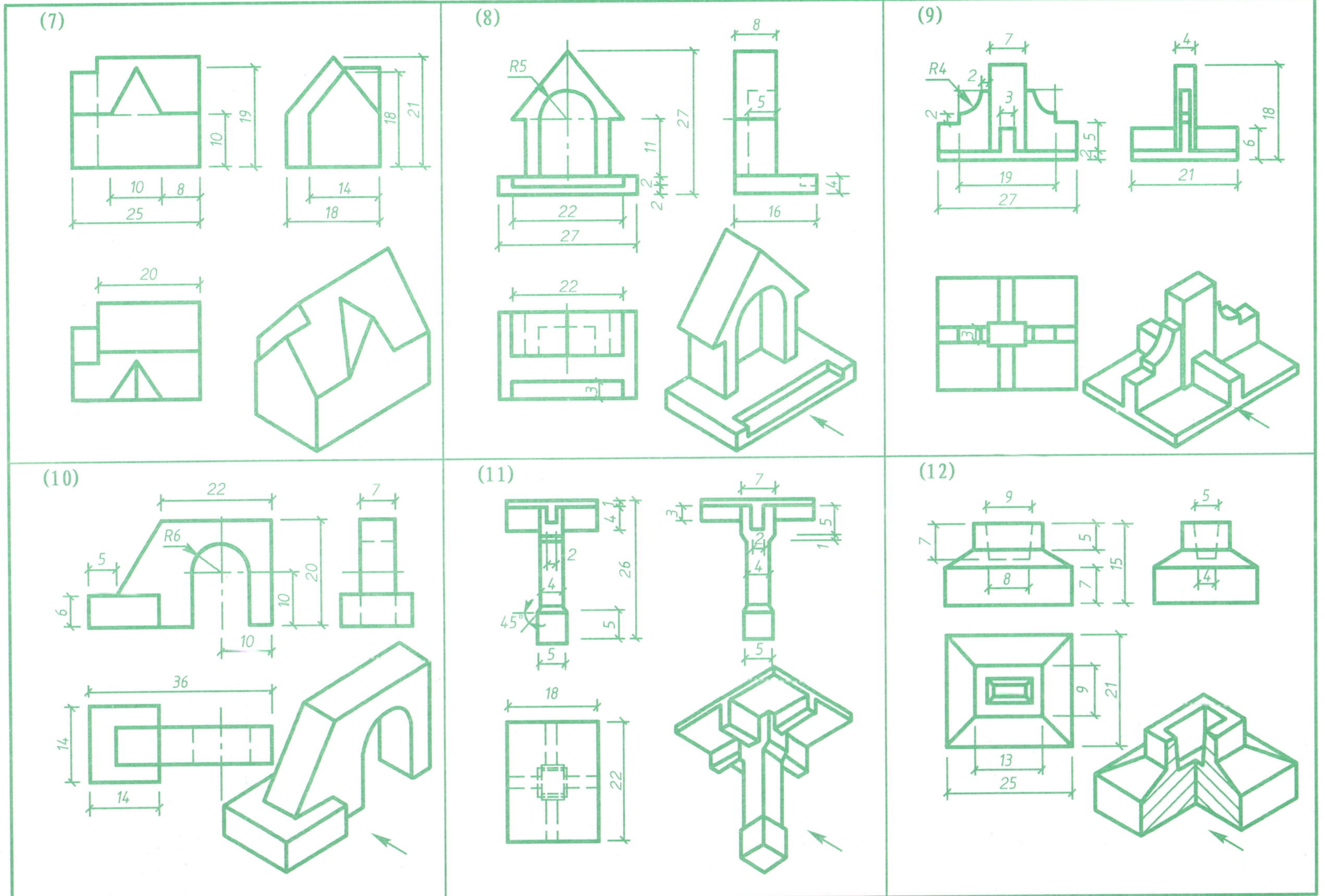
(7)
10
8
25
19
10
14
18
18
21
20
(8)
R5
27
11
2
2
22
27
8
5
4
16
22
3
(9)
R4
7
2
2
3
19
27
2
5
4
18
6
21
3
(10)
22
R6
5
6
20
10
10
7
36
14
14
(11)
4
2
4
26
45°
5
5
7
3
5
2
4
1
5
18
22
(12)
9
7
5
8
7
15
5
4
9
21
13
25

(13)
φ11
6
22
6
7
6
φ23
11
(14)
7
R12
R7
2
4
8
15
20
14
28
R5
18
9
5
(15)
13
R13
12
17
24
21
8
8
(16)
3
25
19
10
13
4
7
12
10
10
10
6
2
2
2
2
18
3
2
55
30
7
3
(17)
R3
R5
23
10
3
8
20
4
21
29
13
16
通孔

二、组合体的读图

1. 完成同坡屋顶的投影
(1)补全同坡屋顶房屋正面投影和水平投影中所缺的图线，并画出侧面投影。
30°
(2)补全同坡屋顶房屋水平投影中所缺的图线，并画出侧面投影。
(3)补全同坡屋顶房屋正面投影和水平投影中所缺的图线，并画出侧面投影。
(4)已知同坡屋顶屋檐的水平投影及各屋面坡度为1:1.5，完成同坡屋顶的三面投影。
(5)已知同坡屋顶屋檐的水平投影及各屋面坡度为1:1.5，完成同坡屋顶的三面投影。
(6)已知同坡屋顶屋檐的水平投影及各屋面坡度为1:1.5，完成同坡屋顶的三面投影。

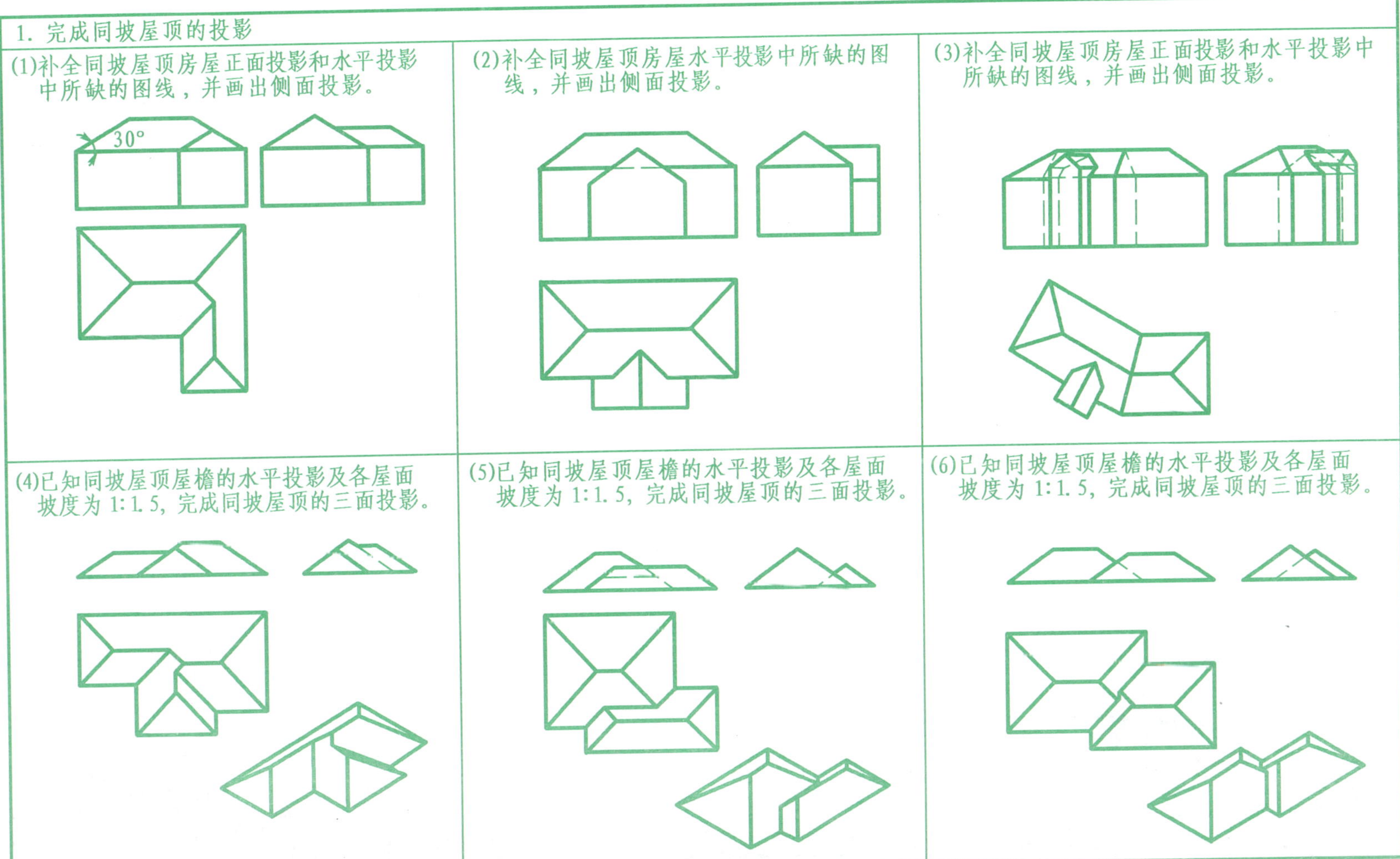

2. 根据组合体的两面视图，补画组合体的第三面视图

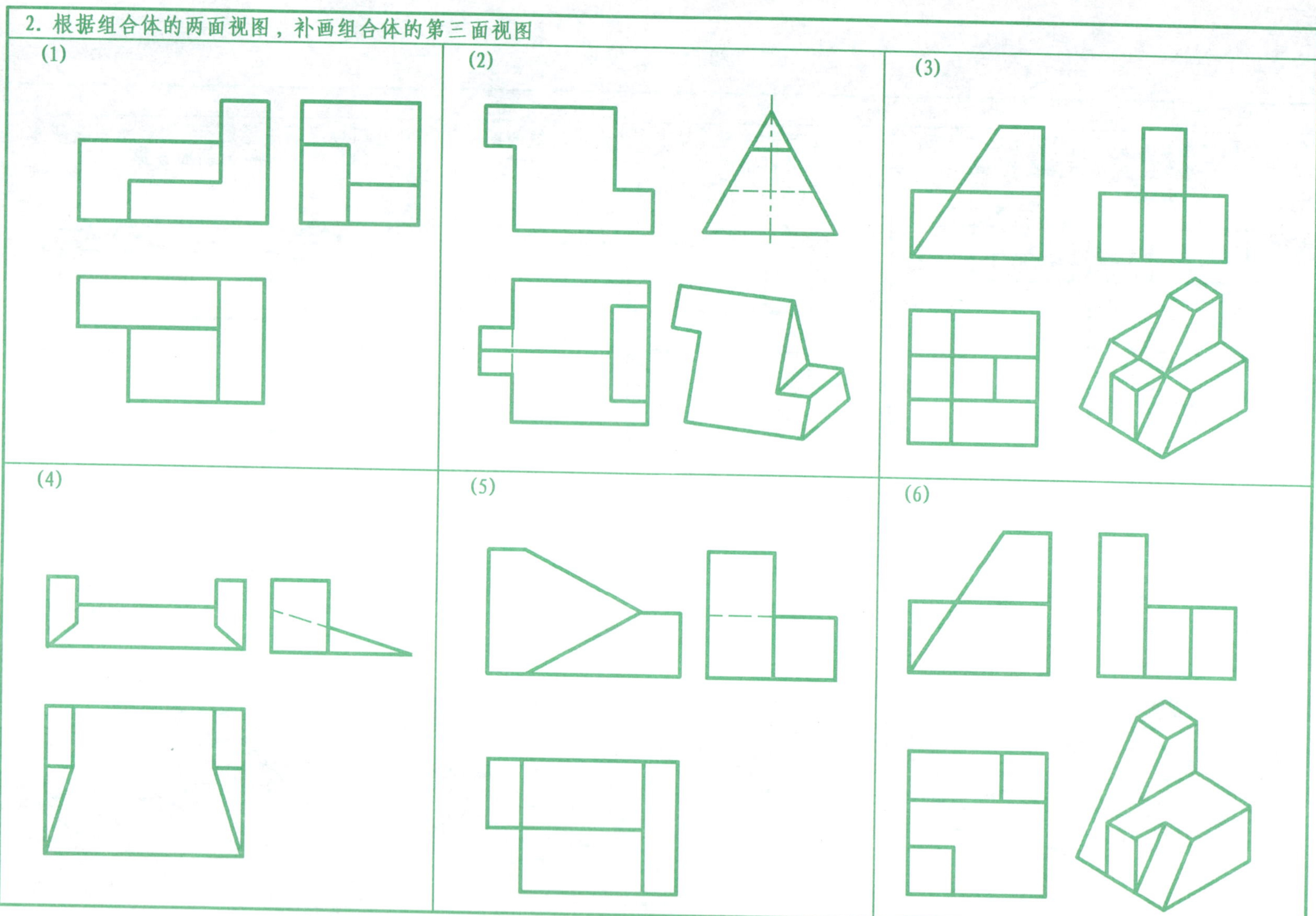

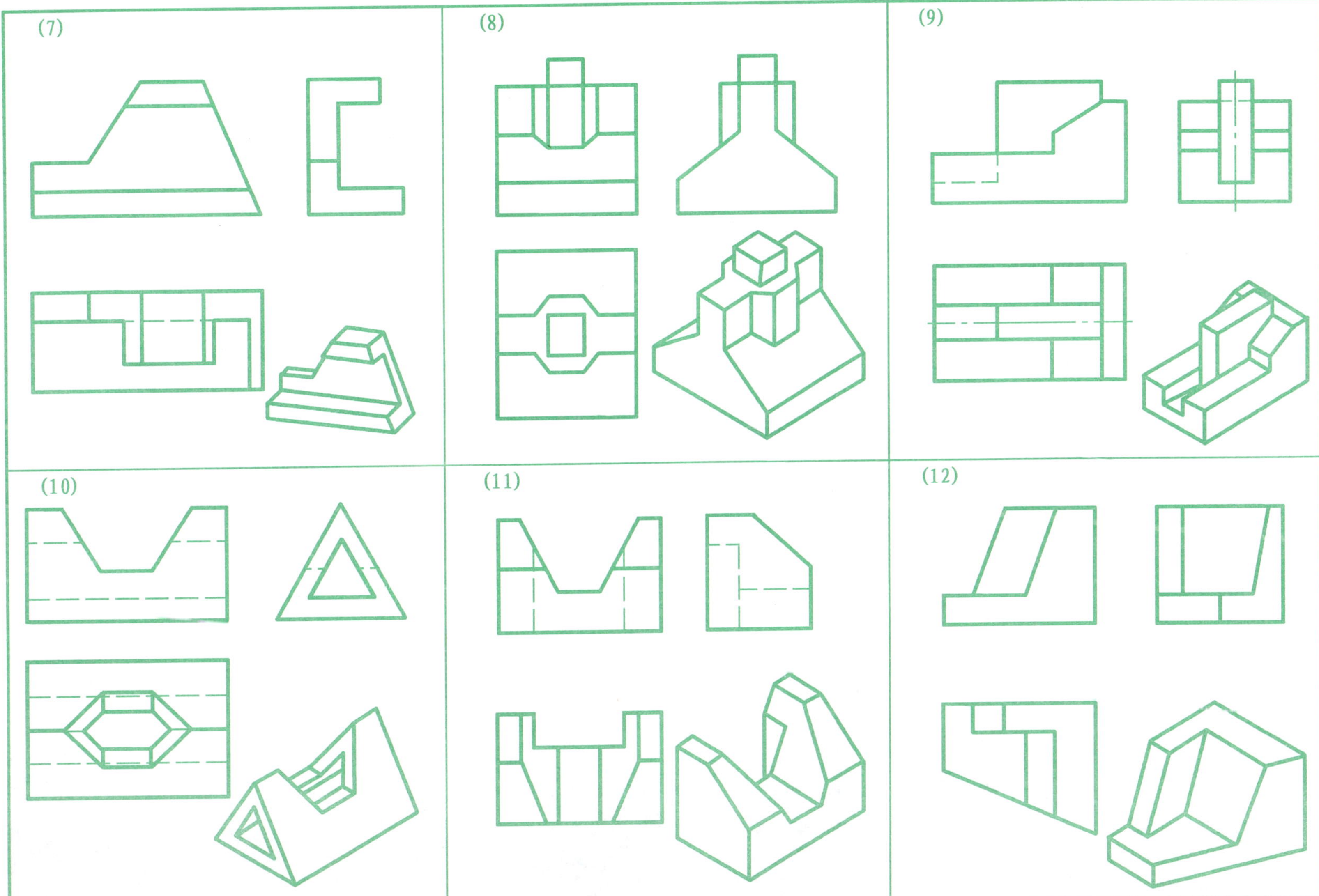
(7)
(8)
(9)
(10)
(11)
(12)

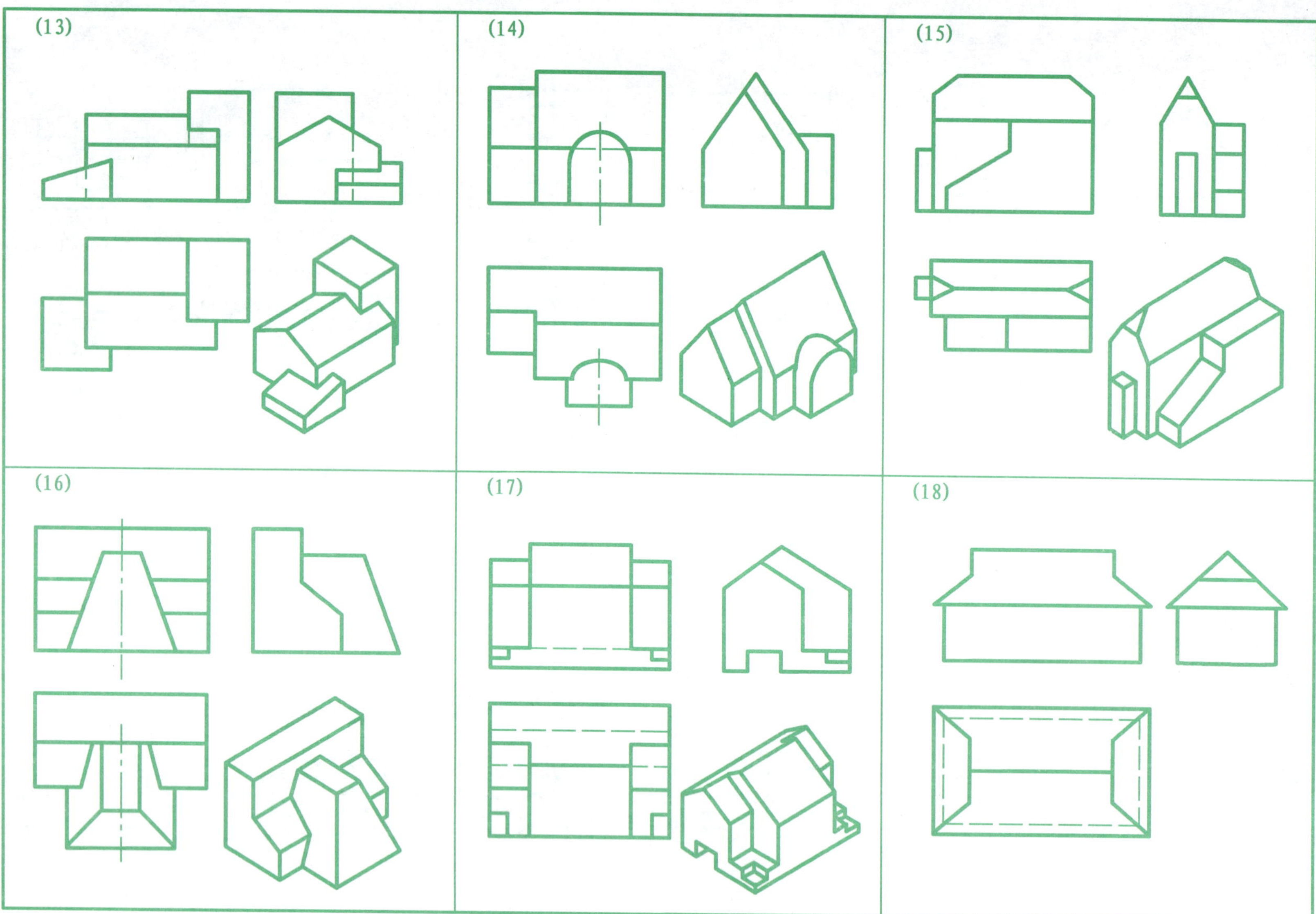
(13)
(14)
(15)
(16)
(17)
(18)

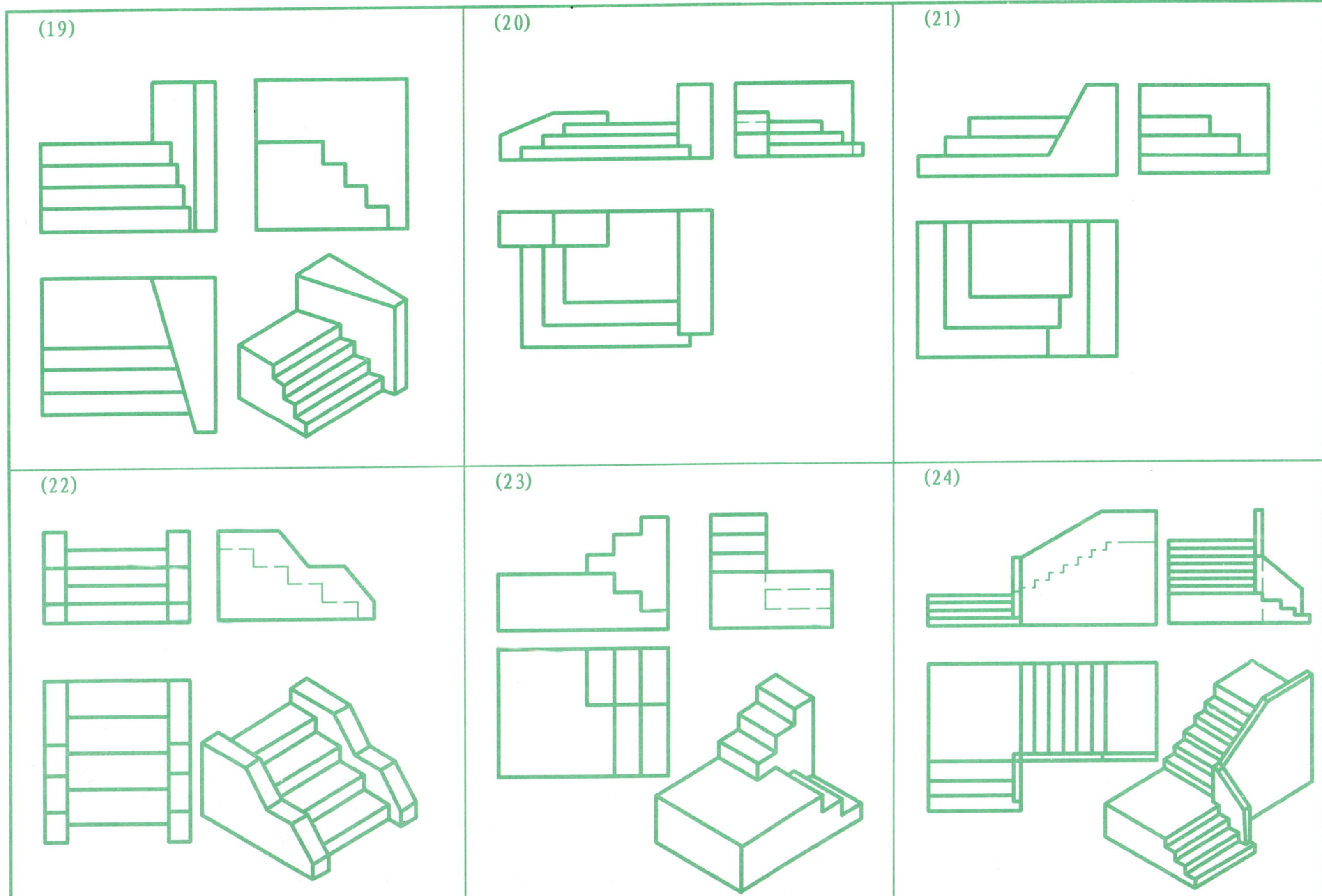
(19)
(20)
(21)
(22)
(23)
(24)

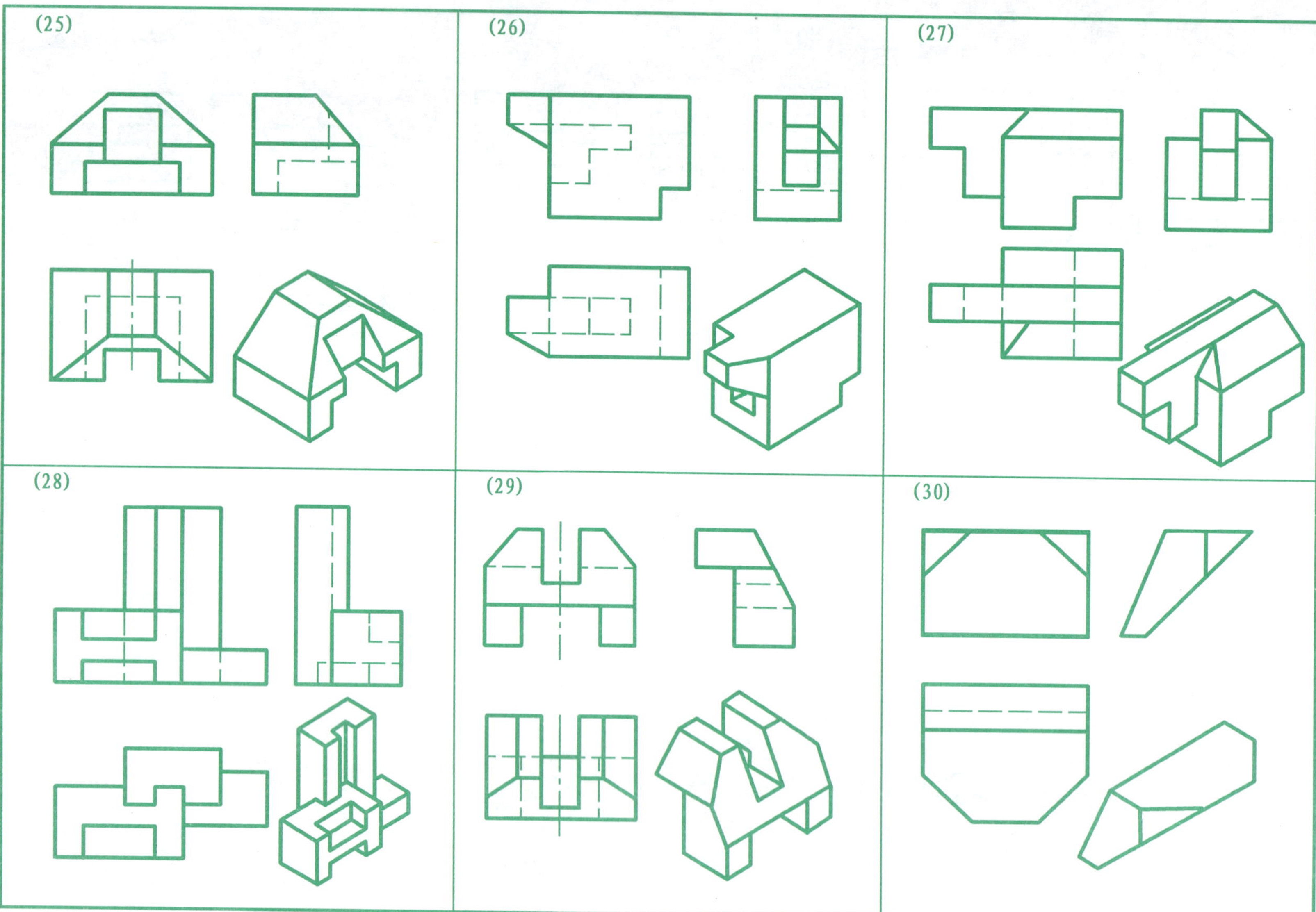
(25)
(26)
(27)
(28)
(29)
(30)

(31)
(32)
(33)
(34)
(35)
(36)

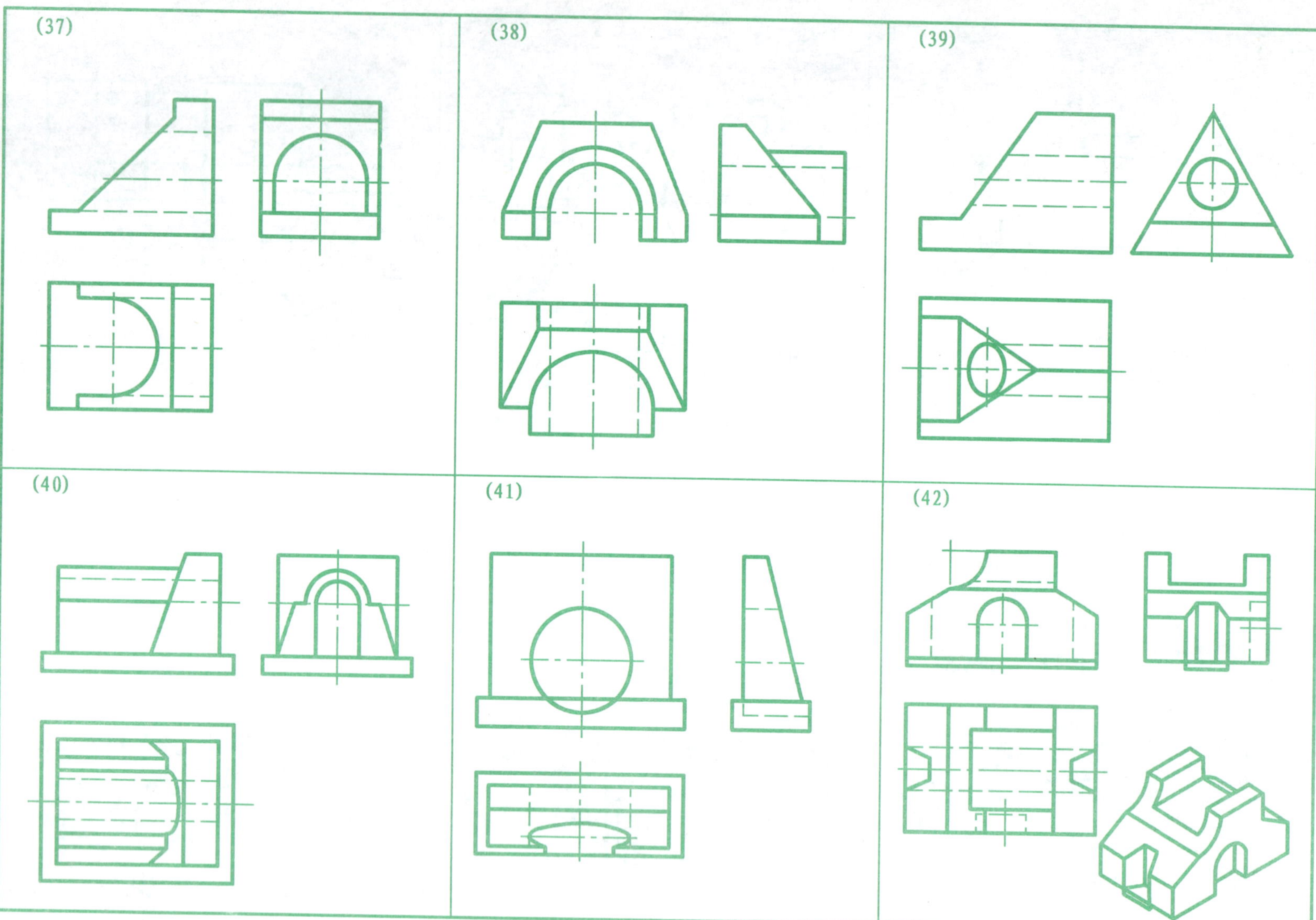
(37)
(38)
(39)
(40)
(41)
(42)

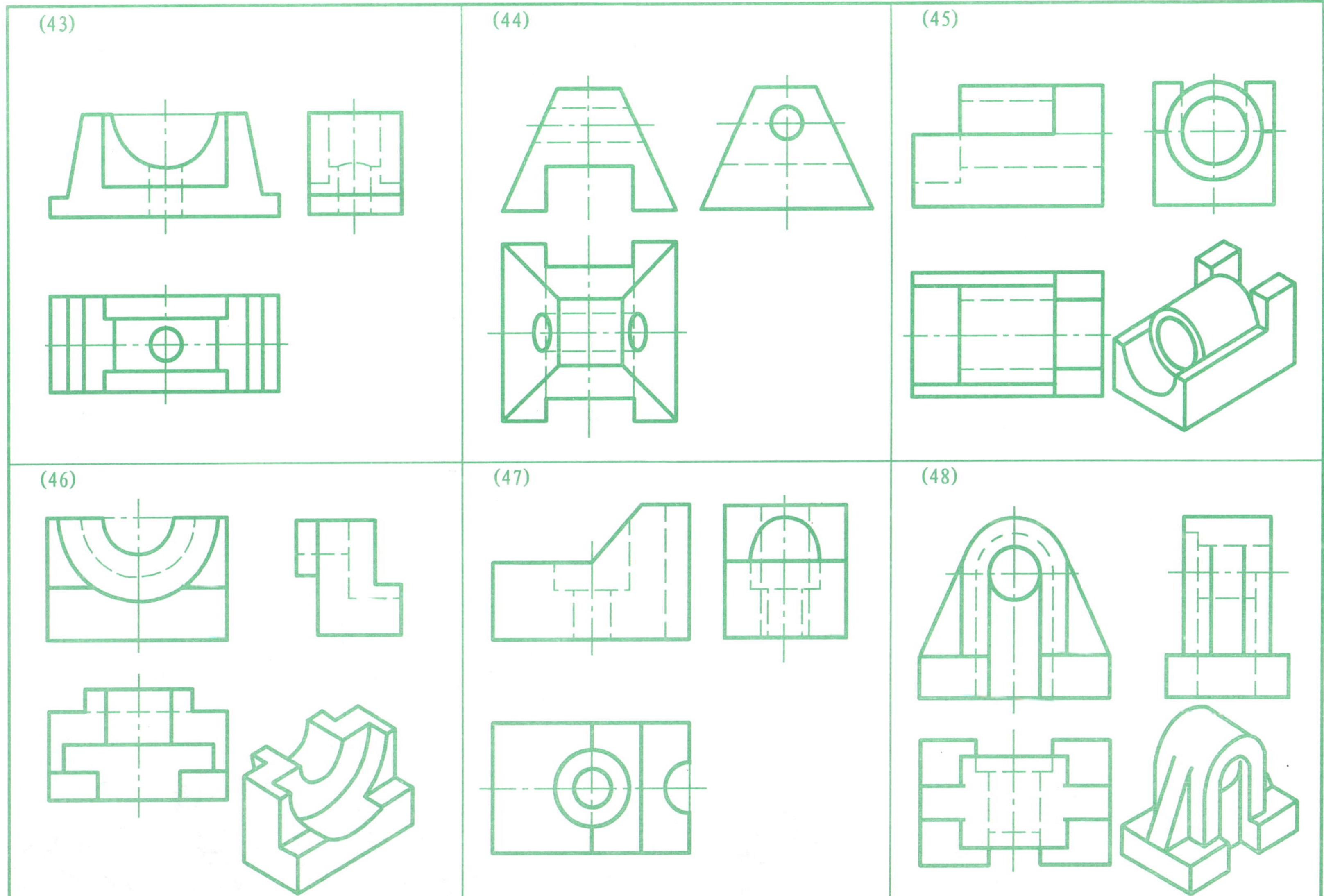
(43)
(44)
(45)
(46)
(47)
(48)

(49)
(50)
(51)
(52)
(53)
(54)

第五章 剖面图与断面图

1. 作出组合体的1-1、2-2剖面图

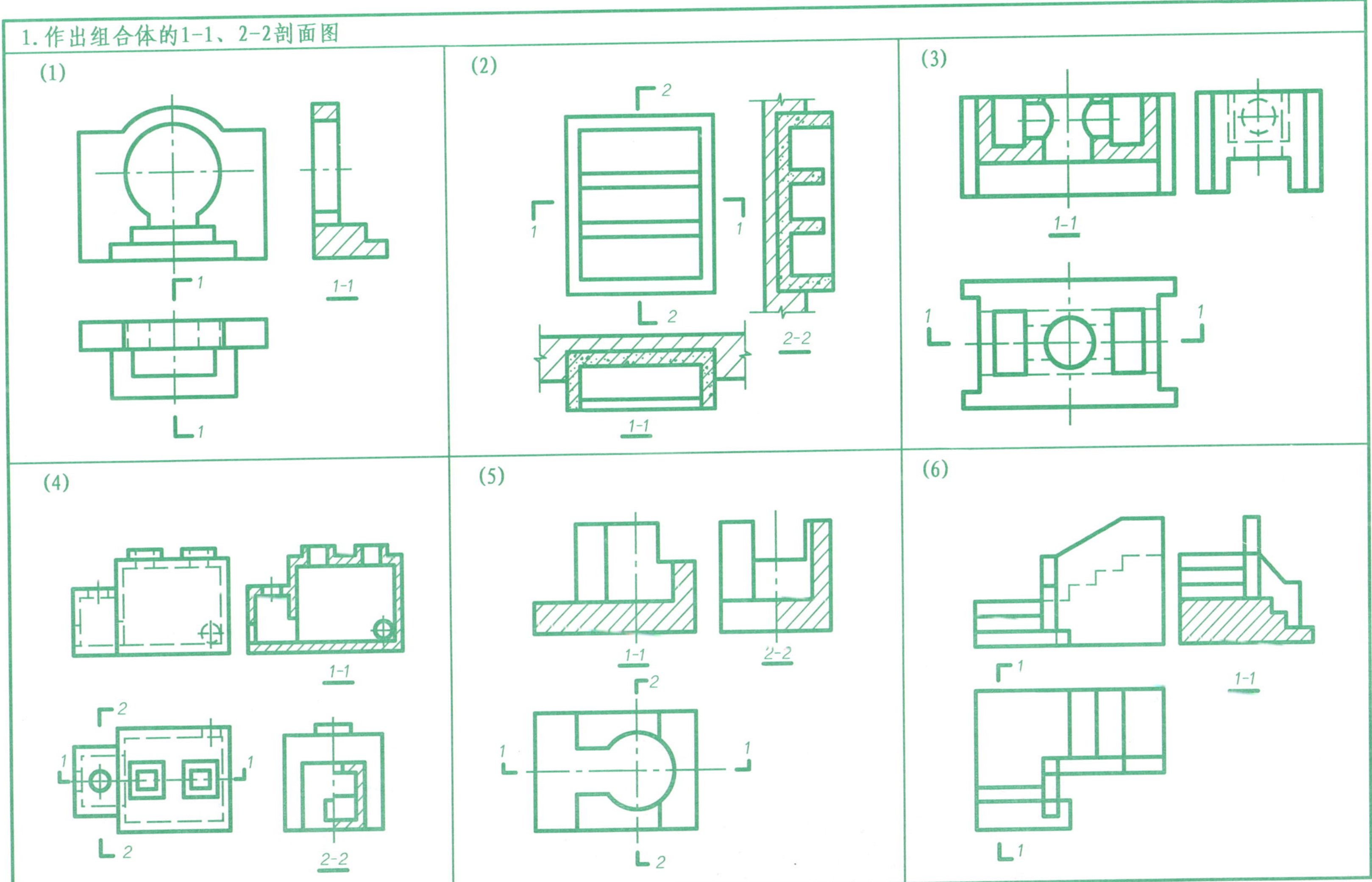

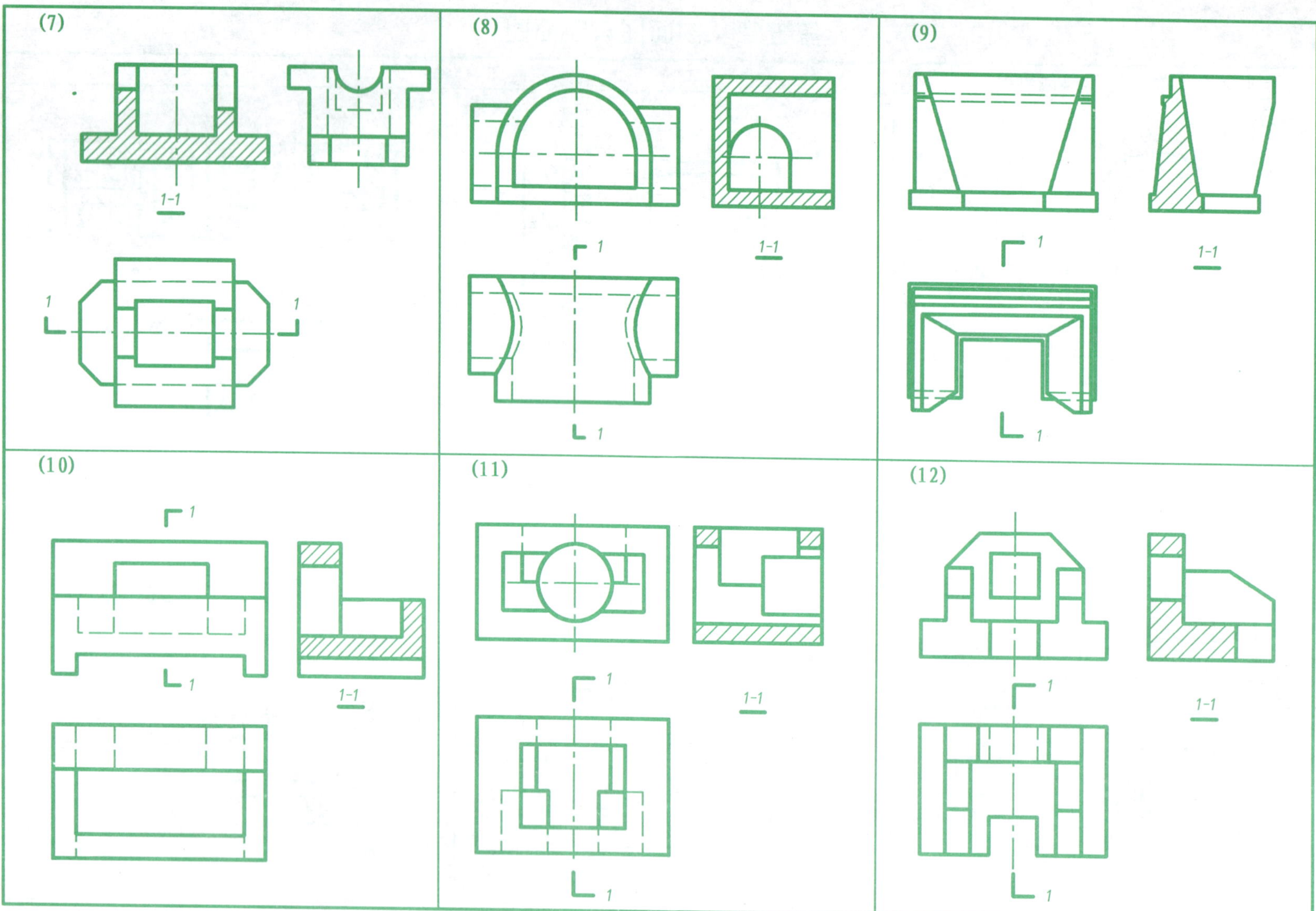
(7)
1-1
1
1
(8)
1
1-1
1
(9)
1
1-1
1
(10)
1
1
1-1
(11)
1
1-1
1
(12)
1
1-1
1

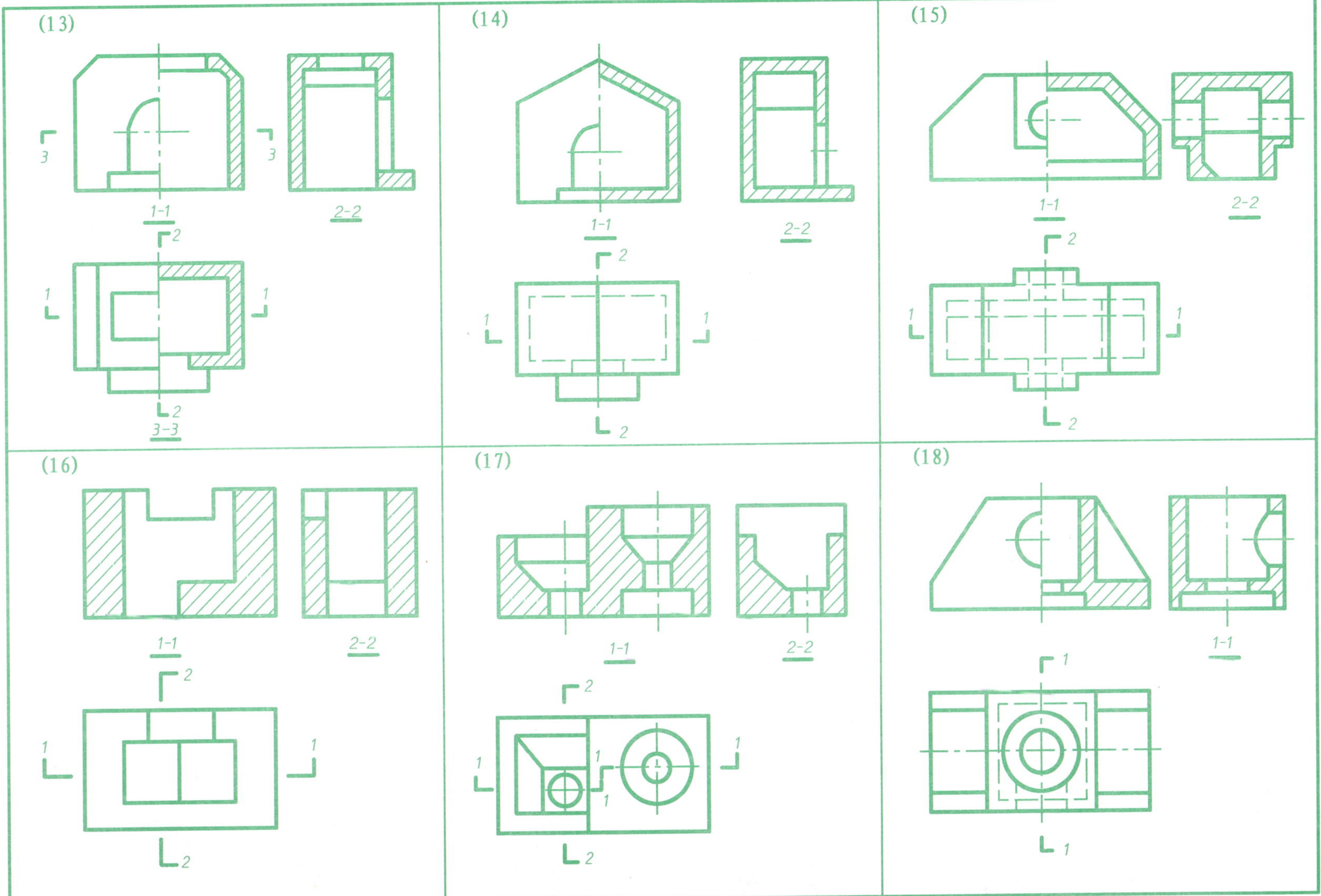
(13)
1-1
2-2
3-3
(14)
1-1
2-2
(15)
1-1
2-2
(16)
1-1
2-2
(17)
1-1
2-2
(18)
1-1

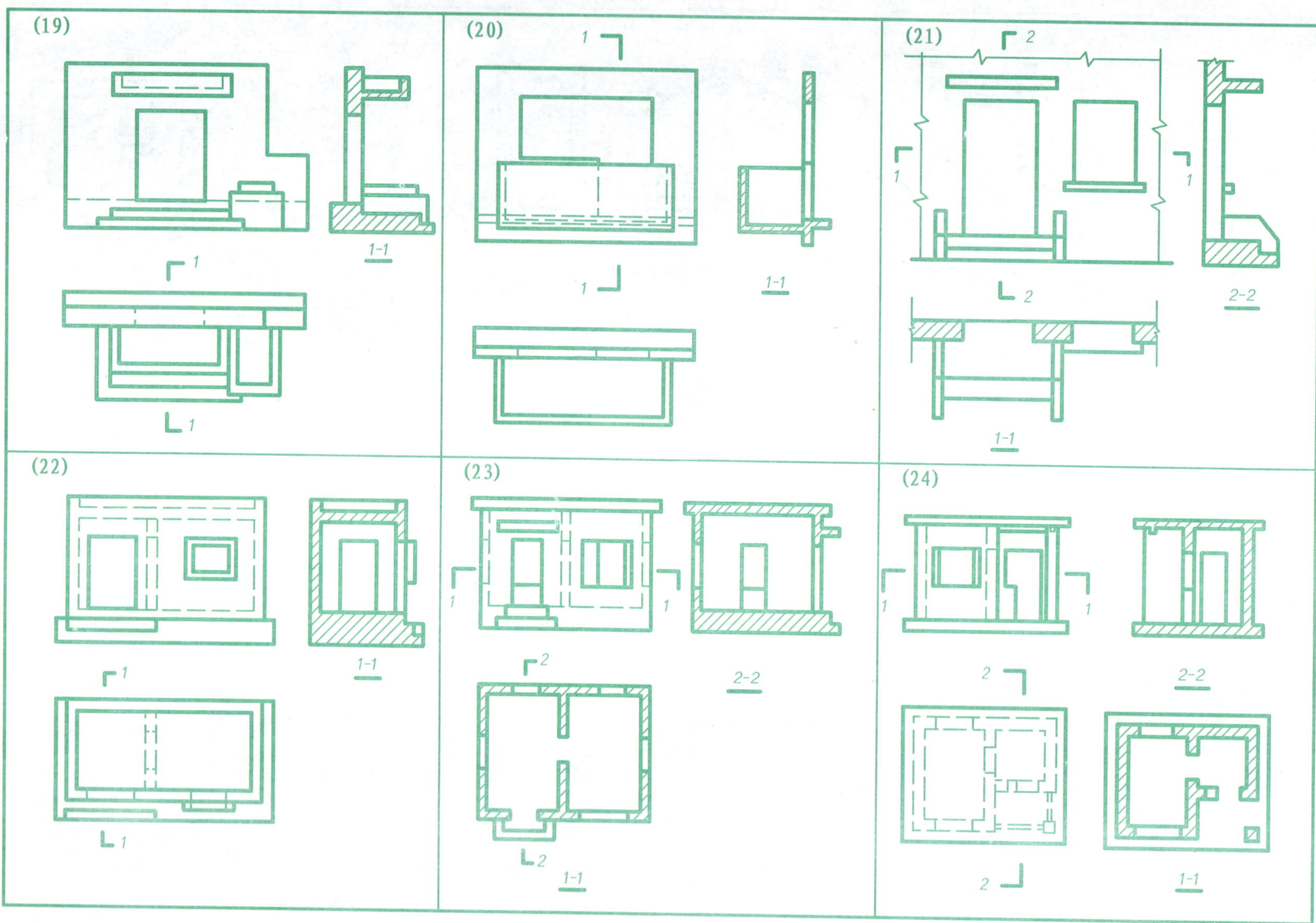
(19)
1
1-1
1
(20)
1
1
1-1
(21)
2
1
1
2
2-2
1-1
(22)
1-1
1
1
(23)
1
1
2-2
2
2
1-1
(24)
1
1
2-2
2
2
1-1

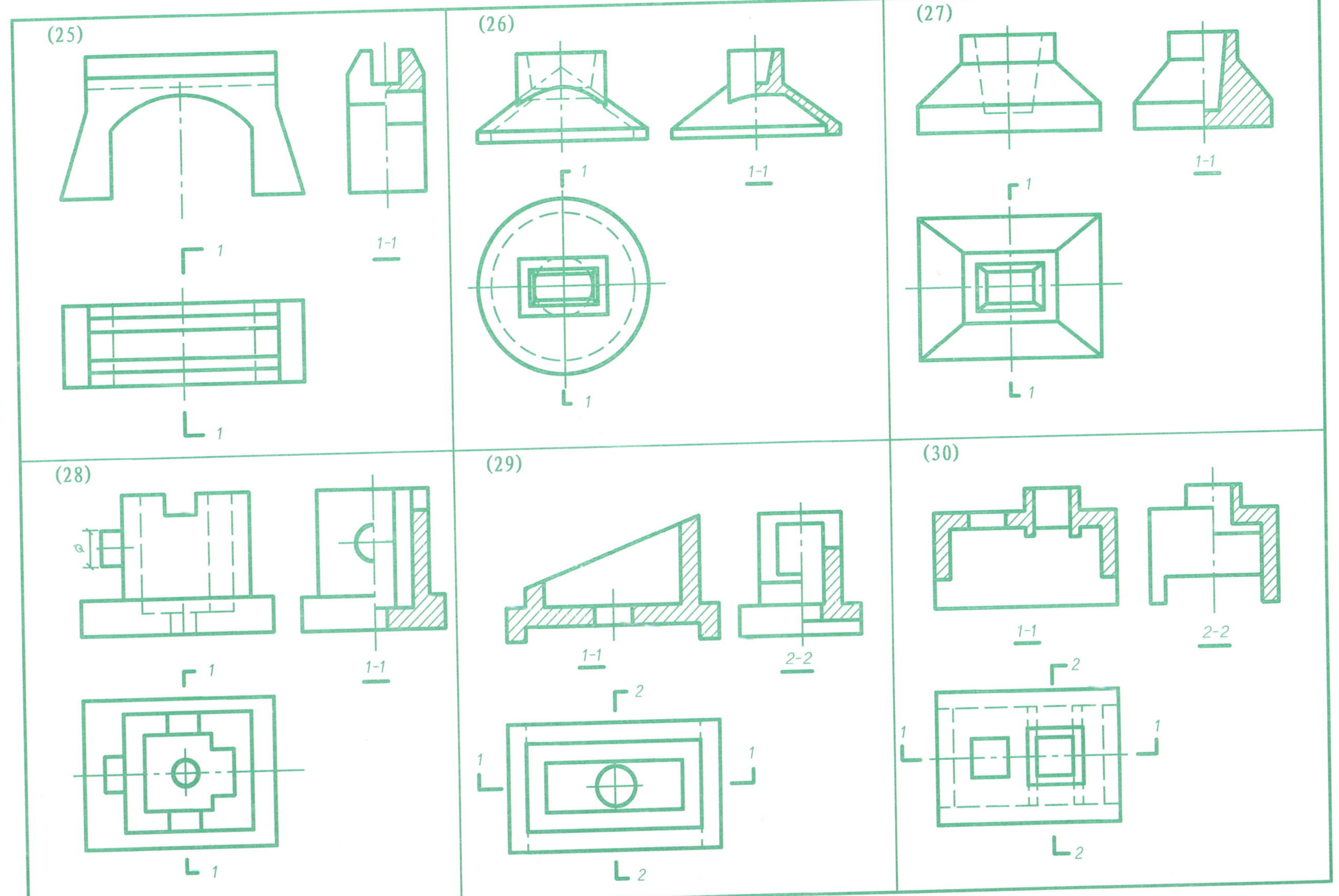
(25)
1-1
1
1
(26)
1
1-1
1
(27)
1-1
1
1
(28)
1-1
1
1
(29)
1-1
2-2
2
1
1
2
(30)
1-1
2-2
2
1
1
2

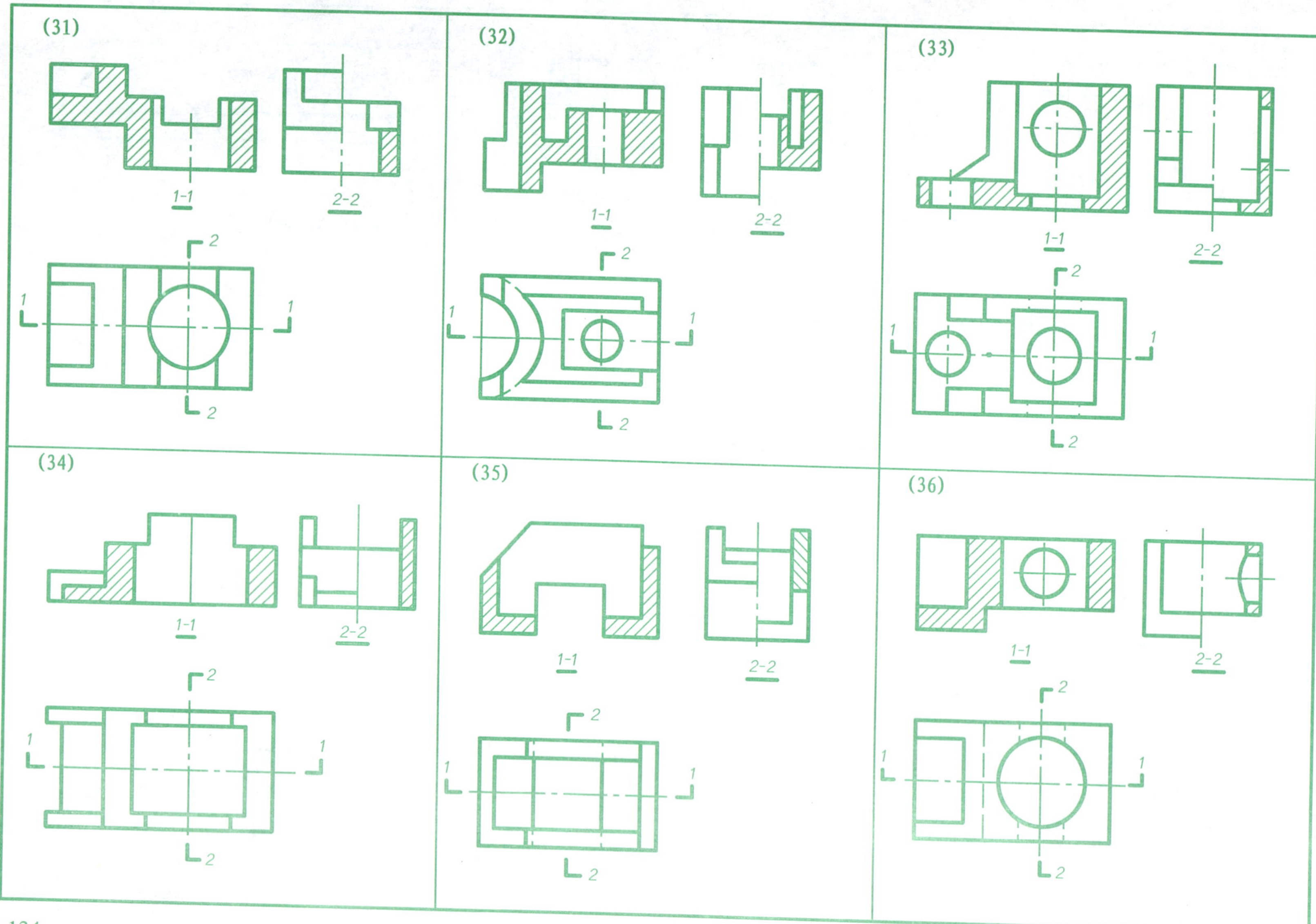
(31)
1-1
2-2
(32)
1-1
2-2
(33)
1-1
2-2
(34)
1-1
2-2
(35)
1-1
2-2
(36)
1-1
2-2

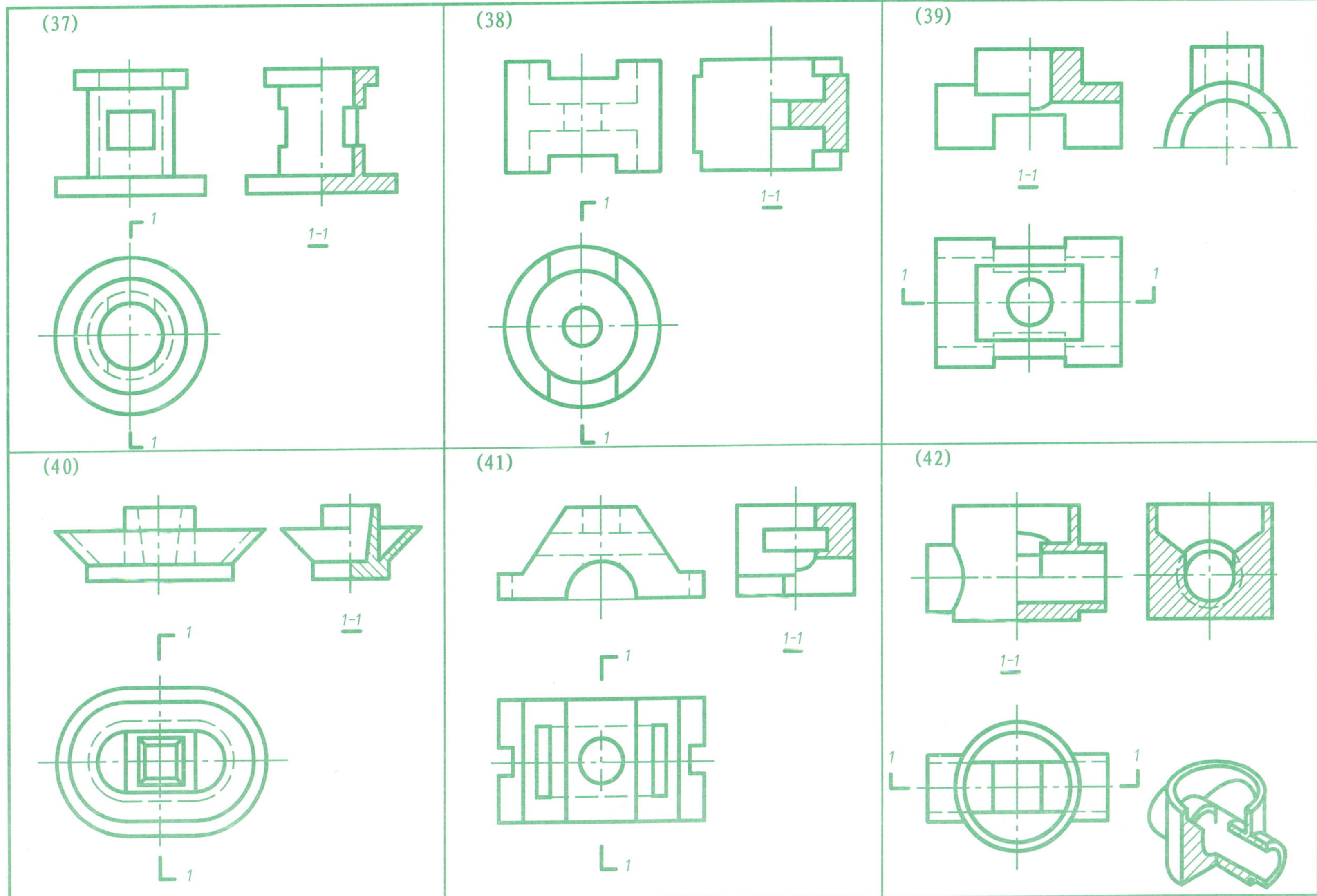
(37)
1-1
1
1
(38)
1-1
1
1
(39)
1-1
1
1
(40)
1-1
1
1
(41)
1-1
1
1
(42)
1-1
1
1

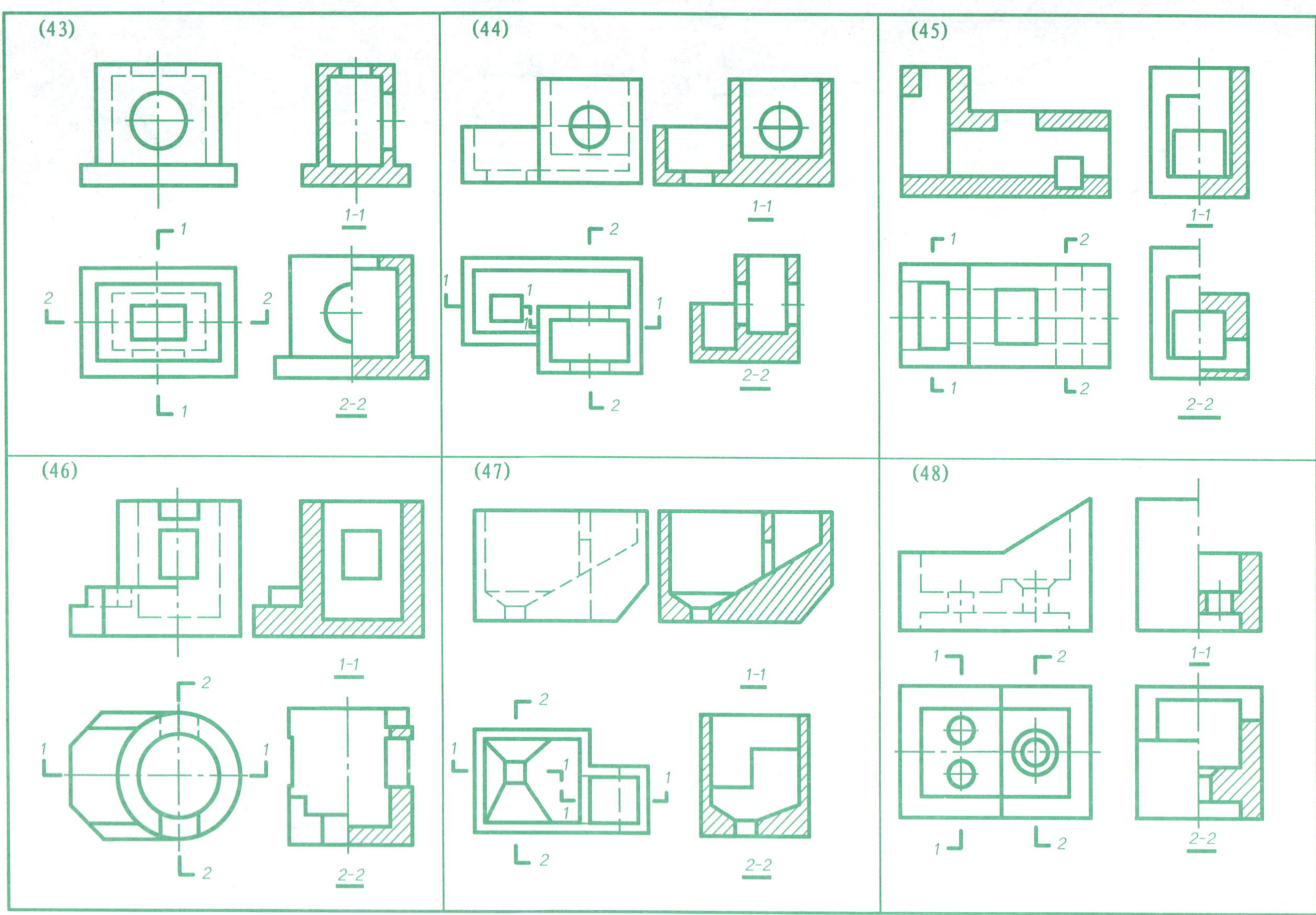
(43)
1-1
2-2
(44)
1-1
2-2
(45)
1-1
2-2
(46)
1-1
2-2
(47)
1-1
2-2
(48)
1-1
2-2

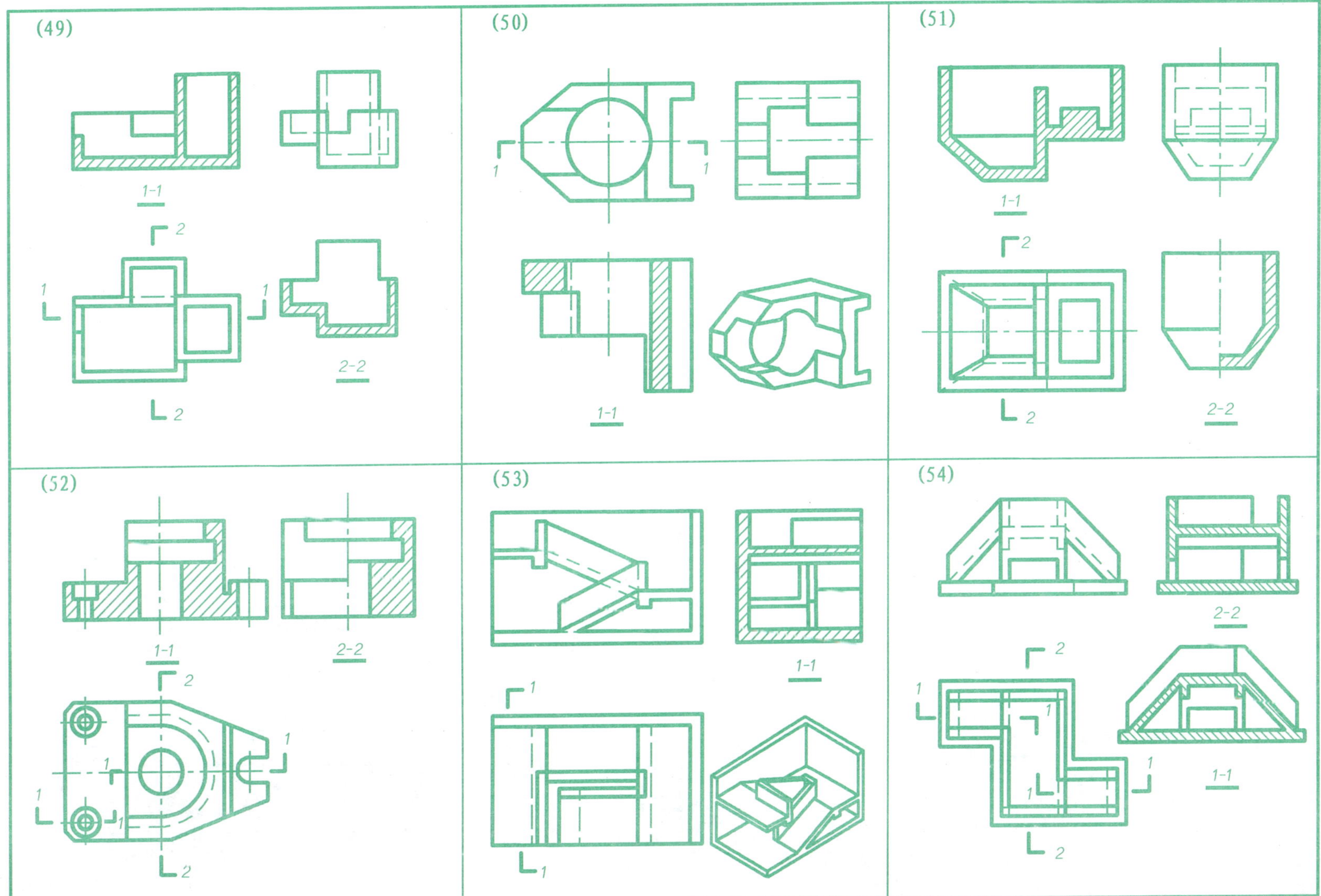
(49)
1-1
2
1
1
2-2
2
(50)
1
1
1-1
(51)
1-1
2
2
2-2
(52)
1-1
2-2
2
1
1
1
1
2
(53)
1-1
1
1
(54)
2-2
2
1
1
1
1
1-1
2

2. 根据形体的剖面图， 作出平面图

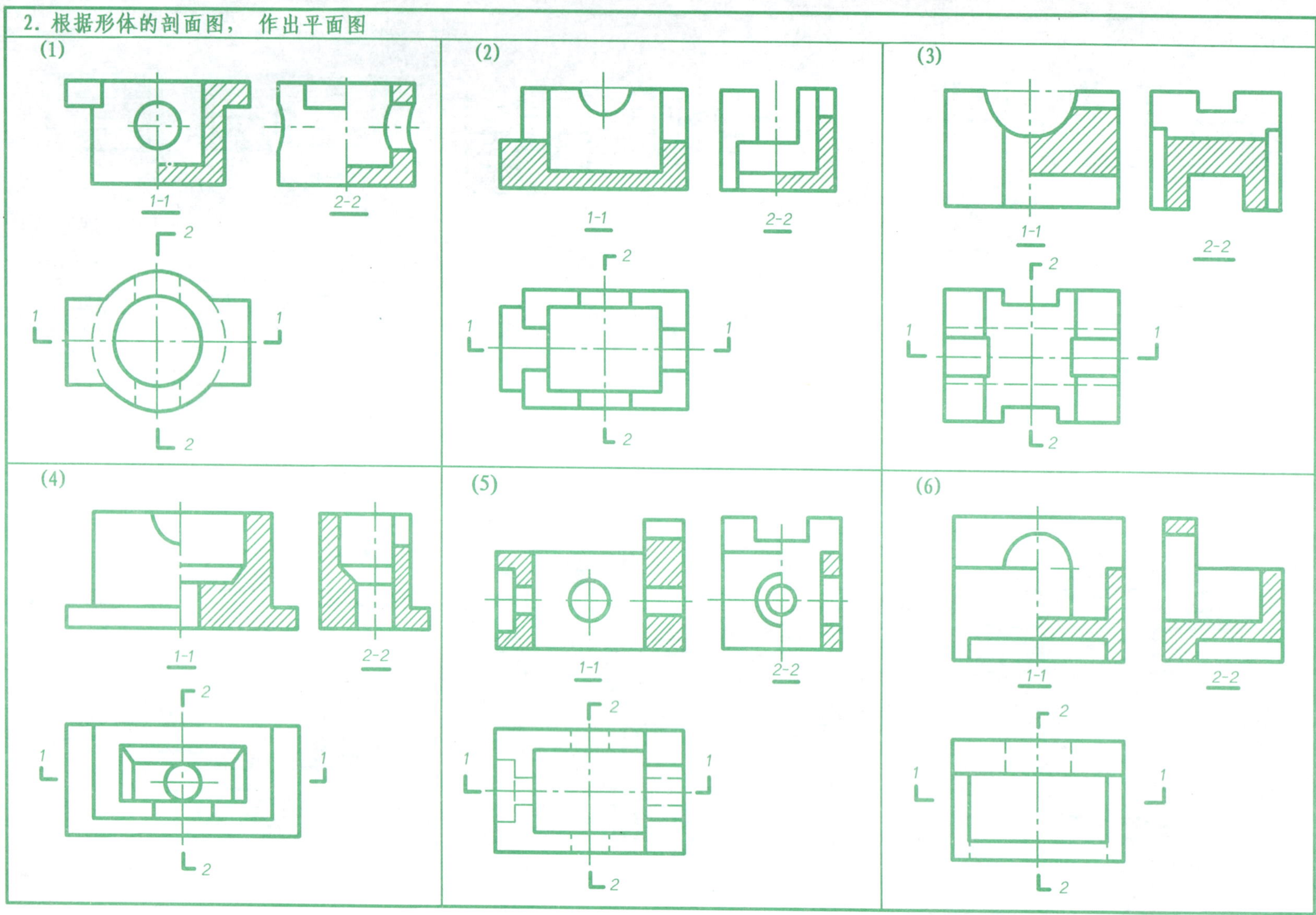

3. 根据所给建筑形体的视图，作出 1-1、2-2 断面图

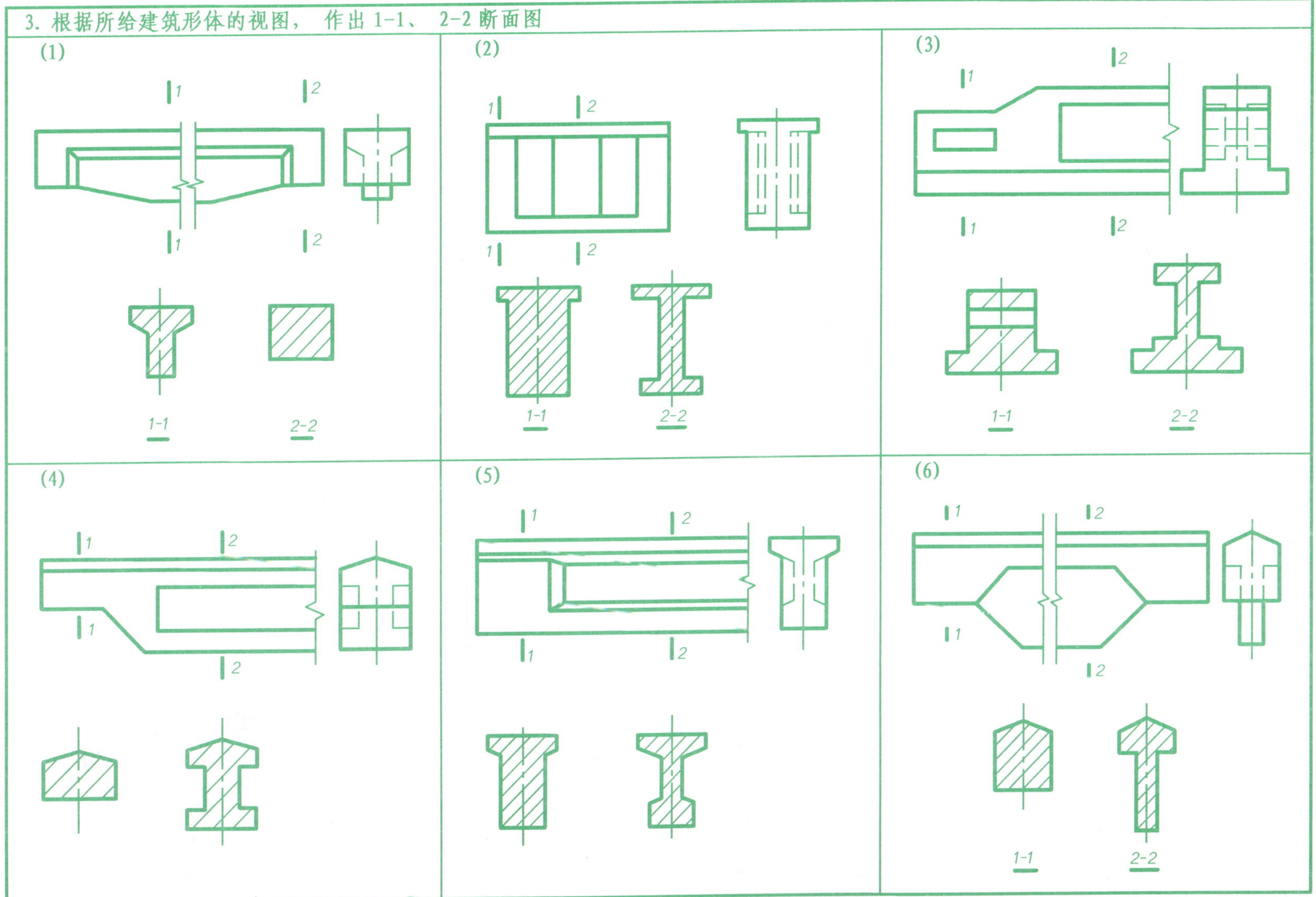

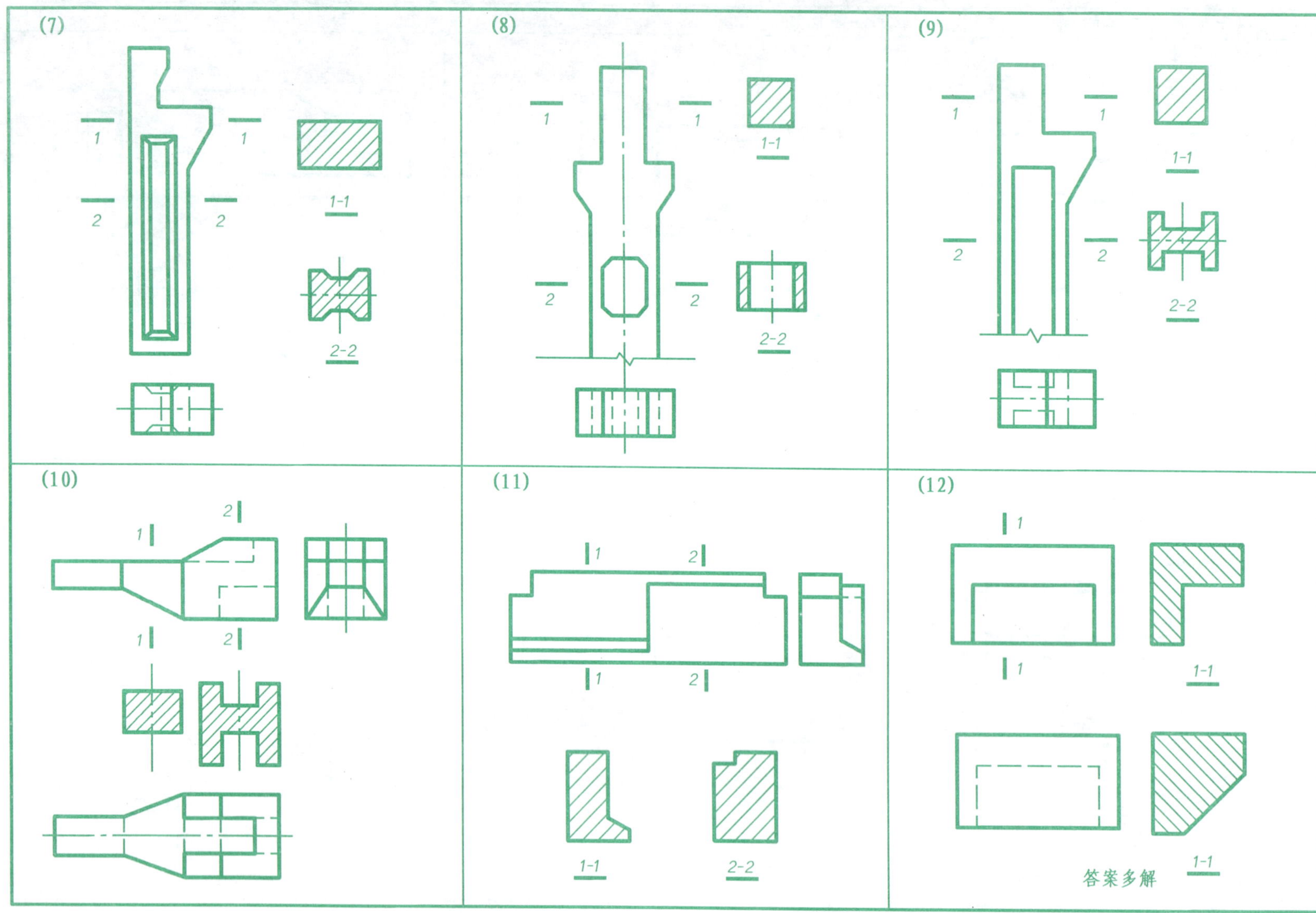
(7)
1
1
2
2
1-1
2-2
(8)
1
1
1-1
2
2
2-2
(9)
1
1
1-1
2
2
2-2
(10)
2
1
1
2
(11)
1
2
1
2
1-1
2-2
(12)
1
1
1-1
答案多解
1-1

(1)已知平面 ABC 的标高投影，求作平面上整数标高的等高线和平面的坡度。

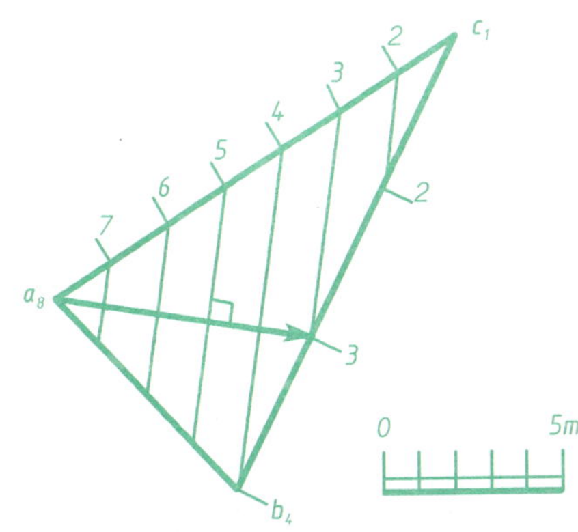

(2)已知 a_2b_7 是平面上的一条直线，该平面的倾角 α=45°，求作其等高线。

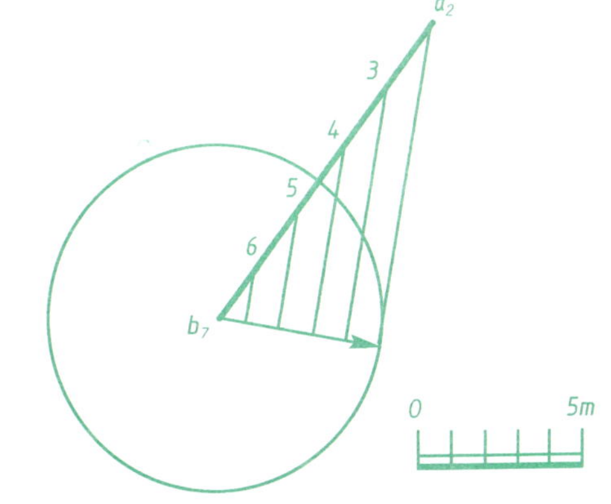

(3)作出平面 $\triangle ABC$ 上高程为6m、7m、8m、9m的等高线，并画出该平面坡度比例尺和对水平面倾角 α。

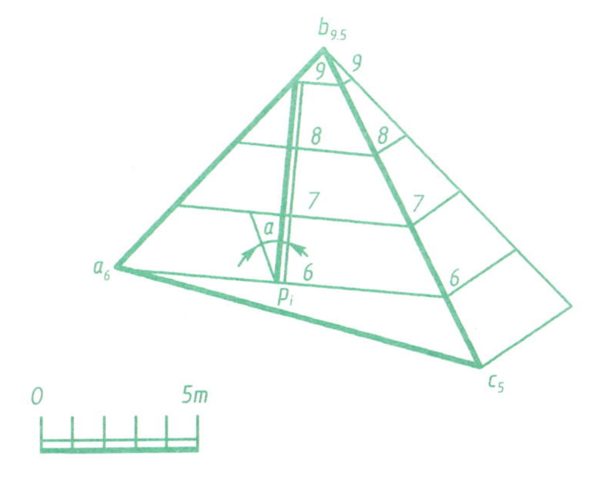

(4)已知两平面分别用坡度比例尺 P_i 和一等高线与其坡度表明，求作它们的交线。

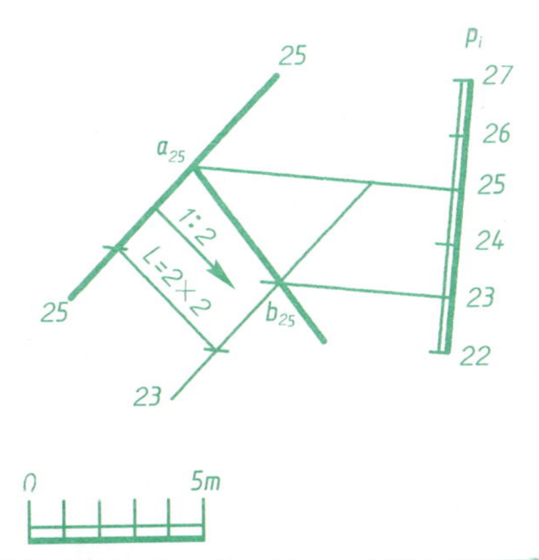

(5)已知一平面用一等高线和其坡度表示，另一平面用面上的一条直线、平面的坡度和在直线一侧的大致下降方向表示，求作两平面的交线。

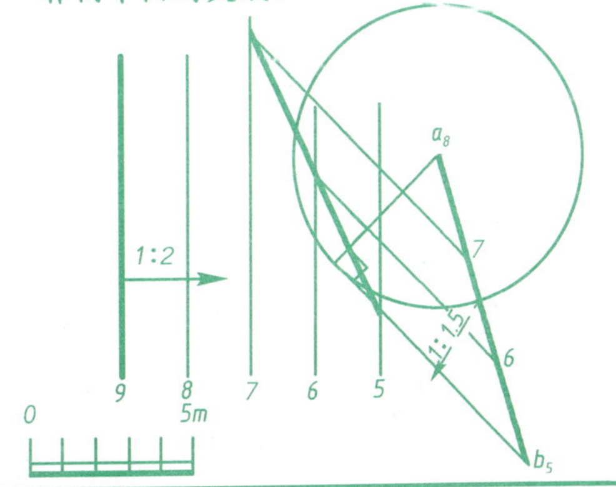

(6)地面的标高为0，已知地下岩层面上三点 A、B、C 的标高投影，拟在地面的 D 点处打桩，试问桩的埋深需要多少才能触到岩层？

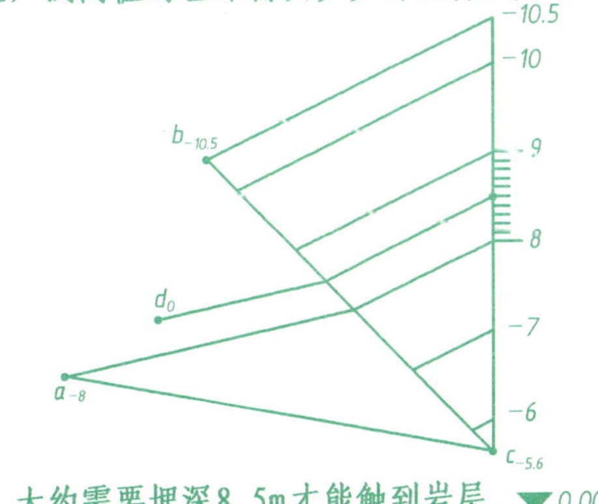

答：大约需要埋深8.5m才能触到岩层。▼0.00

(7)已知平台和地面的标高，各坡面的坡度如图所示，求作坡面与地面、坡面与坡面间的交线。（比例 1:200）

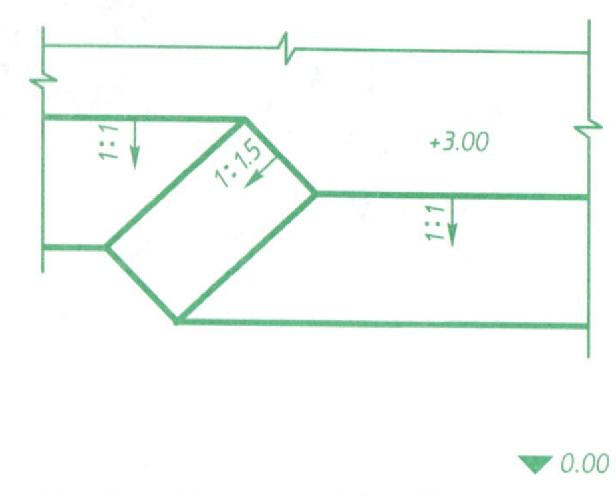

(8)已知地面、平台的标高及平台一角各边坡的坡度，求作坡脚线及坡面间交线。（比例 1:200）

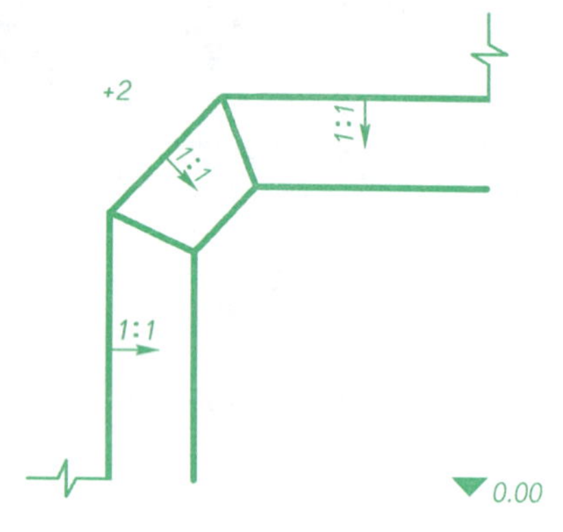

(9)已知地面、平台的高程及平台一角各边坡的坡度，求作坡脚线及坡面间交线。（比例 1:200）

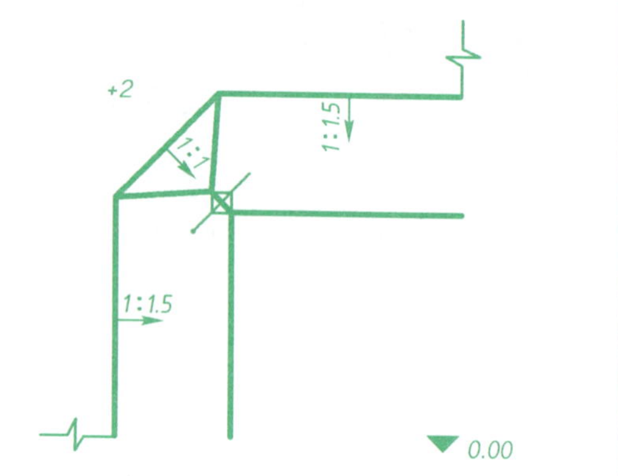

(10)已知一段斜路堤堤顶标高为 3m，两侧和尽端的坡度如图所示，地面标高为 0，求作路堤坡面与地面的交线以及坡面与坡面的交线。（比例 1:250）

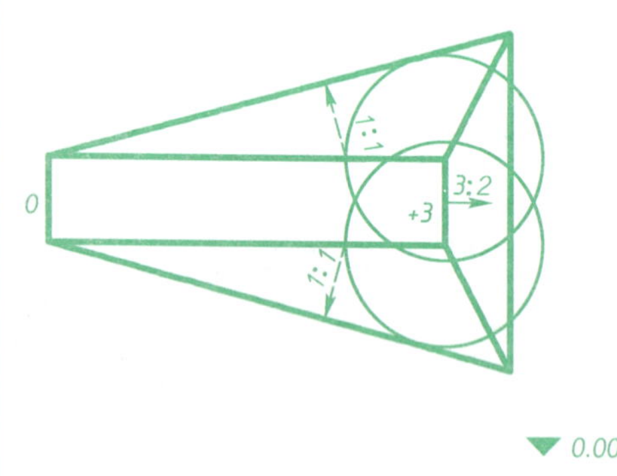

(11)已知两堤的堤顶高程及各边坡的坡度，作出各边坡与标高为 0 的地面的交线及各坡面间的交线。（比例 1:500）

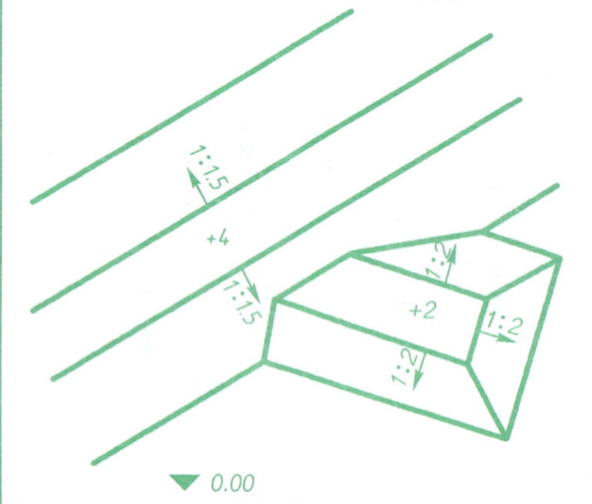

(12)坡度为 1:5 的倾斜道路把标高为 3m 的平台与标高为 0 的地面连接起来，各坡面的填土坡度如图所示，求作填土边界及各坡面间的交线。（比例 1:400）

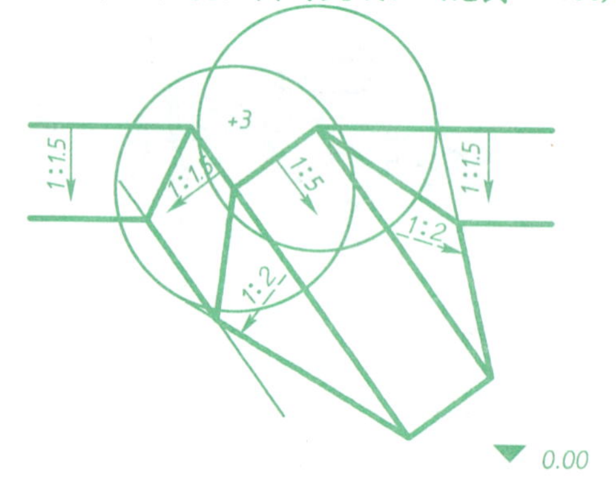

(13)已知坑底和一段斜引道路面的标高投影及各坡面的坡度，求作各坡面、斜引道路面与地面的交线，坡面与坡面的交线，并补全斜引道路面。(比例 1:200)

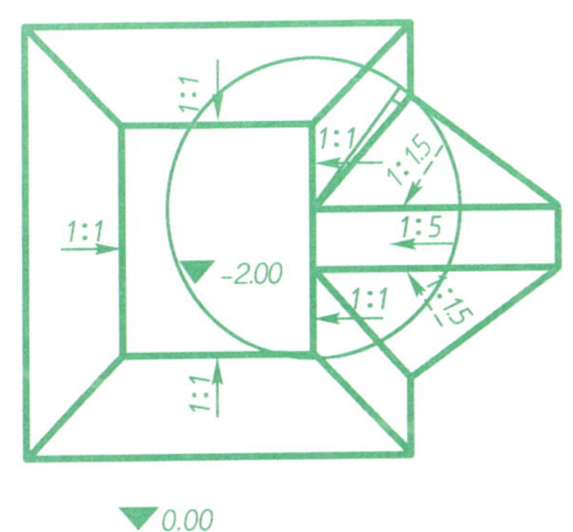

(14)地面左侧高程为 +2，右侧高程为 -1，中间为一斜坡面。在图示位置修筑标高为+4的矩形场地，填土坡度为1:1.5，试画出填土边界及各坡面间的交线。(比例 1:400)

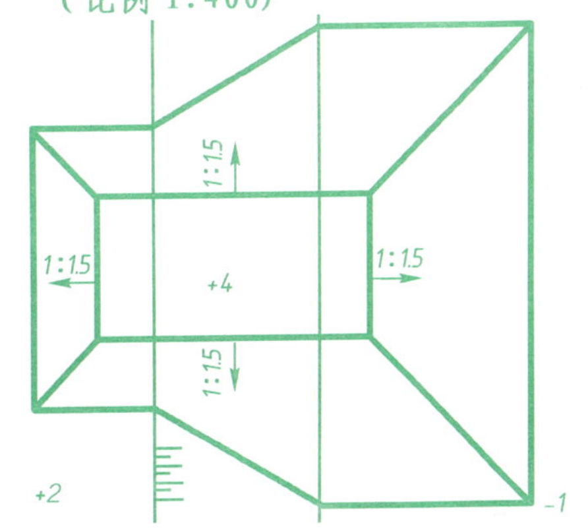

(15)地面左侧标高为 0，右侧标高为 +2，中间为一斜坡面，经开挖后得到一个土坑。坑底为矩形，标高为 -2，挖方坡度为 1:1.5，求作挖土边界及各坡面间交线。(比例 1:400)

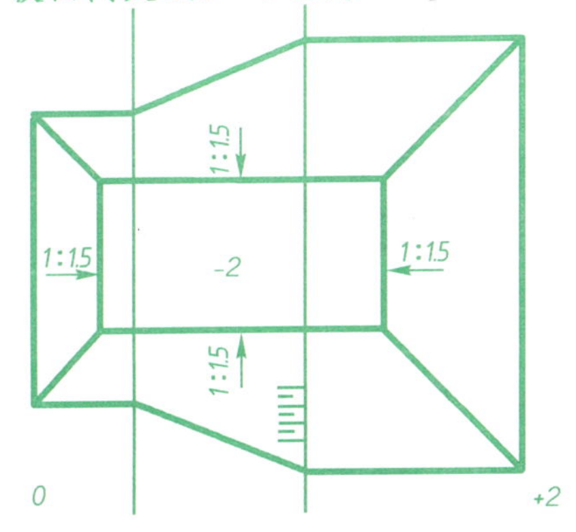

(16)在 1:2 的斜坡上修筑标高为 +5 的矩形平台，填方坡度为 1:1.5，挖方坡度为 1:1，作出填挖边界及平台各坡面间交线。(比例 1:400)

(17)已知地面标高为 0，现欲填筑出顶面标高为 +2 的圆端形平台，各侧填土边坡的坡度均为 2/3，求作填筑边界及各坡面间交线。(比例 1:200)

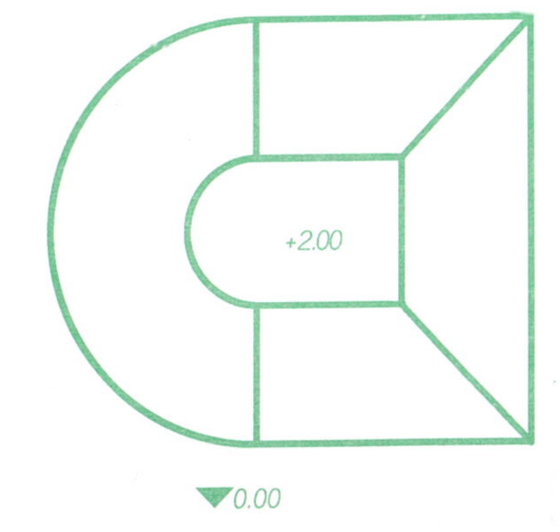

(18)已知地面和欲修筑的矩形平台的标高，平台左边的矩形斜面左端高程为 +2，填方坡度为 1:1，作出填方边界及各坡面间交线。(比例 1:400)

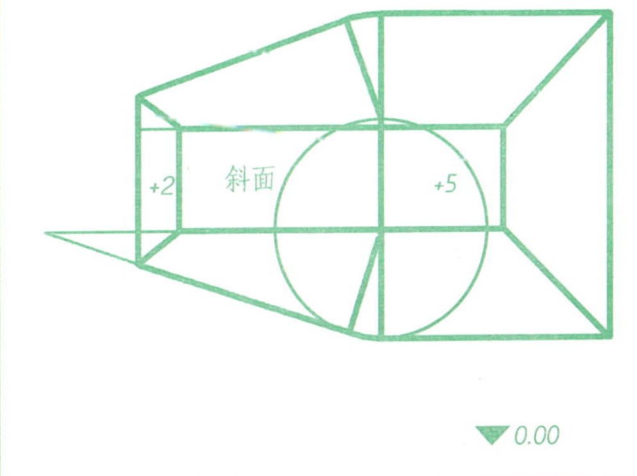

(19)已知河底标高为+20，现在河岸和土坝间修筑圆锥面护坡，求作坡脚线和各坡面间的交线。（比例1:400）

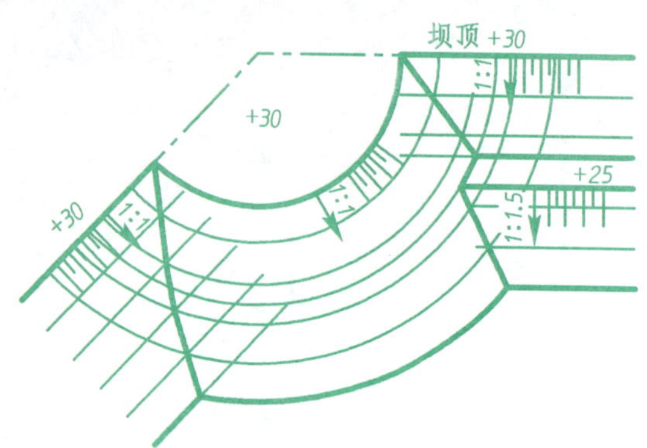

(20)已知倾斜引道从高程为0的地面通至标高为+4的圆形场地，各处填土坡度均为1:2，作出填土边界及坡面间交线。（比例1:500）

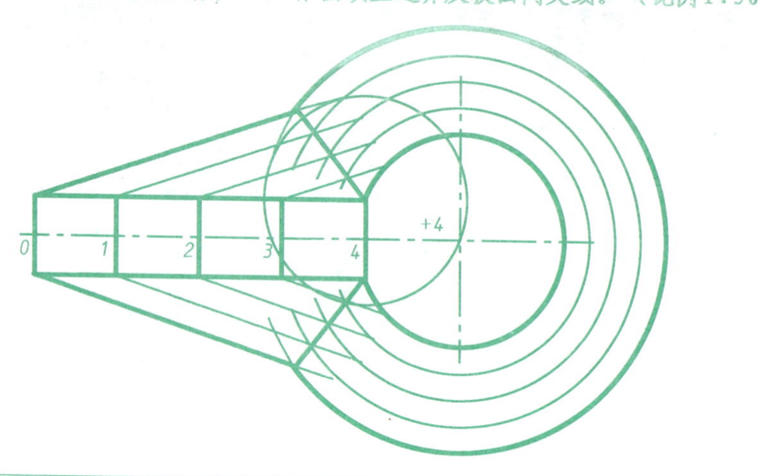

(21)已知地面上有一段圆柱螺旋线*AD*，作出其上整数标高的点。以*AD*为脊线求作两侧同坡曲面与地面的交线及曲面上的等高线，曲面坡度为1:1.5，曲面右侧边界线分别是曲面上过点*D*的坡度线。（比例1:400）

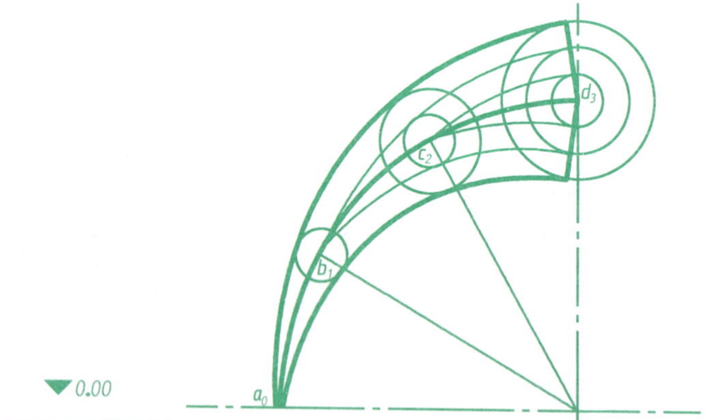

(22)已知地面的标高为15，有一条弯曲的斜引道与标高为19的平台相连，所有的填筑坡面的坡度如图所示，求作各坡边线和坡面间的交线。（比例1:200）

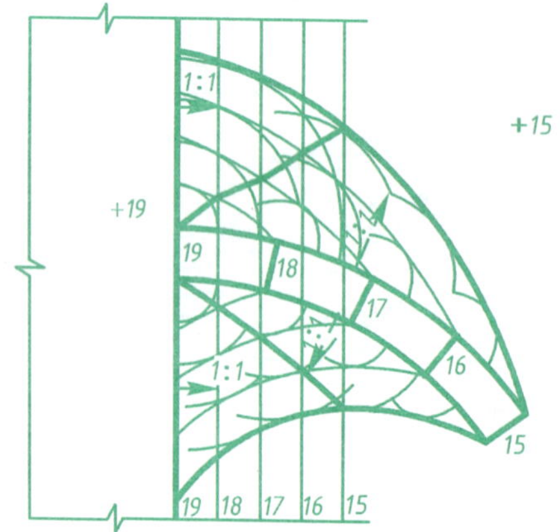

第七章　建　筑　图

1. 选择题

(1) 不属于建筑施工图的是 （C）。

A. 总平面图　B. 建筑立面图　C. 配筋图　D. 阳台详图

(2) 以下各项中立面图命名错误的是 （B）。

A. 左侧立面图　B.I-I 立面　C. 南立面图　D.①-⑤立面图

(3) 下列图中不需要标注定位轴线的是 （C）。

A. 建筑平面图　B. 建筑立面图　C. 总平面图　D. 建筑详图

(4) 总平面图中的室内地面标高指的是 （D）。

A. 底层窗台的标高　B. 二层楼板的标高

C. 层顶的标高　D. 底层室内地面的标高

(5) 建筑立面图中，外墙面的装饰应 （C）。

A. 画出详图　B. 用图例表示

C. 注写文字说明　D. 画出建筑材料符号

(6) 在施工时，按建筑施工图的 （D） 来确定放样。

A. 墙内线　B. 墙外线　C. 地基基线　D. 定位轴线

(7) 建筑剖面图的剖切位置和剖视方向应画在 （A）。

A. 底层平面图中　B. 楼层平面图中

C. 屋顶平面图中　D. 局部平面图中

(8) 我国各地的标高基准是以（D）。其他各地的标高均以此为基准。

A. 上海附近的东海平均海平面定为绝对标高的零点

B. 海南附近的琼海平均海平面定为绝对标高的零点

C. 大连附近的渤海平均海平面定为绝对标高的零点

D. 青岛附近的黄海平均海平面定为绝对标高的零点

(9) 不能用的定位轴线编号是 （D）。

A.H、I、Z　B.C、O、Q

C.X、Y、Z　D.I、O、Z

(10) 建筑总平面图的单位是 （A）。

A. 米　B. 分米　C. 厘米　D. 毫米

(11) 下列附加轴线表示不正确的是 （D）。

A.1/1　B.1/A　C.1/OA　D.A/2

(12) 在砖墙承重的民用建筑中，外墙定位轴线标注的位置距离内墙皮距离为 （B）。

A.60mm　B.120mm　C.240m　D.370mm

(13) 在建筑总平面图中，用粗实线画出的图形是 （D） 的底层平面轮廓，用细实线画出的是 （A）。

A. 原有建筑　B. 拆除建筑物

C. 计划建筑的房屋　D. 新建房屋

(14) 总平面图中拟建建筑物用 （A） 表示。

A.　B.　C.　D.

(15) 建筑施工图底层平面图的方位一般是用 （B） 表示。

A. 风向玫瑰图　B. 指北针　C. 青岛黄海平均海平面

(16) 房屋的二层建筑平面图，其水平剖切位置应在 （C）。

A. 二层楼面处　B. 二层楼板下方

C. 二层窗口处　D. 二层顶面处

(17) 顶层楼梯平面图用 （B） 表示。

下 上　下　上

A　B　C

(18) 在建筑立面图中，建筑物的外轮廓用 （B） 表示。

A. 加粗线　B. 粗实线　C. 细实线　D. 虚线

(19) 索引符号 $\frac{5}{2}$ 的含义是 （A）。

A. 详图为 2 号图纸的第 5 个图

B. 详图为 5 号图纸的第 2 个图

C. 详图为本图的第 5 个图

D. 详图为本图的第 2 个图

(20) 外墙节点详图是 （C） 的局部放大图。

A. 建筑平面图　　B. 建筑立面图

C. 建筑剖面图　　D. 建筑详图

(21) 配筋图中钢筋详图和钢筋截面分别用 （B） 表示。

A. 粗实线和圆圈　　B. 粗实线和黑圆点

C. 细实线和圆圈　　D. 细实线和黑圆点

(22) 在钢筋混凝土构件中， II 级钢筋的符号为 （A）。

A. ∅　　B. ∅　　C. ∅　　D. ∅

(23) 在结构详图中， 构件代号 M 表示 （A）。

A. 门　　B. 米　　C. 预留孔　　D. 预埋件

(24) 某预制楼板的标注为 9Y-KB36-3A，其预制楼板所搭两承重墙定位轴线间距为 （B）。

A.9000mm　　B.3600mm　　C.36m　　D.1800mm

(25) 一般情况下， （A） 钢筋适合做钢筋弯钩。

A. 一级　　B. 二级　　C. 三级　　D. 四级

(26) 结构施工图中圈梁的代号为 （C）。

A.KB　　B.J　　C.QL　　D.GL

(27) 钢筋代号⑤ϕ10@200 中的⑤是指 （A）。

A. 钢筋的编号　　B. 钢筋的直径

C. 钢筋的间距　　D. 钢筋的根数

(28) 建筑给排水系统图是采用 （D） 原理绘制的。

A. 正等测轴测图　　B. 正面斜二测轴测图

C. 水平斜二测轴测图　　D. 正面斜等轴测图

(29) 室内给排水施工图表示建筑内部的给水工程和排水工程的（D）。

A. 管道总平面图、 纵断面图和详图

B. 平面图、 纵断面图和详图

C. 管道总平面图、 系统图和详图

D. 平面图、 系统图和详图

(30) 热水采暖图的读图顺序是 （C）。

A. 散热器的回水支管→散热器→供热总管

B. 散热器→散热器的回水支管→供热总管

C. 供热总管→散热器→散热器的回水支管

(31) 在采暖系统图中，当局部管道被遮挡、管线重叠时，可采用（A）。

A. 断开画法， 在断开处用拉丁字母表示连接

B. 用细实线表示连接

C. 用粗实线表示连接

D. 用点画线表示连接

(32) 采暖施工图中对于多于一个的设备和管道要进行系统编号，采暖立管的系统编号用字母 （A） 加阿拉伯数字表示，采暖入口和系统编号用字母 （C） 加阿拉伯数字表示。

A.L　　B.W　　C.R

(33) 室外给排水施工图表示一个区域或一个厂区的给水工程设施和排水工程设施， 主要包括： （A）

A. 平面图、 系统图和详图

B. 平面图、 纵断面图和详图

C. 管道总平面图、 系统图和详图

D. 管道总平面图、 纵断面图和详图

(34) 室内排气系统中的通气管一般要高出坡屋面 （C）。

A.0.3m　　B.0.5m　　C.0.7m　　D.1m

(35) 给水系统图的阅读顺序是 （B）。

A. 引入管→室外管网→立管→水平干管→支管→配水龙头（或其他用水设备）

B. 室外管网→引入管→水平干管→立管→支管→配水龙头（或其他用水设备）

C. 配水龙头（或其他用水设备）→支管→立管→水平干管→引入管→室外管网

(36) 电气施工图中， 分配器的图示符号是 （B）。

A.　　B.　　C.　　D.

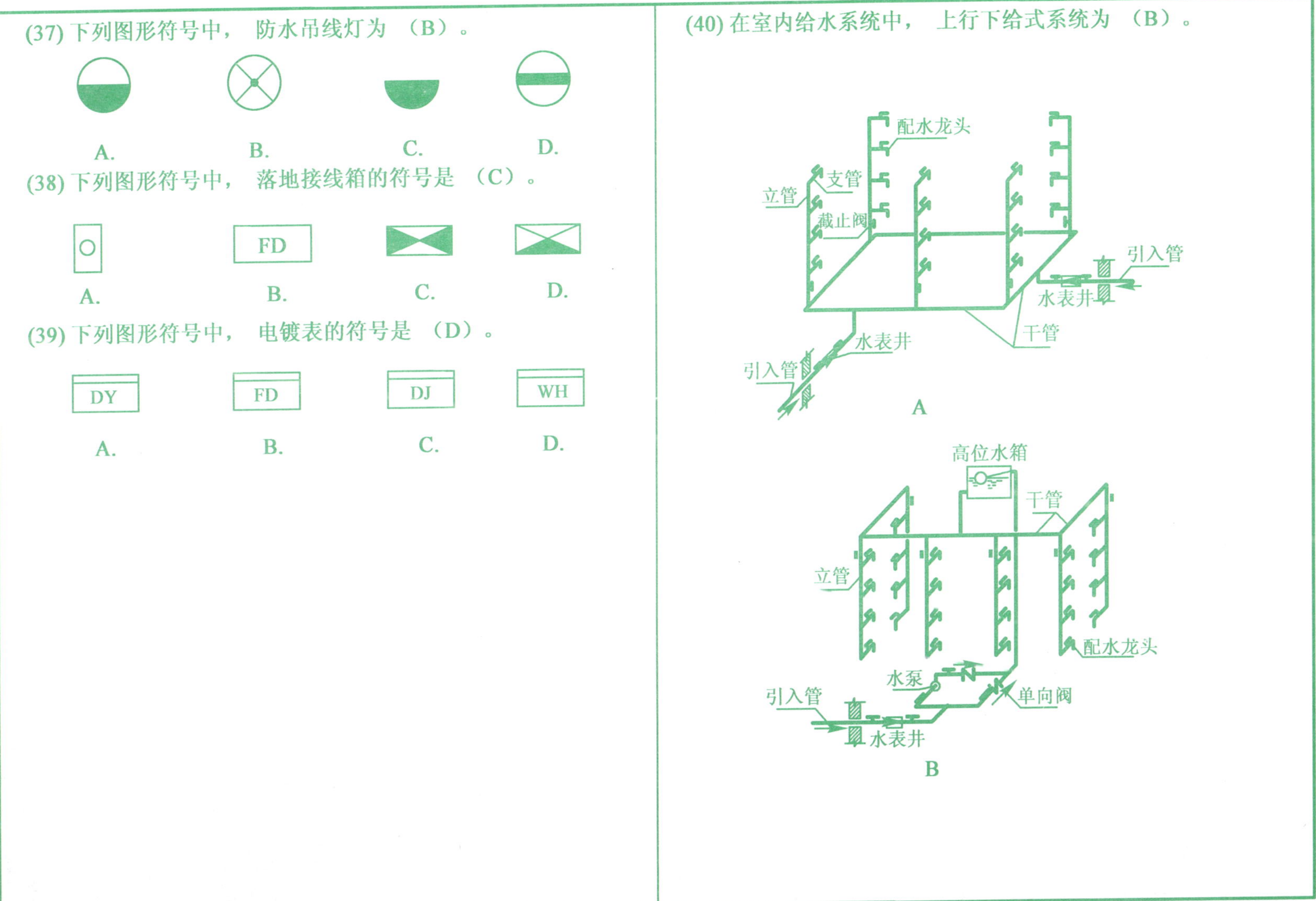
(37) 下列图形符号中， 防水吊线灯为 （B）。
A.
B.
C.
D.
(38) 下列图形符号中， 落地接线箱的符号是 （C）。
FD
A.
B.
C.
D.
(39) 下列图形符号中， 电镀表的符号是 （D）。
DY
FD
DJ
WH
A.
B.
C.
D.
(40) 在室内给水系统中， 上行下给式系统为 （B）。
配水龙头
支管
立管
截止阀
引入管
水表井
干管
水表井
引入管
A
高位水箱
干管
立管
配水龙头
水泵
单向阀
引入管
水表井
B

2. 作图题

(1) 已知单层平房的平面图、剖面图。要求：①补出①-③立面图。②补全平面图中的轴线编号、门窗编号、通风道、标高、1-1剖面图的剖切符号与编号。

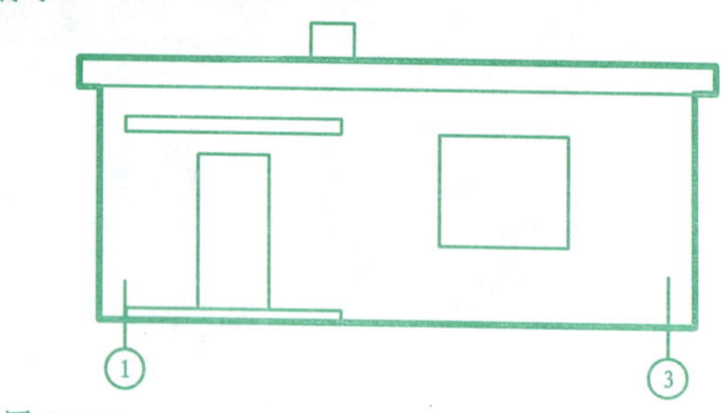

①-③立面图 1:100

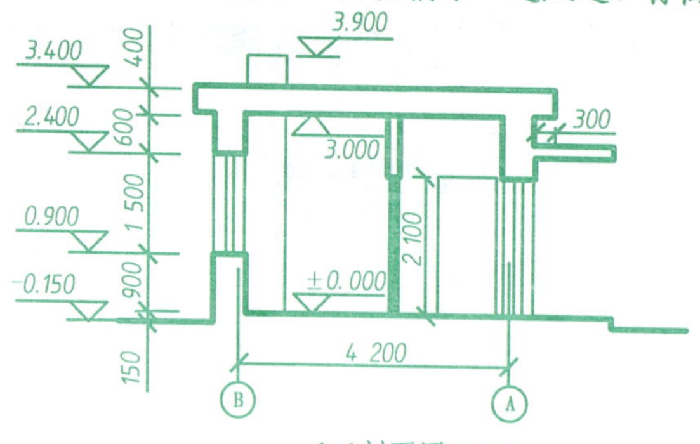

1-1剖面图 1:100

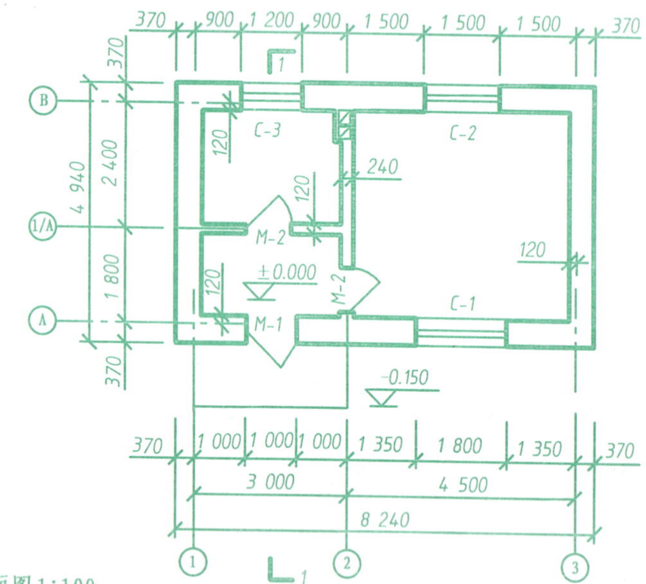

平面图 1:100

(2)补全房屋平面图的外部尺寸、轴线编号、门窗编号及室内地面标高，画出2-2剖面图并标注尺寸与标高。

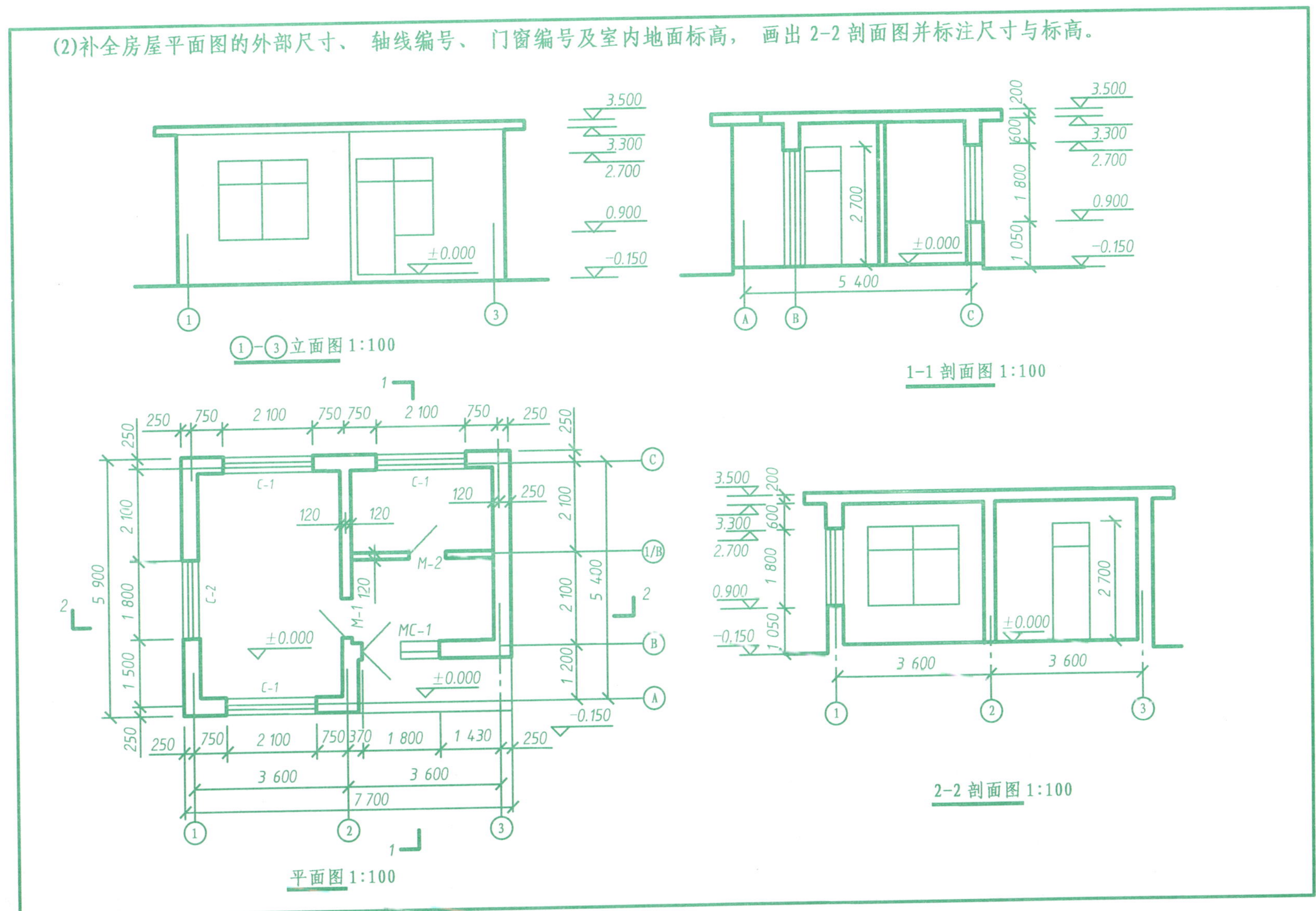

(3)如图所示，用 1:100 比例画出该房屋 2-2 剖面图，并标注轴线编号、开间尺寸、高度方向尺寸和标高。

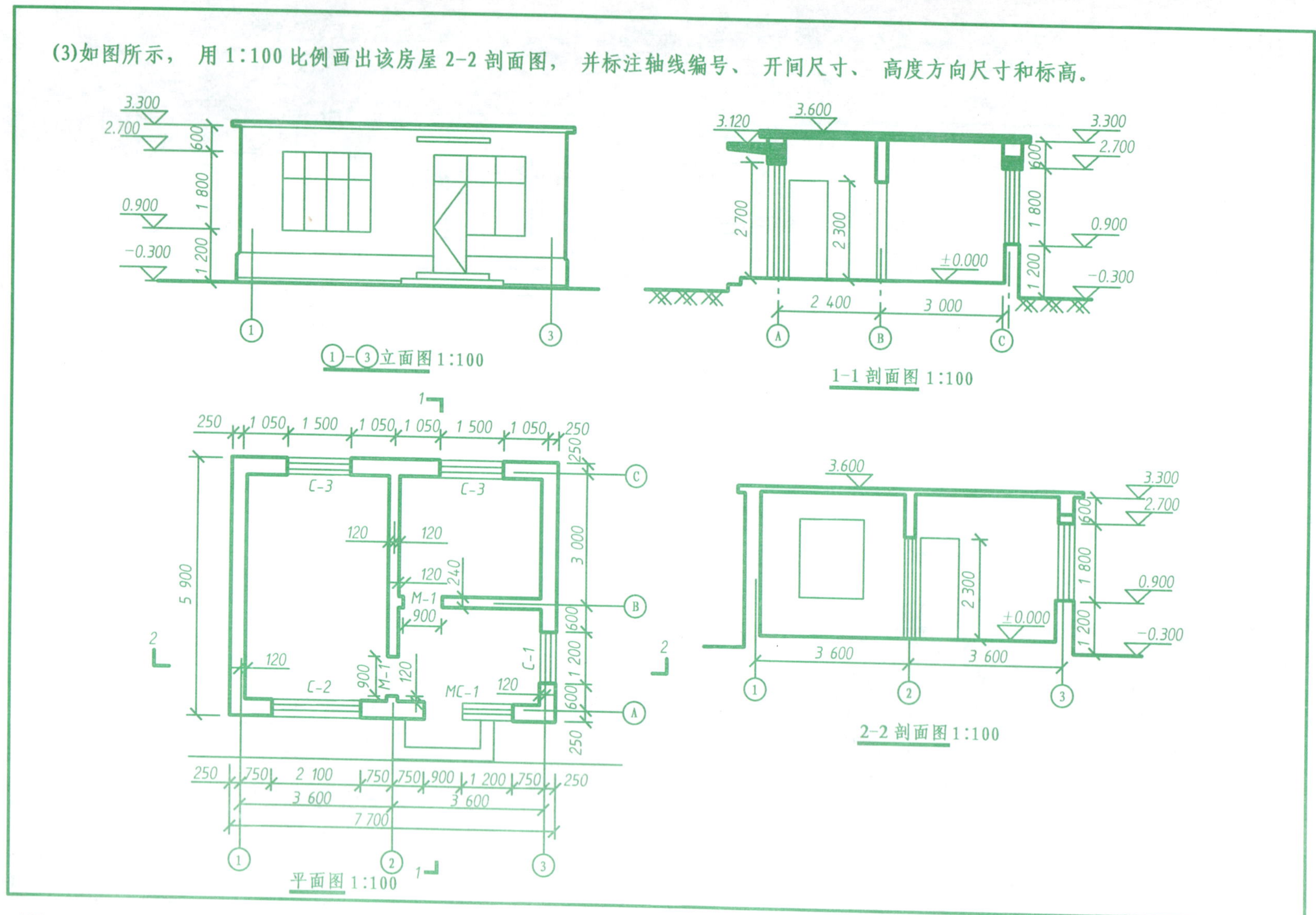

①-③立面图 1:100

1-1 剖面图 1:100

平面图 1:100

2-2 剖面图 1:100

(4)画出该房屋的1-1剖面图，并标注平面图和剖面图的外部尺寸（比例1:100）、标高与门窗编号。

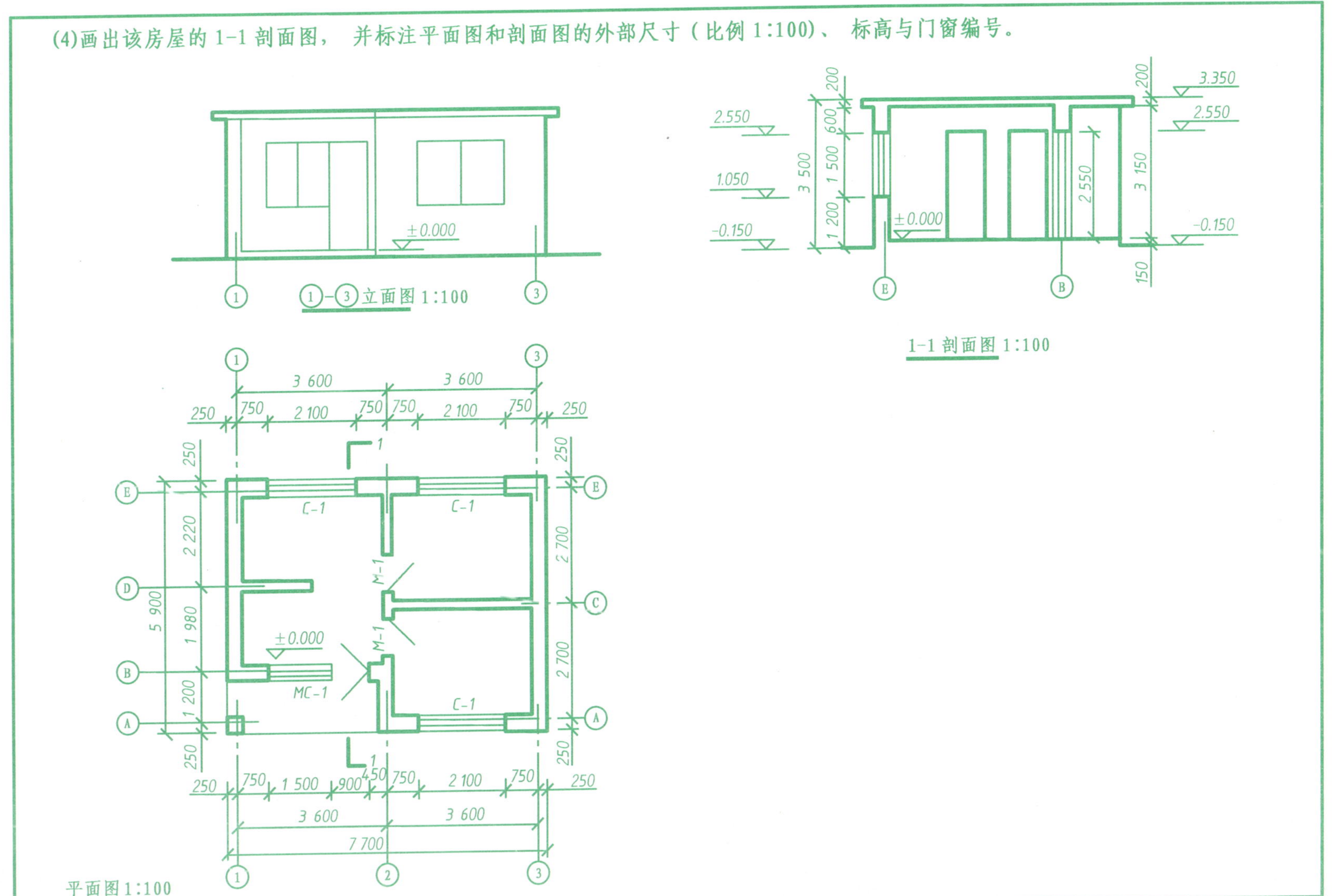

(5)已知建筑平面图如图所示，并知门厅、管理室、理发室的地面标高均为±0.000，更衣室、淋浴室、卫生间等房间比门厅低20mm，室外台阶平台比门厅低20mm。

要求：①注写定位轴线的编号，注全总尺寸、轴间尺寸、细部尺寸中漏注的6处尺寸，并根据已知条件注写标高。

②该浴室管理室的窗户朝正南向，在平面图的左下角画出指北针。

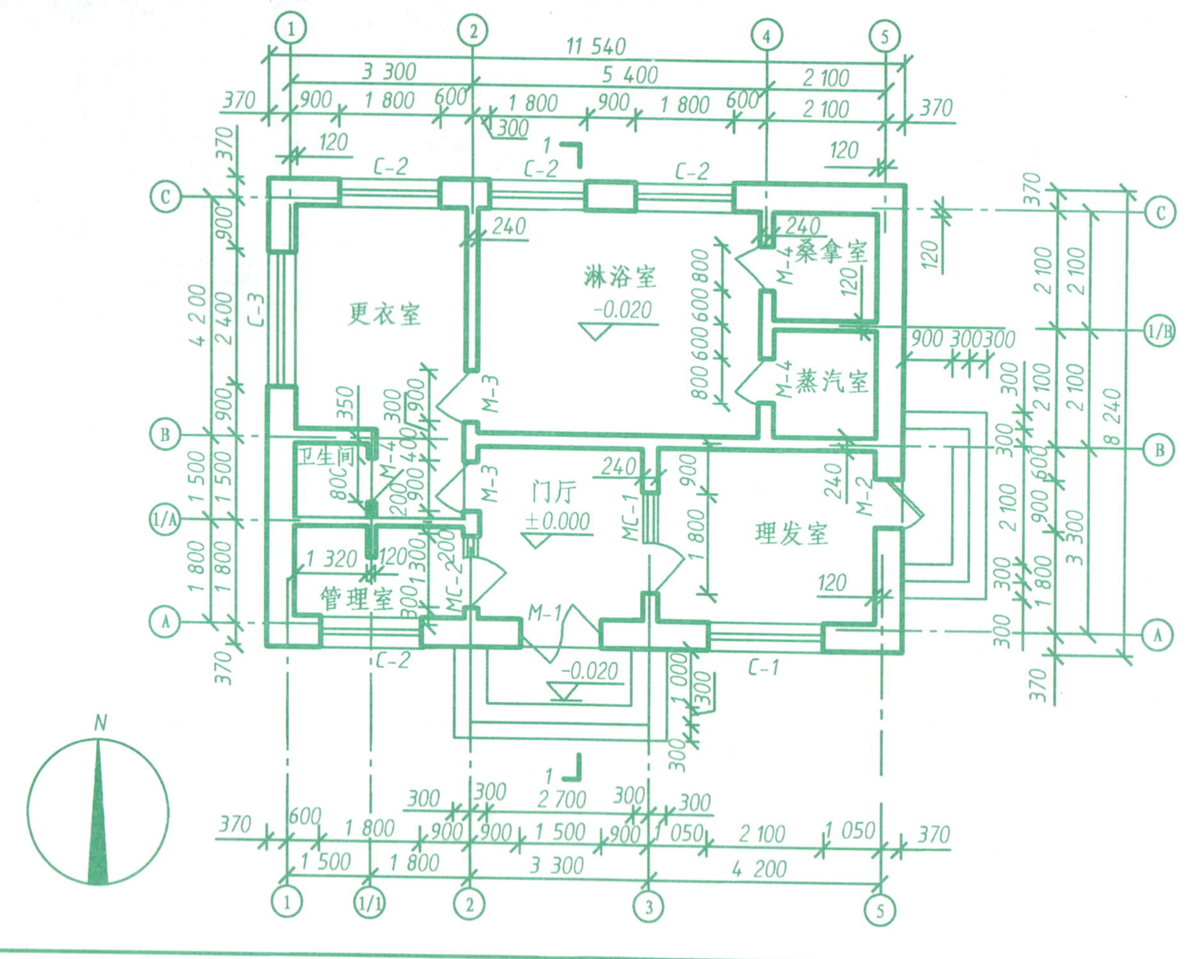

底层平面图 1:100

(6) 下图为某二层住宅的底层平面图。客厅、餐厅、走廊的地面标高均为±0.000，厨房、卫生间的地面比客厅地面低20mm，室外平台比客厅低20mm，台阶的每一级踏步高为150mm。

要求：①注写定位轴线的编号，注全总尺寸、轴间尺寸、细部尺寸中漏注的尺寸，并根据已知高度注写标高。

②该住宅客厅、餐厅的窗朝正南向，在平面图的左下角画上指北针。

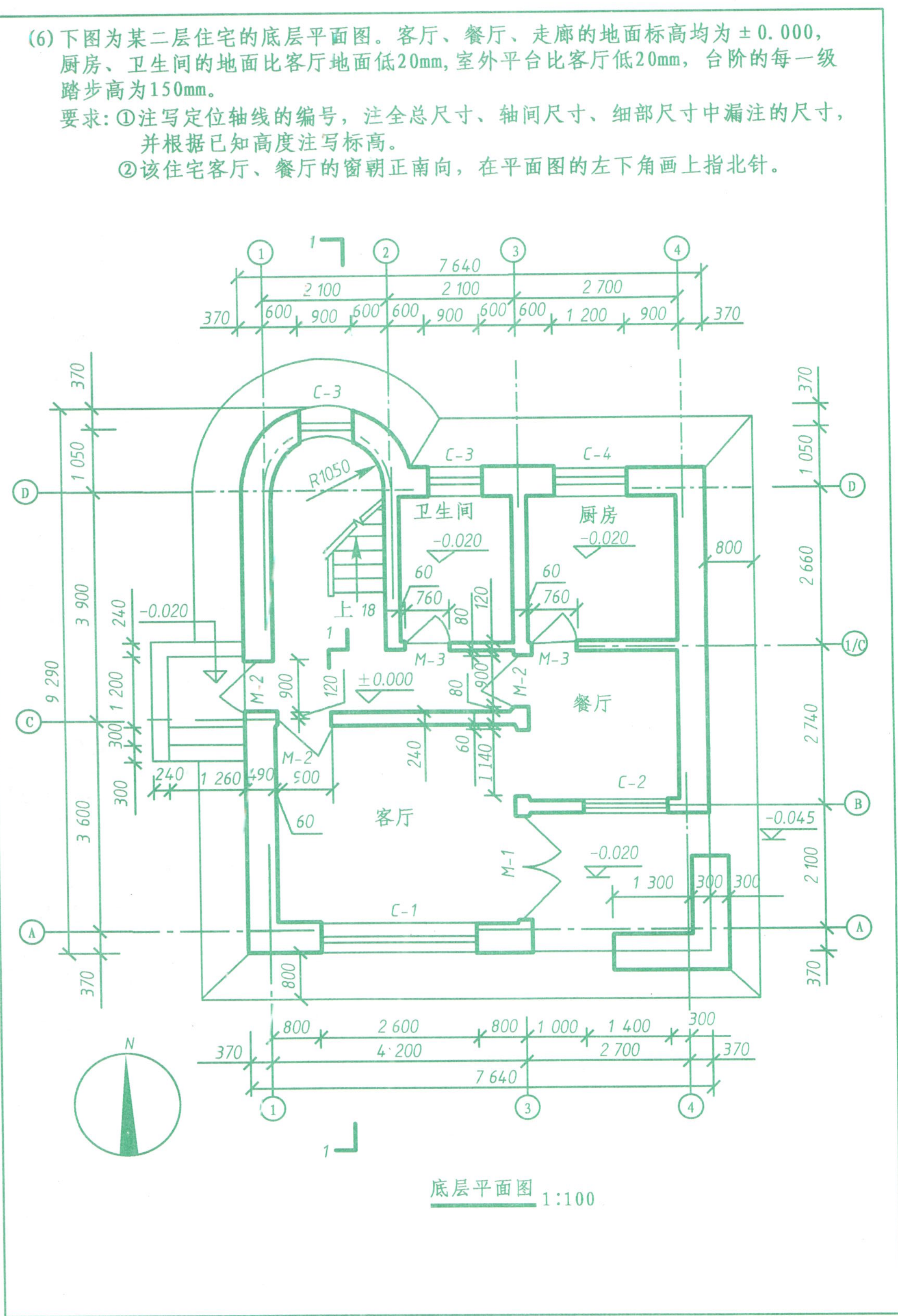

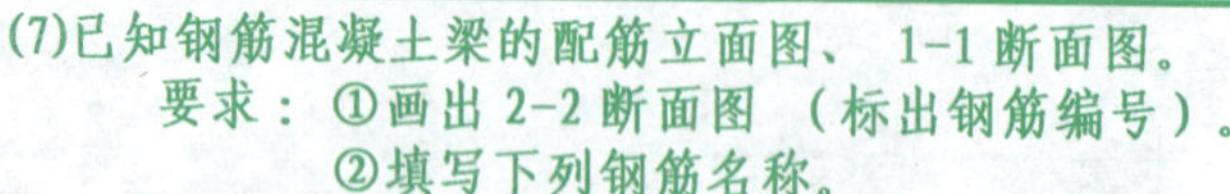

(7)已知钢筋混凝土梁的配筋立面图、1-1断面图。
要求：①画出2-2断面图（标出钢筋编号）。
②填写下列钢筋名称。

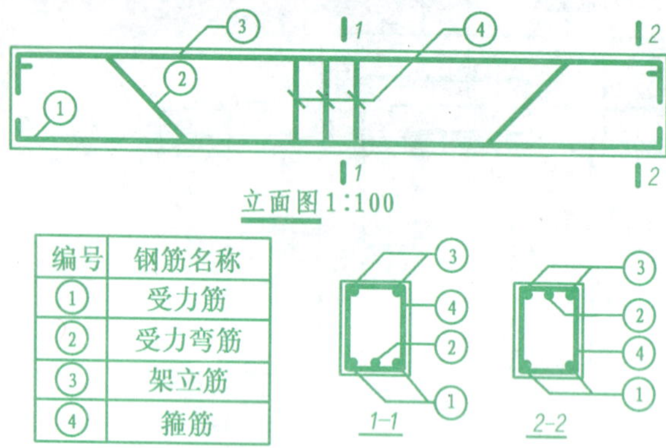

编号	钢筋名称
①	受力筋
②	受力弯筋
③	架立筋
④	箍筋

(8)已知钢筋混凝土板的受力筋①、②的平面布置如图所示，分布筋③采用 φ6@200，试在板的断面中画出配筋，并注写钢筋编号、等级、直径和间距。

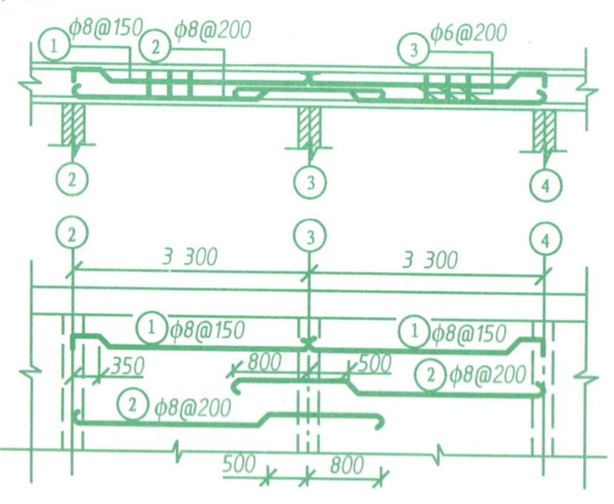

(9)分别画出钢筋混凝土梁的1-1断面图和②号筋的详图（比例同立面图）。

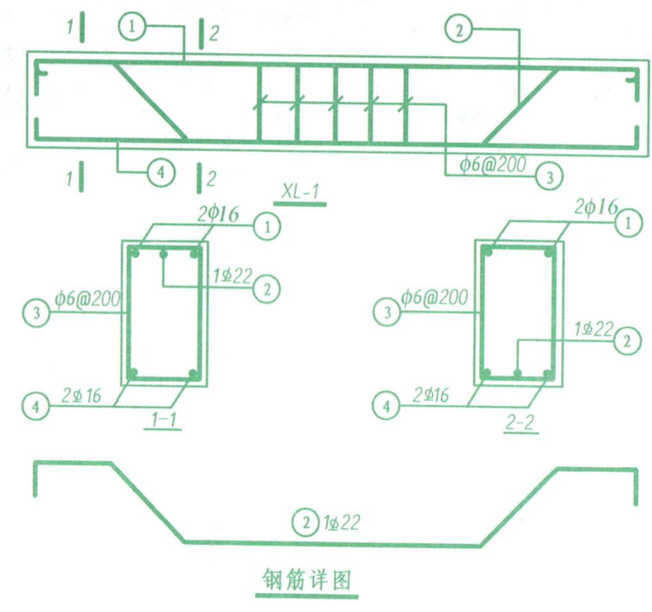

(10)按与图示相同的比例画出简支梁 2-2 断面图和①钢筋的详图并标注，另将相关内容填写附表内。

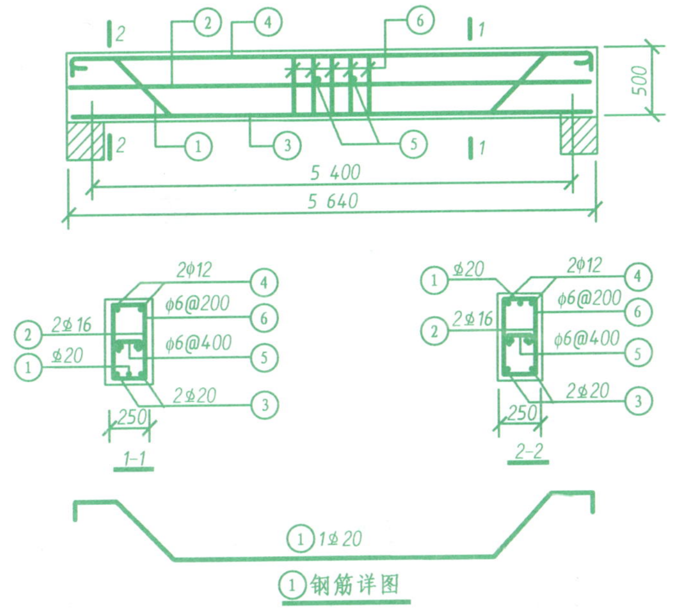

附表

钢筋编号	①	②	③	④	⑤	⑥
直径	20	16	20	12	6	6
级别	二级	二级	二级	一级	一级	一级
数量	1	2	2	2	15	29

(11)已知钢筋混凝土梁配筋图 1-1 断面图和钢筋详图，受力弯筋为直径16mm 的 II 级钢筋，其余均为 I 级钢筋，受力直筋直径为12mm、架立筋直径为 10mm、箍筋直径 8mm。画出该钢筋梁的立面图及 2-2 断面图，并标注相应内容（不标长度）。

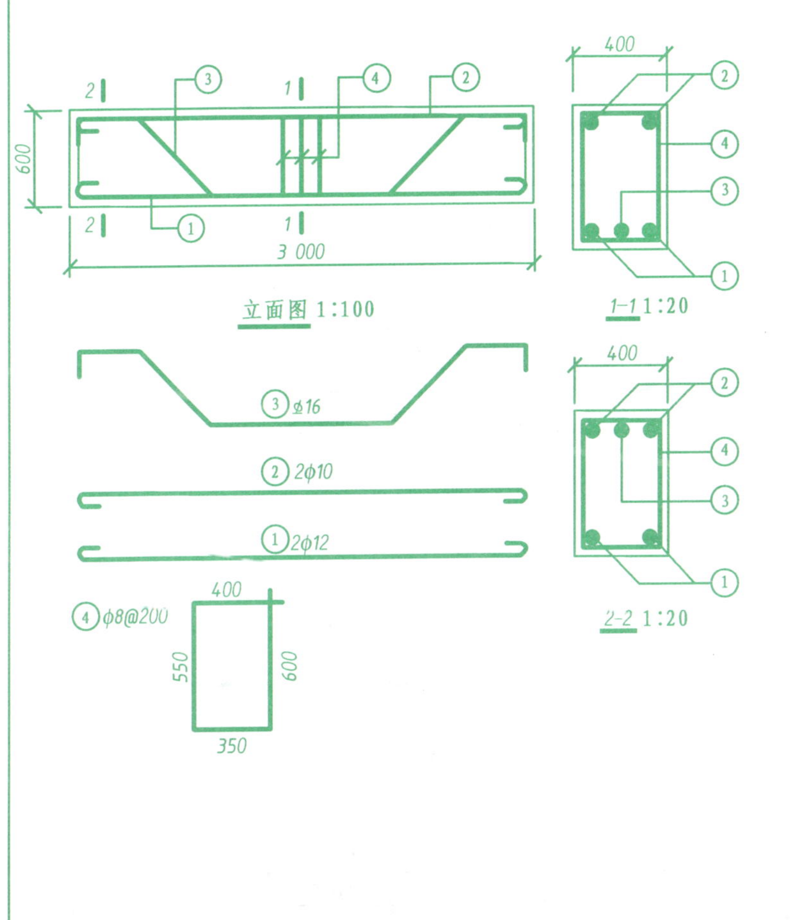

(12)完成简支梁的立面图和钢筋详图（标注其长度），并回答下列问题。

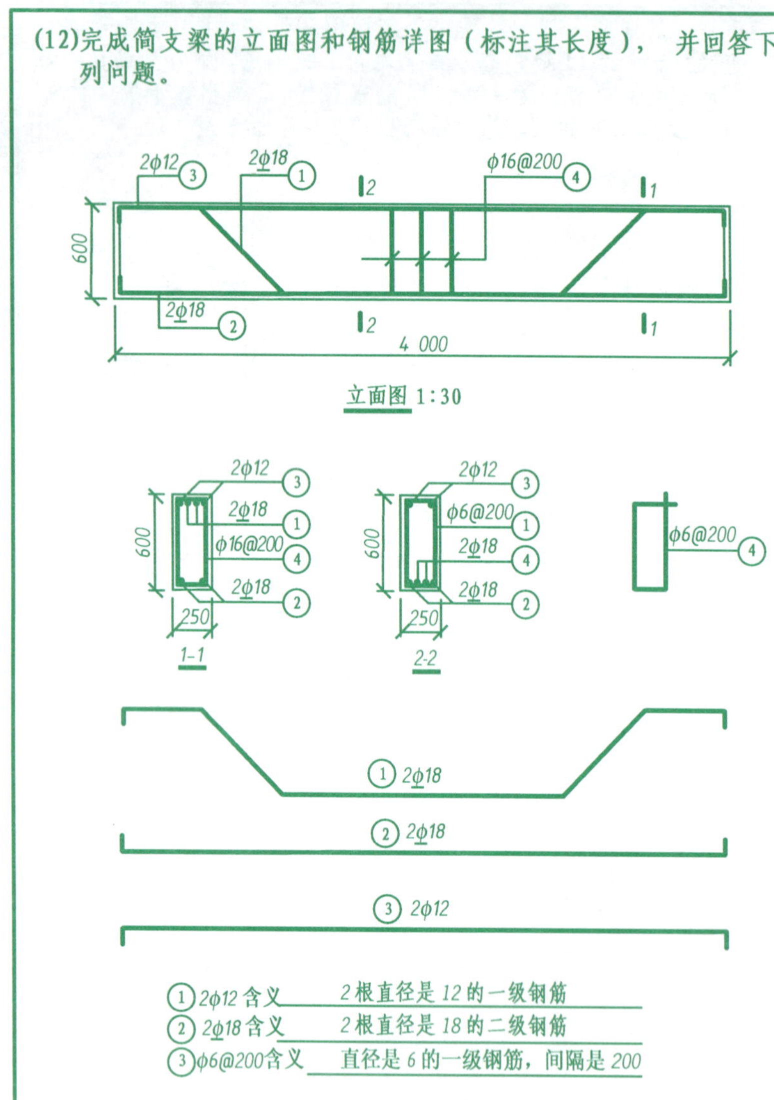

①2φ12 含义 2根直径是12的一级钢筋

②2φ18 含义 2根直径是18的二级钢筋

③φ6@200含义 直径是6的一级钢筋，间隔是200

(13)已知钢筋混凝土梁中各种钢筋的详图和2-2断面图，试补画钢筋混凝土梁的立面图和1-1断面图，并填写钢筋表中所缺的项。

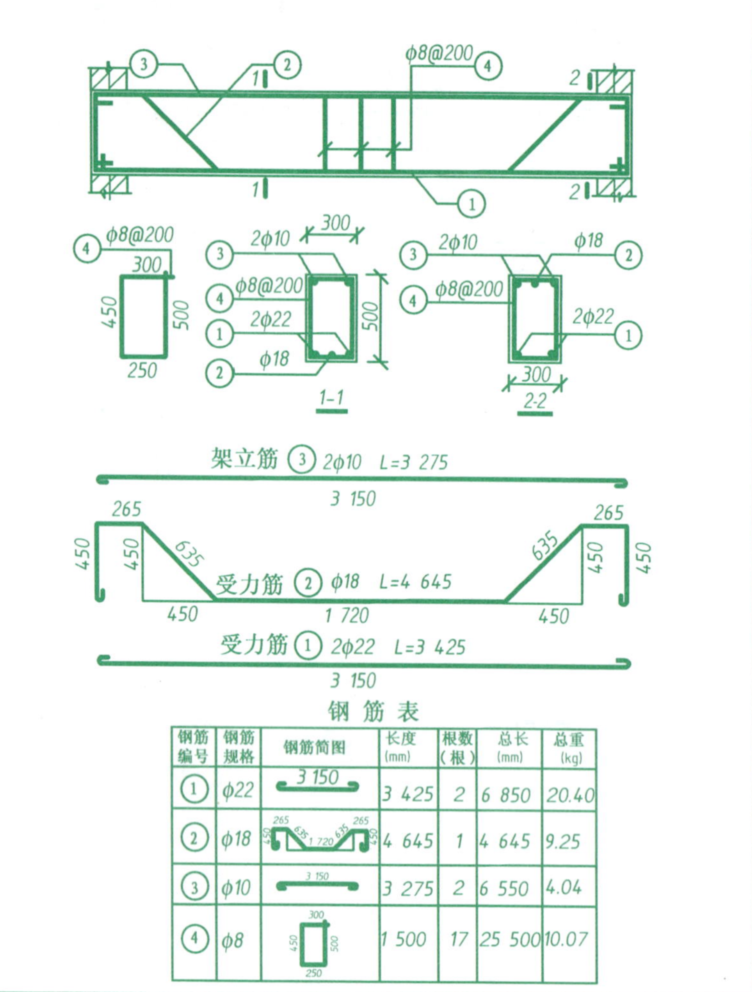

钢 筋 表

钢筋编号	钢筋规格	钢筋简图	长度(mm)	根数(根)	总长(mm)	总重(kg)
①	φ22	3 150	3 425	2	6 850	20.40
②	φ18	265 635 1 720 635 265 450 450	4 645	1	4 645	9.25
③	φ10	3 150	3 275	2	6 550	4.04
④	φ8	300 450 500 250	1 500	17	25 500	10.07

(14)已知钢筋混凝土梁的立面图， 梁宽为 250mm。 架立筋 I 级钢筋， 两根且直径为 10mm； 箍筋是 I 级钢筋， 直径为 6mm 且间距 200mm， 弯起筋是 II 级钢筋， 一根且直径 25mm；受力筋是 II 级钢筋，两根且直径为 20mm。试画出该梁的 1-1、2-2 断面图，并在立面图和断面图中对钢筋加以编号和标注（数量、等级、直径和长度）。

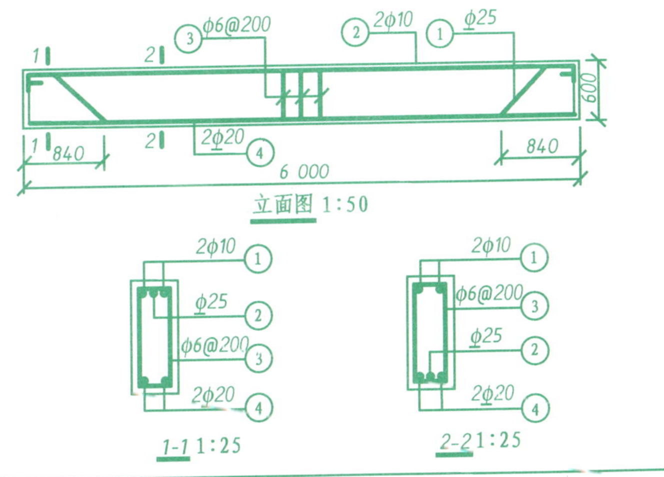

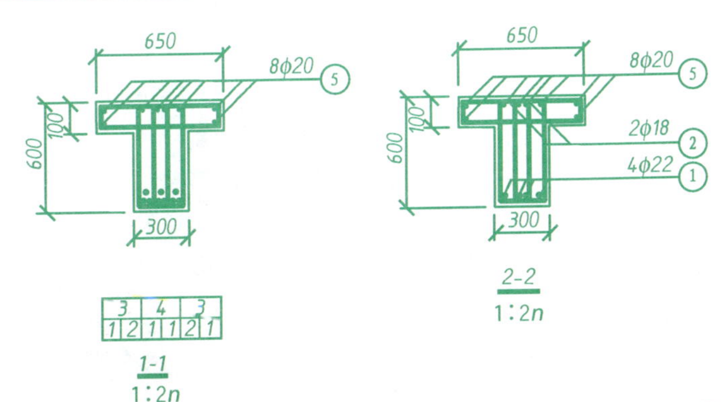

(15)已知T形梁的立面图和1-1断面图，试画出2-2断面图，并填写钢筋表。

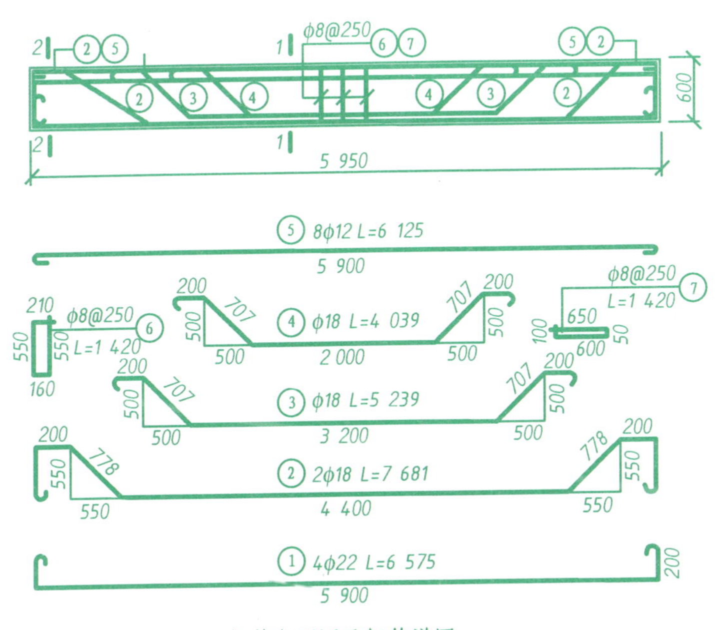

钢 筋 表

钢筋编号	钢筋规格	长度(mm)	根数(根)	钢筋编号	钢筋规格	长度(mm)	根数(根)
①	φ22	6 575	4	⑤	φ12	6 125	8
②	φ18	7 681	2	⑥	φ8	1 420	25
③	φ18	5 239	2	⑦	φ8	1 400	25
④	φ18	4 039	1				

第八章　透视与阴影

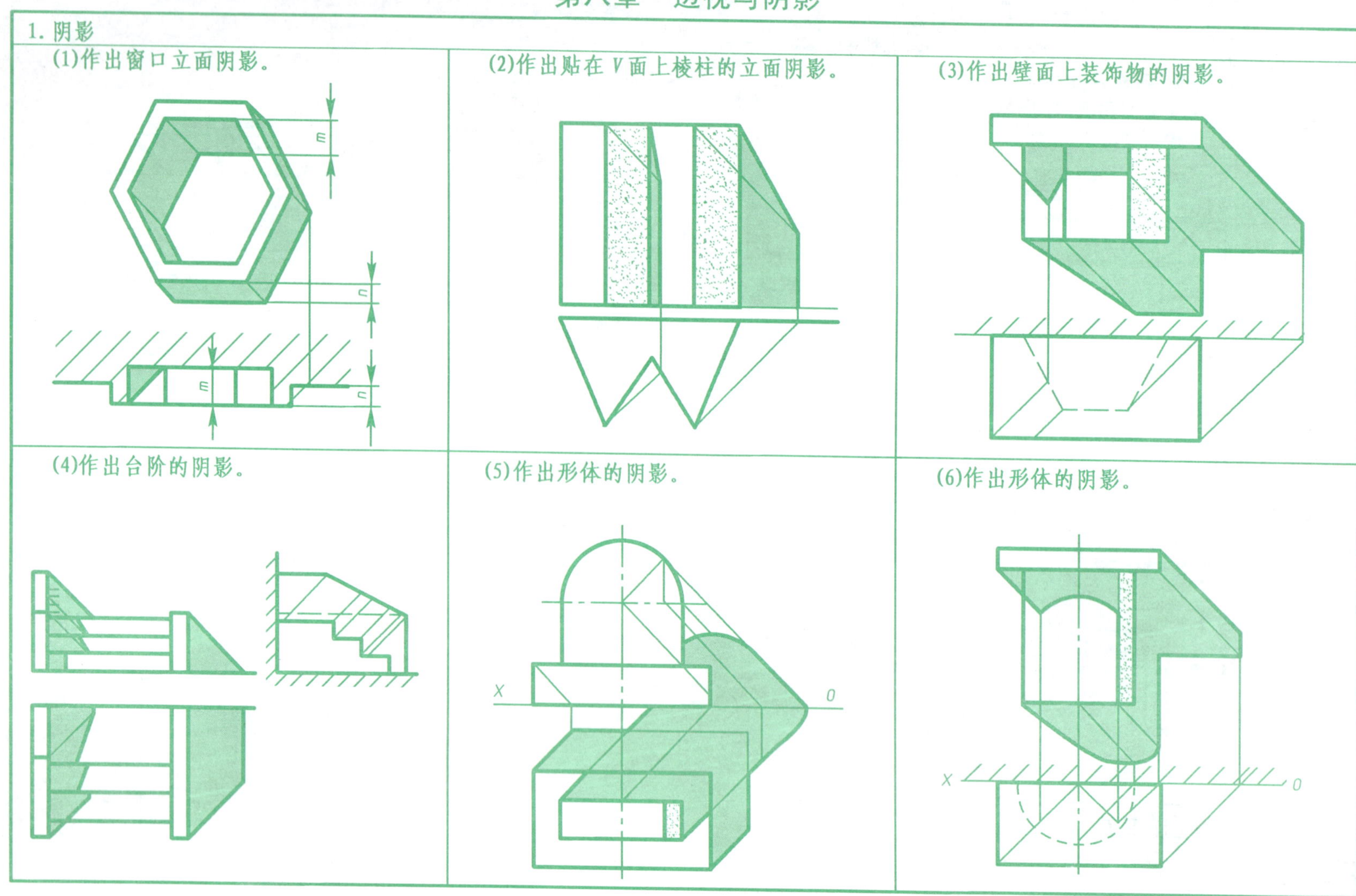
1. 阴影
(1)作出窗口立面阴影。
m
n
m
n
(2)作出贴在V面上棱柱的立面阴影。
(3)作出壁面上装饰物的阴影。
(4)作出台阶的阴影。
(5)作出形体的阴影。
X
O
(6)作出形体的阴影。
X
O

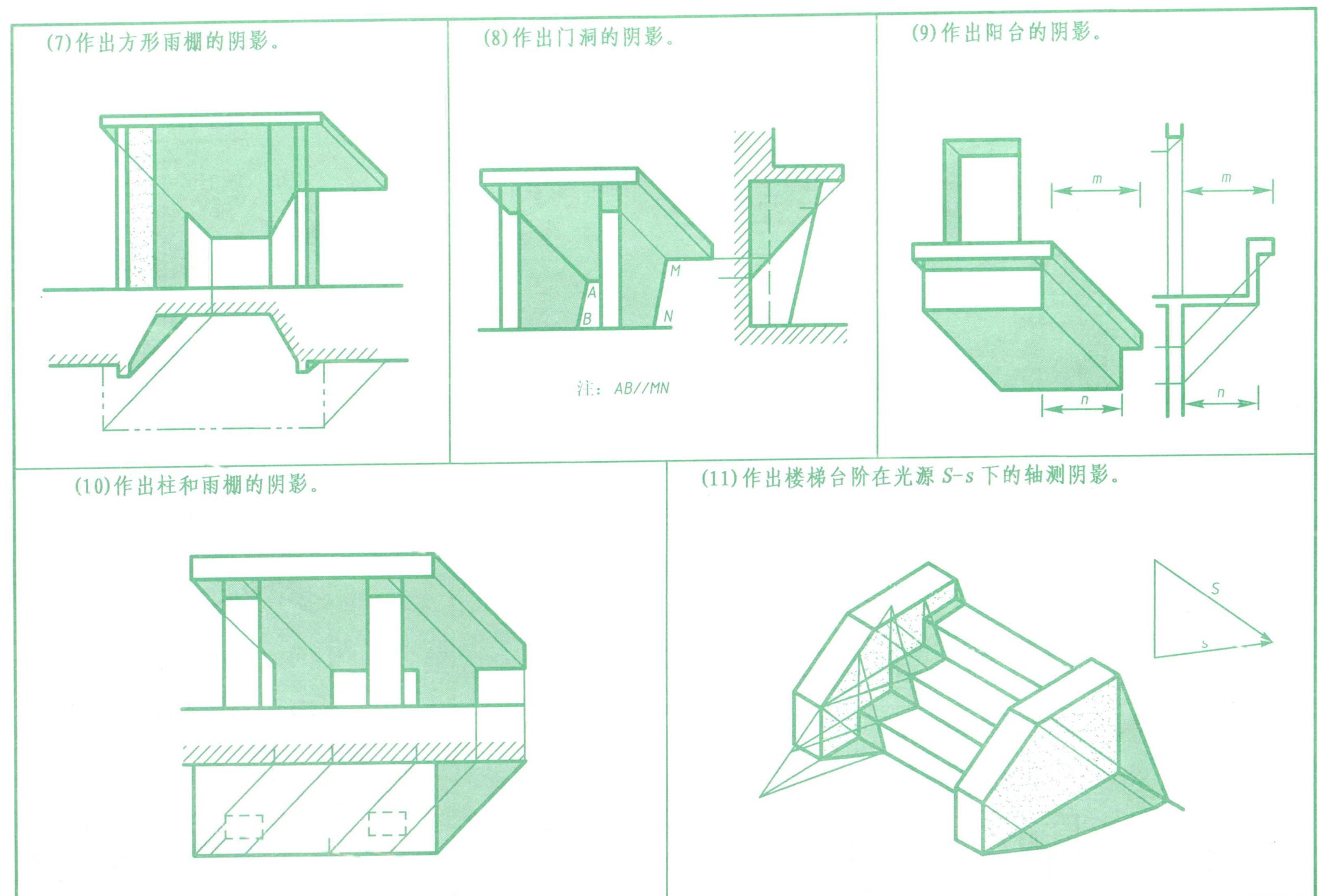
(7)作出方形雨棚的阴影。
(8)作出门洞的阴影。
A
B
M
N
注：AB//MN
(9)作出阳台的阴影。
m
m
n
n
(10)作出柱和雨棚的阴影。
(11)作出楼梯台阶在光源 S-s 下的轴测阴影。
S
s

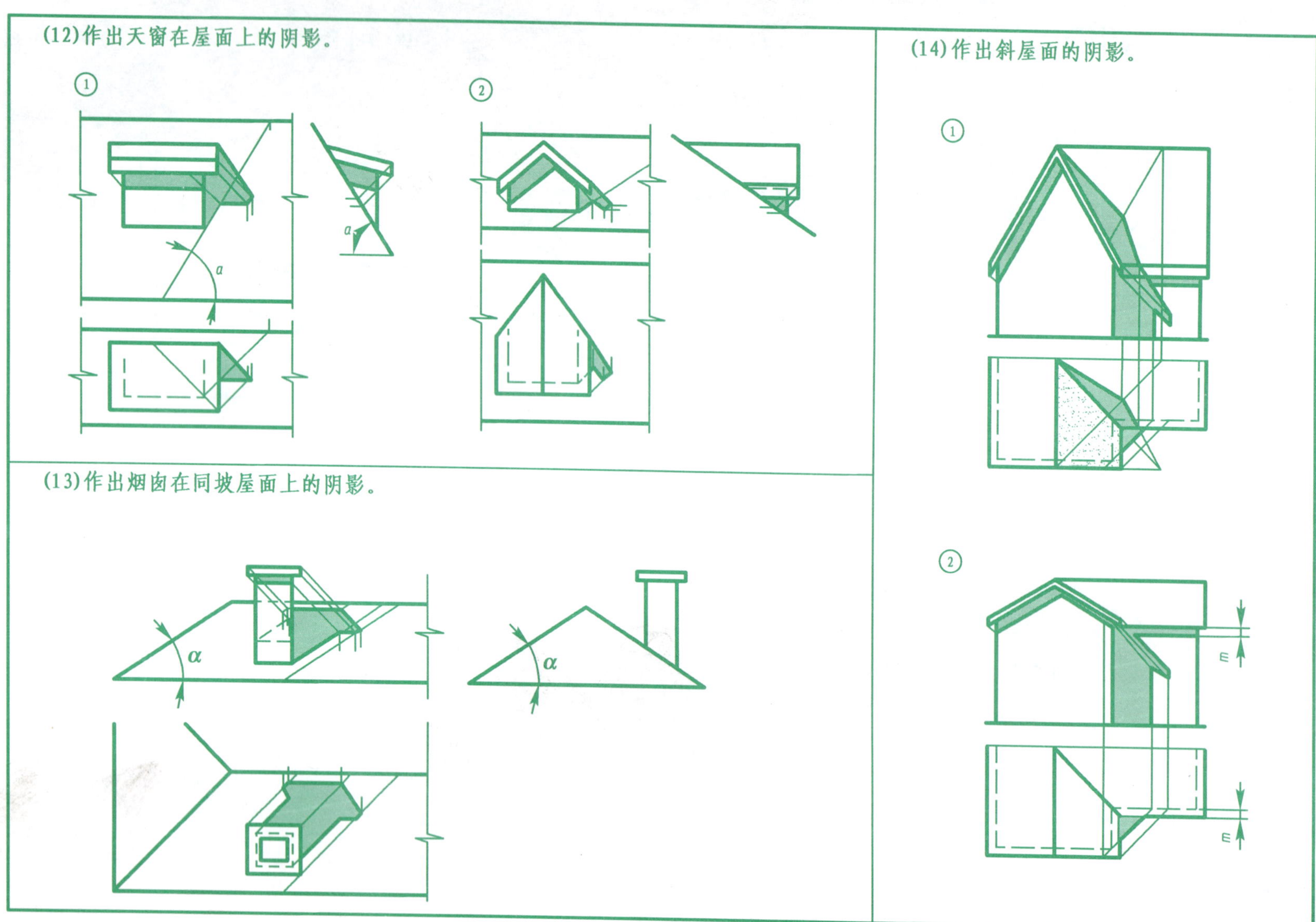
(12)作出天窗在屋面上的阴影。
①
②
a
α
(13)作出烟囱在同坡屋面上的阴影。
α
α
(14)作出斜屋面的阴影。
①
②
m
m

2. 透视

(1)根据建筑物的两面图，用建筑师法作出其两点透视。

(2) 根据所给条件，用建筑师法作出坡顶房屋的两点透视。

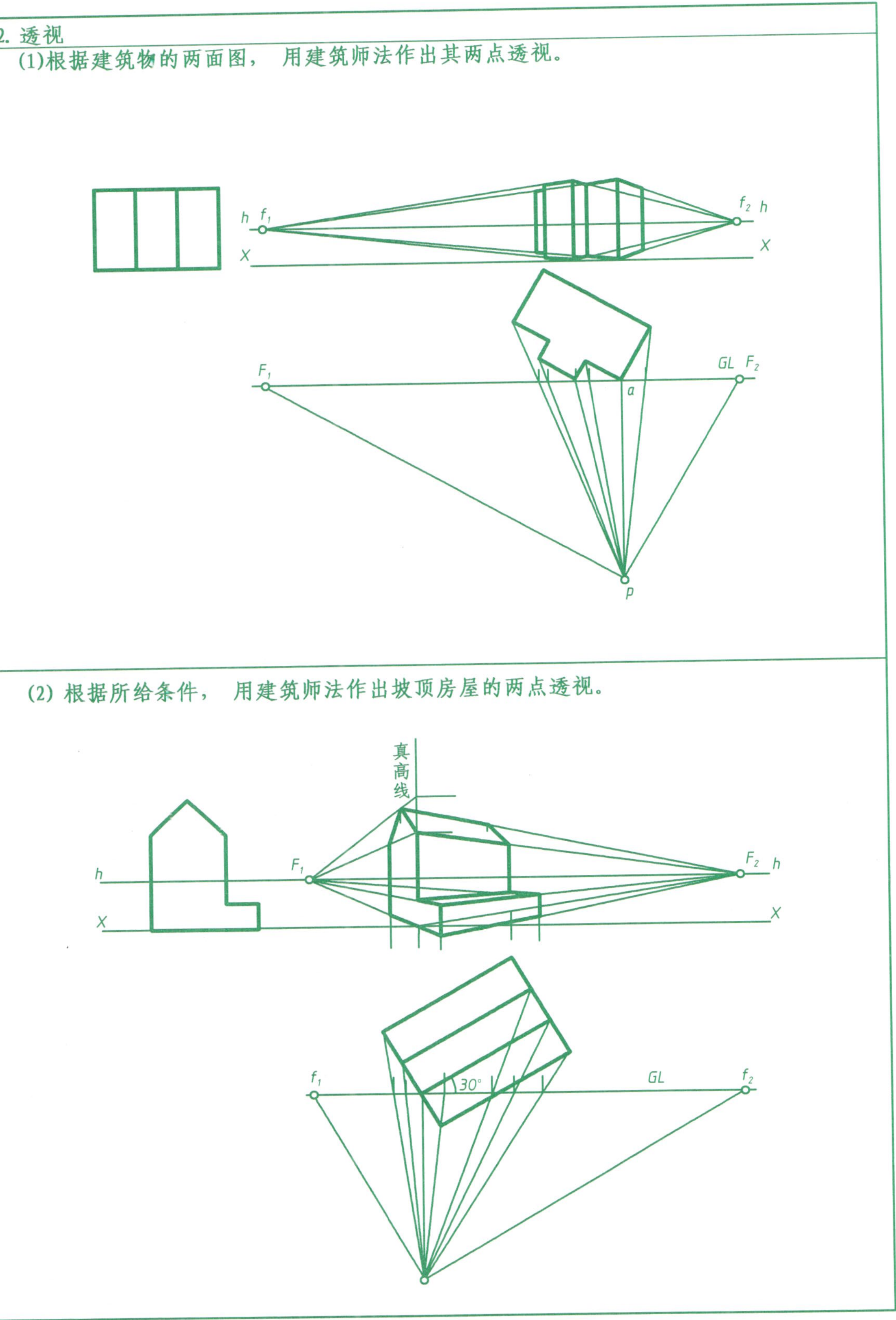

(3) 根据所给条件，用建筑师法作出台阶的两点透视。

(4) 根据所给条件用建筑师法补画烟囱、台阶和门洞的两点透视。

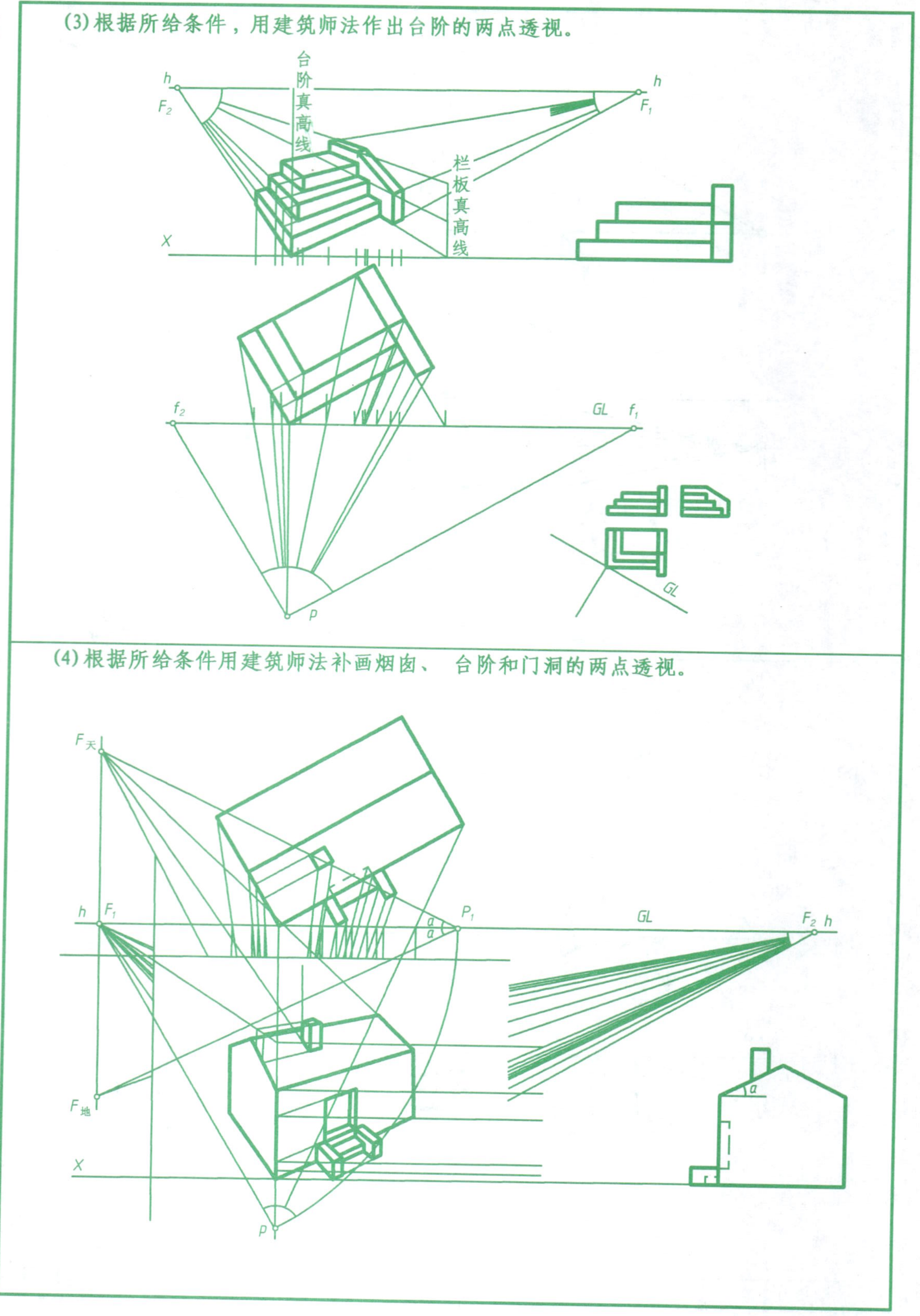

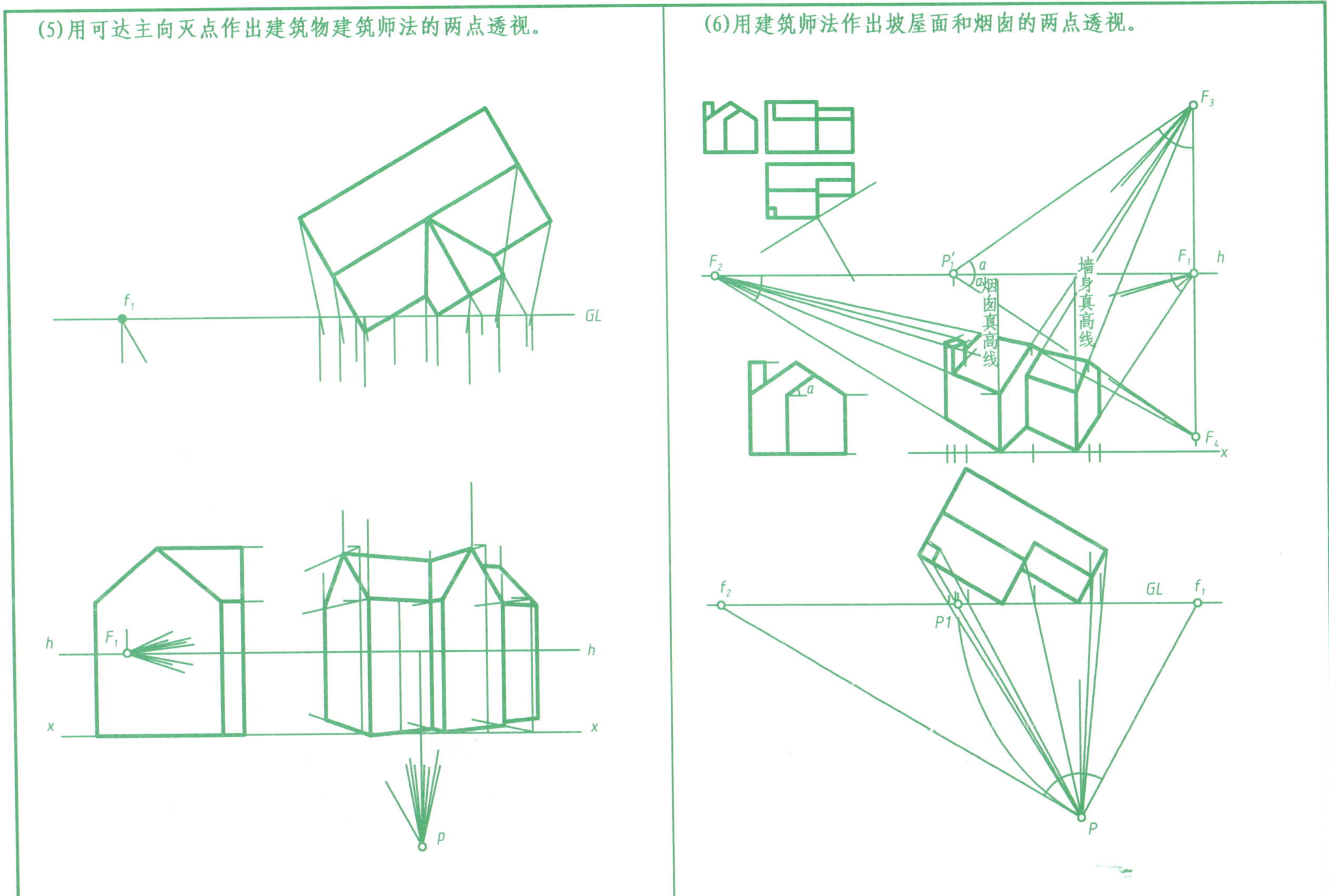
(5)用可达主向灭点作出建筑物建筑师法的两点透视。
f_1
GL
h
F_1
h
x
x
p
(6)用建筑师法作出坡屋面和烟囱的两点透视。
F_3
F_2
P_1'
α
烟囱真高线
墙身真高线
F_1
h
F_4
x
α
f_2
GL
f_1
P1
P

(7)根据所给条件，用建筑师法作出室内的一点透视。

(8)根据所给条件，用建筑师法作出室内家具的一点透视。

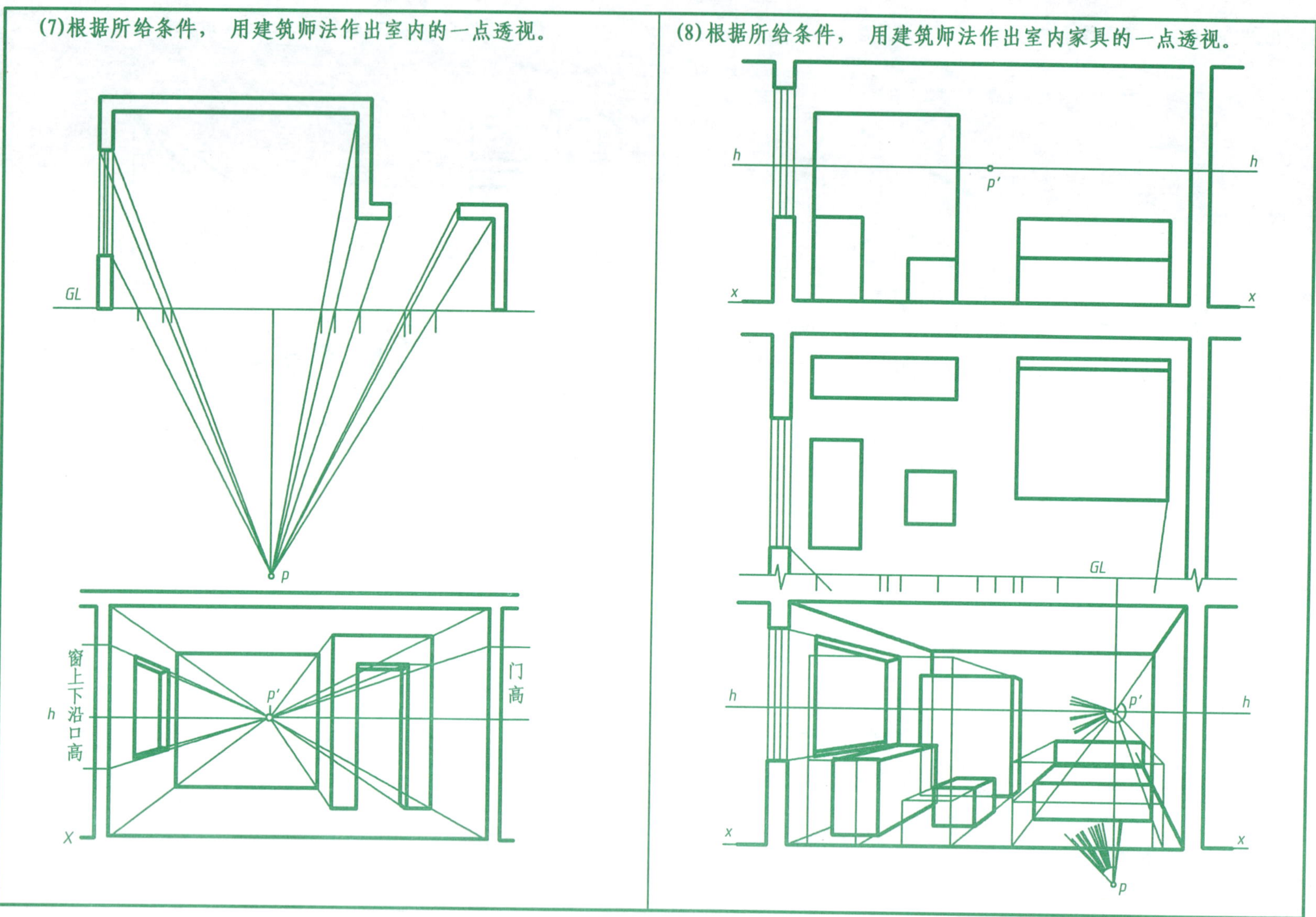

(9)用量点法作门厅的透视图。

(10)根据所给条件，用建筑师法作出圆拱门的一点透视。

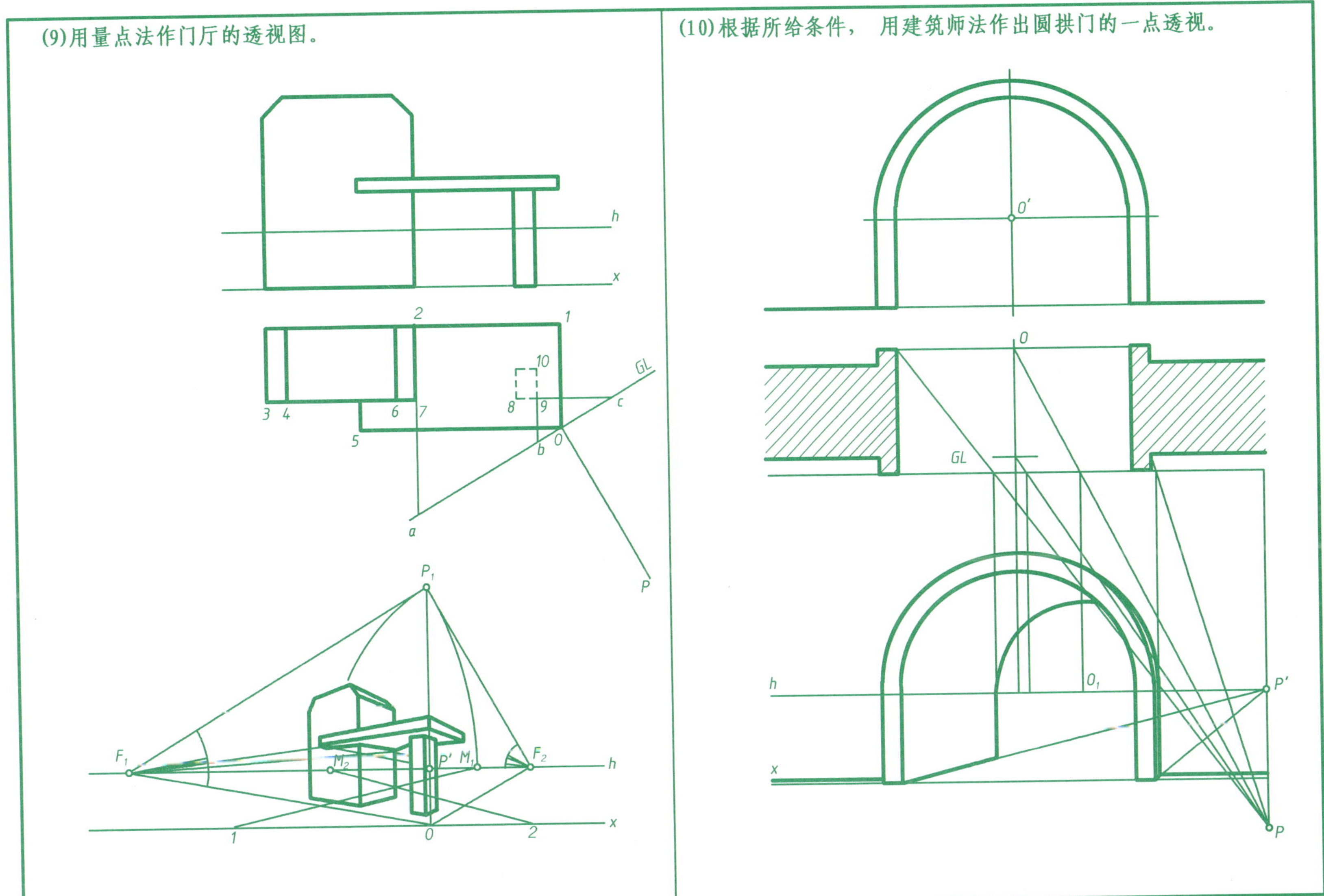

(11)作出建筑物在水中的倒影。

(12)作室内一点透视中的镜面虚像。

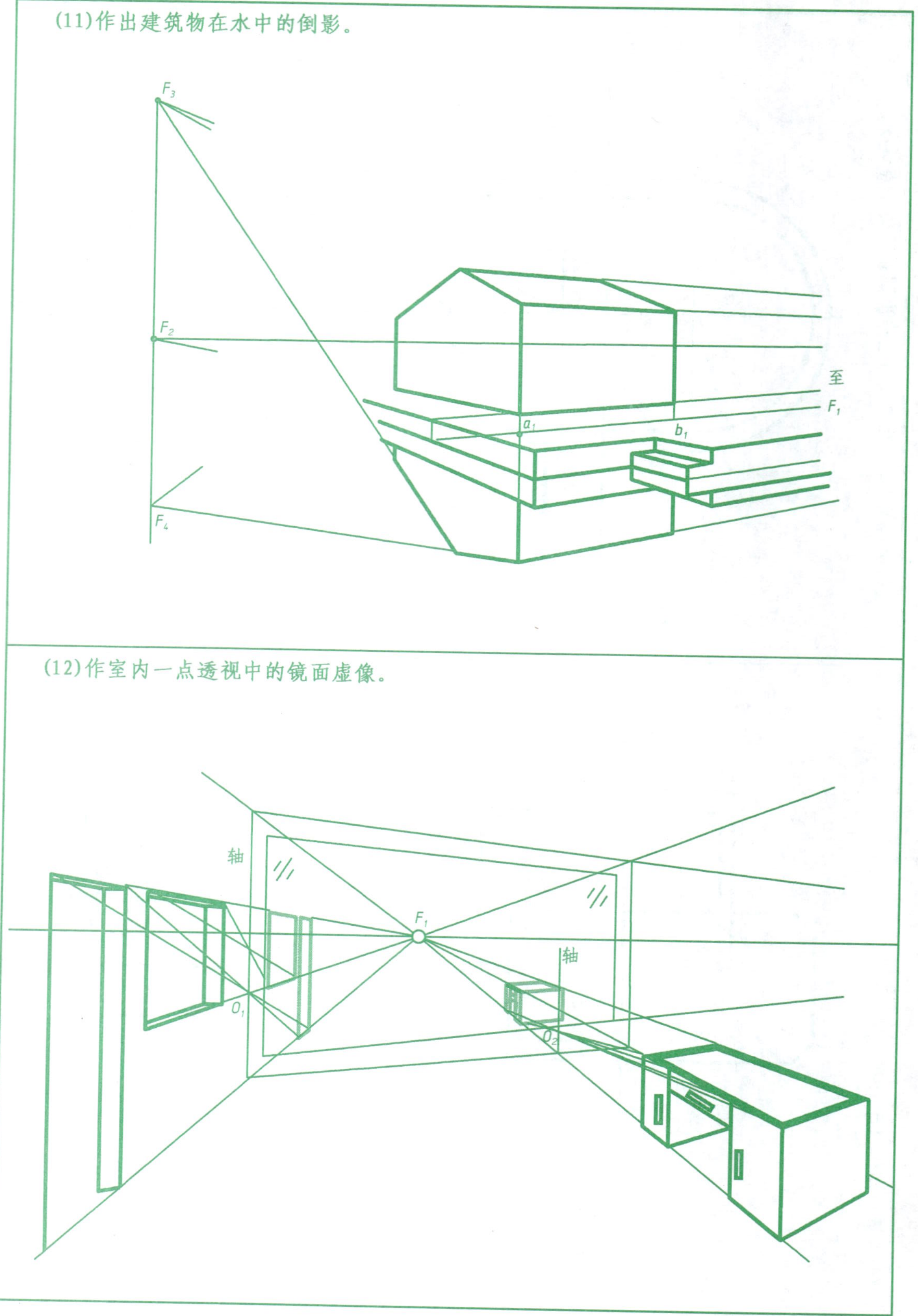

(13)作出雨棚、门洞、台阶在光源 S-s 下的透视阴影。

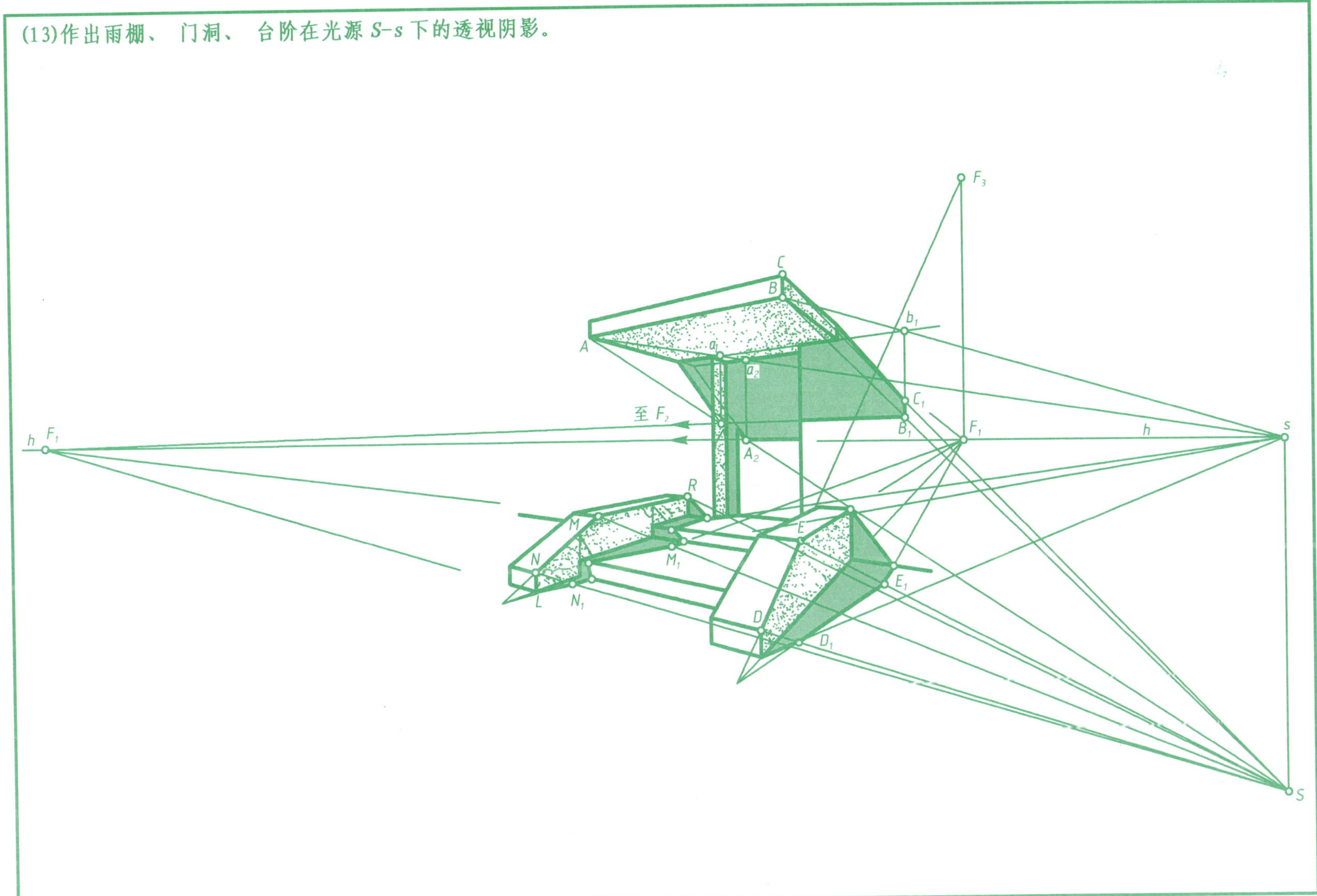